专家咨询委员会

ZHEJIANG UNIVERSITY

重大领域
交叉前沿方向
2021

浙江大学中国科教战略研究院
科技战略研究项目组 编著

ZHEJIANG UNIVERSITY PRESS
浙江大学出版社
·杭州·

图书在版编目（CIP）数据

重大领域交叉前沿方向 . 2021 / 浙江大学中国科教战略研究院科技战略研究项目组编著 . -- 杭州：浙江大学出版社，2023.11
ISBN 978-7-308-24008-6

Ⅰ . ①重… Ⅱ . ①浙… Ⅲ . ①交叉科学 – 科技发展 – 研究 – 中国 – 2021 Ⅳ . ① G301

中国国家版本馆 CIP 数据核字 (2023) 第 128787 号

重大领域交叉前沿方向 2021

浙江大学中国科教战略研究院科技战略研究项目组 编著

责任编辑	李海燕
责任校对	朱梦琳
责任印制	范洪法
装帧设计	雷建军
出版发行	浙江大学出版社
	（杭州市天目山路 148 号 邮政编码 310007）
	（网址：http://www.zjupress.com）
排　　版	杭州棱智广告有限公司
印　　刷	浙江海虹彩色印务有限公司
开　　本	710mm×1000 mm　1/16
印　　张	26.75
字　　数	560 千
版 印 次	2023 年 11 月第 1 版　2023 年 11 月第 1 次印刷
书　　号	ISBN 978-7-308-24008-6
定　　价	138.00 元

浙江大学出版社市场运营中心联系方式：(0571) 88925591；http://zjdxcbs.tmall.com

序　言

当前，人类正迎来全面创新时代，创新无处不在。科技创新已成为决定未来全球格局变化的关键变量，科技进步带动社会全方位变革，直接决定百年变局走向与民族复兴全局成色。政府、大学、科研机构、企业等创新主体间的互动不断深化，数据、设施、人才等创新要素的联通日渐频繁；经济全球化、社会信息化等促成了全球开放的创新网络，让创新网络节点可以即时汇集全球创新资源；交叉研究、协同创新、集成攻关等方式不断推动全链条创新格局实现，带来大量颠覆性科技成果。学科交叉会聚成为新一轮科技革命和产业变革的主旋律，生命、信息、能源、制造等领域之间的协同创新日益深化，自然科学、工程技术与人文社会科学之间的知识大融通更趋普遍。如今，跨学科对话与合作已不再是偶然为之的应时之需，而是内在发展的长久之计。

学科交叉的核心是打破原有学科建制，应对重大创新挑战和推动颠覆性创新，具体表现为不同学科间的思想交融、概念移植、理论渗透、方法工具借用等。它是解决综合性和复杂性问题的一种思路、一套方法、一种科研行为。学科交叉研究能够产生具有原创性的新知识与新学科增长点，为重大前沿问题提供新的综合解决方案。如目前热门的人工智能学科就是计算机科学、数学、生物学、心理学、脑科学、哲学等众多学科交叉结出的硕果。

纵观历史，学科发展大致呈现出从统一到分化再到交叉融合的趋势。古希腊时期，哲学与自然科学交织混合发展，到后来产生了文、法、神、医的分野。随着人类对自然认知的纵深推进，自然科学研究逐渐从哲学中分离，尤其近代以来的学科分化及其建制为认识和改造客观世界提供了重要方法，各学科知识体系逐步开始构建。工业革命以来尤其是第二次工业革命以来，学科发展逐步专业化与精细化，形成了较为稳定的知识体系，但也造成了学科边界固化。随着创新需求的快速变化和日益复杂化，学科间壁垒开始被打破，各学科相互借鉴、共同合作的局面不断形成。

20 世纪七八十年代，在世界范围内掀起了一股学科交叉的热潮。以生物信息学的发展为例，它逐步成为生命科学研究的重要工具，发达国家顺势布局建立了三大数据库：美国国立生物技术信息中心数据库（NCBI）、欧洲生物信息学研究所数据库（EBI）和日本 DNA 数据库（DDBJ）。后来，"人类基因组计划"的开展，引发了基因组、转录组、表观遗传组、蛋白质组、代谢组等生命科学组学数据的急剧增长，推动了信息技术在生命科学领域的大规模应用，驱动生命科学研究进入"数据密集型科学发现"（Data-Intensive Scientific Discovery）的第四范式时代。由此，生物技术实现了信息化、工程化、系统化的发展，为"设计—构建—验证"（Design-Build-Test）循环模式的建立奠定了坚实基础，并朝着可定量、可计算、可调控和可预测的方向跃升。

进入 21 世纪后，学科交叉又迎来了新的历史发展机遇。一是移动互联网、大数据、人工智能、云计算等新兴技术手段打破时空限制，推动知识爆炸式增长及科技创新快速迭代，加快了科学研究范式转变；二是"会聚观"日益深入人心，即高水平整合众多领域的思想、方法和技术，解决复杂性问题逐步成为当代科技发展的新模式；三是人类社会面临的健康、气候、能源、安全等重大挑战加剧，交叉学科研究的迫切性日益凸显。当前，科学研究范式已进入融合式的新演进阶段，促进了一大批具有革命性的重大科学突破的产生。其中，基于兴趣、应用、数据及算法的混合驱动型研究范式具有根本性意义，它已经带来并将继续带来创新的革命性变化与系统性重组。新范式涌现新方法，新方法产生新知识体系，新知识体系将构成新学科体系，当然新学科体系还需要新的创新结构。如融合式的研究范式催生"计算＋实验"等新方法，新增关于文理渗透—理工交融的新知识，进而有望形成艺术技术学等新学科，伴随着建立开放共享的文科未来实验室等新结构。

事实证明，科学研究新的增长点和爆发点将出现在学科交叉领域，如数据表明诺贝尔奖百余年来约一半成果属于交叉学科，尤其是 21 世纪以来跨学科成果比例更趋增加。因此，世界各国竞相将学科交叉作为未来科技发展的战略方向和科技政策支持的战略重点。20 世纪 80 年代开始，我国学界出现了关于学科交叉和交叉学科的系统专门研究，甚至出现了"交叉学科学"（跨学科学）的新学科。1986 年，中国科学技术协会成立了"促进自然科学与社会科学联盟工作委员会"；1987 年，部分高校发起并成立了"全国高等学校交叉科学联络中心"等。此后，全国上下开展了不少学科交叉探索，部分高校院所专门成立了交叉研究机构。

近年来，在国家各种发展规划及创新体系构建中，学科交叉不断受到重视，也成为"双一流"建设的核心命题。2018 年教育部印发《高等学校人工智能创新行动计划》，要求高校以交叉前沿突破和国家区域发展等重大需求为导向，建设新型科研组织机构，开展跨学科研究。2020 年 11 月，国家自然科学基金委员会成立交叉科学部，旨在健全学科交叉融合资助机制，促进复杂科学技术问题的多学科协同攻关，推动形成新的学科增长点和科技突破口。2021 年出台的第十四个五年规划和 2035 年远景目标纲要要求"加强前沿技术多路径探索、交叉融合和颠覆性技术供给"。2022 年 9 月，国务院学位委员会、教育部印发新版《研究生教育学科专业目录（2022 年）》，交叉学科正式成为第 14 个学科门类。

本书瞄准创新引领作用强、发展潜力大的重大科技领域，分析其交叉前沿方向、全球发展态势与国别竞争格局。作为一项以"交叉"为核心特色的科技战略研究成果，我们希望能为政府科技创新前沿布局、院校学科发展规划提供参考，为营造学科交叉社会氛围贡献力量。

本书按照领域划分为新药创制、未来计算、人工合成生物、AI+ 基因组编辑、脑—意识—人工智能五章。每章涵盖三个内容板块：交叉前沿方向、文献计量分析和发展速览。其中，交叉前沿方向部分呈现了此领域最具潜力和布局价值的十大交叉前沿方向，并对每个方向的技术内涵、发展现状、实现瓶颈及未来趋势进行了简练描述；文献计量分析部分针对每个交叉前沿方向，通过主题检索 Scopus 数据库获得相关论文，并通过 SciVal 平台进行分析，呈现了论文发表趋势、研究主题、重点国家和机构等信息；发展速览部分概要反映了各领域整体面貌，包括全球发展态势、我国战略布局和未来发展规划，其与交叉前沿方向部分内容是"整体性"内容与"典型性"内容的关系。为确保科学性，本书在编写过程中充分依托相关领域专家与数据分析团队力量，采用专家咨询和文献计量相结合的方法，二者相互补充、多轮迭代，较好地保障了分析结果的可靠性。

具体来看，第一章为新药创制领域。原创药物靶点缺乏、化合物合成工艺复杂、成药性评价耗时耗力、药物药效差、毒性大等制约创新药物研发的成功率。随着基因编辑技术、肿瘤免疫疗法、大数据、人工智能等前沿新技术不断涌现，药物治疗的有效性显著提高，进而改善生命体的质量，逐步实现人类生命延续。未来，基于智能计算的智能药学、基于创新材料的微纳药学、基于多组学整合的系统药学、基于细胞工程的细胞药学将是新药创制和生物医药的重要发展方向。

第二章为未来计算领域。短期内基于硅基冯·诺依曼架构的现代计算技术（如高性能计算）仍然是构成未来计算的主体，面向不同应用需求的系统优化成为技术创新重点方向，器件及芯片、系统技术和应用技术等将同步发展。长期而言，因硅基集成电路的物理极限和冯·诺依曼架构的固有瓶颈，量子、神经形态计算（又称类脑计算）等非冯·诺依曼架构计算技术的突破和产业化将是未来计算的研究重点。

第三章为人工合成生物领域。该领域是推动生命科学研究开启以系统化、定量化和工程化为特征的"多学科会聚"研究新时代的重要支撑。研究主流从单一生物部件的设计，迅速拓展到对多种基本部件和模块进行整合，推动更加精准认知、改造甚至重新合成生命成为现实。目前研究主要依靠三大核心使能技术为基因编辑技术（CRISPR/Cas9技术）、DNA 组装技术以及体内定向进化技术。

第四章为 AI+ 基因组编辑领域。作为精准调控生命并提供延续生命革新性工具手段的基因组编辑技术，正推动生命健康向个性化、精准化、微创化、智能化发展。由于动植物基因组量级庞大、构成复杂，基因编辑技术在应用层面仍存在靶点的结合、识别和切割序列、切割位点编辑等不精准问题，利用人工智能开展计算机模型识别、判断与预测大数据，可帮助提升基因编辑活动的精准度和效率，在医疗健康、农业发展等领域具备更广泛的应用前景。

第五章为脑—意识—人工智能领域。目前，以大数据、深度学习和算力为基础的人工智能在语音识别、人脸识别等以模式识别为特点的技术应用上已较为成熟，但对于需要专家知识、逻辑推理或领域迁移的复杂性任务，人工智能系统的能力还远远不足。与此同时，基于统计的深度学习注重关联关系，缺少因果分析，使得人工智能系统的可解释性差，处理动态性和不确定性能力弱，难以与人类自然交互，在一些敏感应用中容易带来安全和伦理风险。未来，类脑智能、认知智能、混合—增强智能将成为重要发展方向。

《重大领域交叉前沿方向 2021》是在浙江大学原校长吴朝晖院士的指导和推动下完成的，具体由浙江大学中国科教战略研究院牵头实施，浙江大学图书馆负责提供文献计量分析支持，同时大量吸纳了校内多部门工作力量和校内外一大批高水平专家参与。未来，我们将继续以服务科教兴国战略为己任，持续开展科技战略研究和学科交叉会聚研究，不断凝练交叉前沿方向、提出重大领域发展建议，为政府科技创新布局和院校科技创新规划提供决策参考。

浙江大学中国科教战略研究院科技战略研究项目组

2023 年 1 月

目录 CONTENTS

二、未来计算领域重大交叉前沿方向

三、人工合成生物领域重大交叉前沿方向 165

一、新药创制领域
重大交叉前沿方向

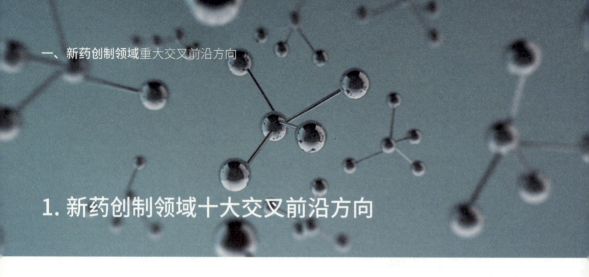

1. 新药创制领域十大交叉前沿方向

1.1 可干预的药物靶标发现

靶点是新药研发的基础，通过人工智能强大的计算能力、学习能力有效预测药物靶点，并通过药理学、分子生物学等方法对靶点的药物可干预性进行确证性研究，对缩短靶点发现周期，加速药物研发过程意义重大。此外，由于药物在人体内可以同时作用于多个靶点，如果作用于非靶向受体就会引起副作用。人工智能可以对候选化合物进行筛选，更快筛选出作用于特定靶点且具有较高活性的化合物，为后期临床试验做准备。

在基于 AI 的靶标发现方面，当前研究主要是采用 AI 技术，评估特定靶标的体内外数据质量。例如，通过蛋白—蛋白的网络拓扑结构、代谢和转录相互作用、组织表达和亚细胞定位等方面的训练，建立基于决策树的元分类器，预测与疾病相关的可药靶基因，并发现了多个潜在疾病相关的可靶向蛋白。也有研究通过利用各种基因组数据集，根据基因重要性、mRNA 表达、DNA 拷贝数、突变发生和蛋白—蛋白相互作用网络拓扑结构等主要分类特征，构建一个支持向量机（SVM）分类器，将乳腺癌、胰腺癌和卵巢癌的蛋白分为药物靶点和非药物靶点，发现了 116 个

已知肿瘤治疗靶点外的 53 个潜在靶点，并确定其中 3 个靶点分别为乳腺癌、胰腺癌和卵巢癌的特异性靶点，并在细胞实验中得到了验证。

通过现有药物相似性、药物—靶标相互作用关系、靶标蛋白序列、结构、理化性质及多组学数据的系统收集，对多维度信息进行分子表征并转化为机器能够识别数据张量，利用深度学习等新一代 AI 算法，实现创新药物靶标的高精度预测及鉴定，将极大提高疾病治疗靶点发现的效率和准确性，破解创新药物研发"靶标枯竭"的困境。

当前基于 AI 的靶标发现已经成为全球关注的热点。对于新药研发而言，智能计算得出的靶点是否能够成为药物治疗疾病的靶点是最为关注的问题之一，由于很多靶点的化合物活性数据非常有限，严重制约了预测模型的准确性，如何提高靶标发现的准确率，是人工智能应用于药物靶点发现的重要研究方向；针对预测获得的靶点，通过药理学、分子生物学等方法建立高效筛选及确证模型，快速确证靶点的可干预性，也是疾病治疗新靶点发现的重要研究内容。

本领域咨询专家：朱峰、钱玲慧、凌代舜、潘利强。

1.2 基于人工智能的药物分子设计及作用预测

药物设计是药物研发的关键技术，机器学习和人工智能技术可以有效提升药物研发效率和速度、缩短研发周期、节省资金投入、提高新药研发成功率。同时，有效地构建拥有一定规模且高质量的小分子库是药物研发人员一直关注的问题。组合化合物库和枚举化合物库等技术能够迅速地构建大规模的分子库，这类化合物库的主要不足在于分子结构缺乏一定的新颖性，为了扩充化学空间且产生高成药性的分子，可利用深度学习技术设计不同的分子生成模型。

为人熟知的 Reaxys 数据库包含约 11 亿个反应和 30 万条规则，运用带策略网络的蒙特卡洛树搜索方法来引导搜索，同时辅以深度神经网络来预先筛选最有前途的逆合成步骤。与传统的计算机辅助搜索方法对比，这种基于人工智能的新方法成功找到合成路径的分子数是前者的两倍，而搜索速度快约 30 倍。

对于基于机器学习的药物设计，对分子结构在计算机中进行恰当的表征是一个关键，研究何种分子表征方法对何种问题效果最优，是人工智能药物设计领域的一个重要方向；此外，利用 AI 对设计的分子物理化学性质、ADMET 特性（吸收、分布、代谢、排泄和毒性特性）、靶标亲和性等进行精准分析是当前全球研究的热点和焦点。该领域发展迅猛，有大量研究成果发表，也有多个网络服务平台开放查询，但就实际应用而言，其预测结果与精准的设计及评价要求之间仍存在一定差距；此外，基于化合物计算模型如何进行药物分子的从头设计也是其中的关键环节。

1.3 基于单分子结构及单细胞尺度的药物研究

随着结构生物学研究的两大突破：X 光自由电子激光和冷镜电镜技术的发展，无数的超大生物分子复合体，甚至亚细胞器以及原位分子水平动态三维精细结构将会如同雨后春笋般涌现，这将极大地增进人们对生命过程调控的认识和理解，也为药物研发提供了重要、精准的信息，以上述结构为靶标的新药创制正在迎来一个新的巨大时代浪潮。

值得一提的是，在仍在持续蔓延的新冠疫情中，多个实验团队的结构生物学家利用冷冻电镜技术解析了新冠病毒 ACE2 受体全长结构和 S 蛋白受体结构域与 ACE2 全长蛋白复合物结构，为抗新冠药物和疫苗开发提供了重要依据。

通过结构的解析、结构的比较，获得药物靶点的结构信息、药物与靶点的相互作用信息及其在细胞内的时空动态分布信息等，能够指导药物结构改造并解析其作用机理，提高以靶点为基础的药物研发准确度和可行性。其中，基因泰克、辉瑞、诺华、阿斯利康等大型药企均在斥资构建内部或联合冷冻电镜中心用于指导药物化学的开发。在不远的将来，随着包括冷冻电镜在内的超分辨成像技术的不断提升、分析软件的升级，其有望成为新药发现的常规工具；而目前可能也正是将这一工具整合至研发系统的最佳时机。

另外，当前人们对生命现象的观察和研究已经深入到单细胞、单颗粒和单分子的微—纳尺度的水平，能更清晰地"观察"到药物与药物靶标的作用结构，从而高效推动包括药物的合理设计、药物与靶标的相互作用分析、药物的细胞动力学研究等工作的顺利开展，因而也是新药研发的重要机遇。

1.4 基因药物研发

基因编辑技术在临床治疗及药物开发方面的应用将日渐广泛。CRISPR 等基因编辑和治疗手段在基因组水平上能够直接修改疾病相关基因，利用基因功能的回补或破坏对遗传性疾病进行治疗；使用基因编辑的疾病动物模型进行临床前的药物筛选与药效评估；使用 siRNA 沉默疾病相关蛋白的表达进行疾病的干预；利用 mRNA 提升特定蛋白表达，快速构建重大流行性疾病疫苗；探索高效的基因体内转导技术，提升基因药物的效率；利用全人抗体小鼠进行抗体药物的筛选与开发等。

自基因编辑技术问世，其产业化前景便被业界普遍看好。德国默克公司目前在推进基于基因编辑的药物研发，该公司与 Vertex Pharmaceuticals 已达成独家研发许可协议，这是针对药物开发进行基因编辑的最新尝试。此外，针对全球大规模爆发的新型冠状病毒，Moderna 和 Pfizer 公司基于 mRNA 的快速开发的新冠病毒疫苗也是核酸药物在疾病治疗中的重要突破。

1.5 新型蛋白类药物研发

近年来，双特异性抗体、多特异性抗体、抗体偶联药物等多功能蛋白类生物药展现出单克隆抗体无法比拟的疗效优势，代表着抗体等蛋白类生物药物的设计和研发将步入多功能、多靶点生物药物的时代。重点围绕肿瘤等重大疾病，研究发现新功能蛋白、新结构抗体，建立基于个性化肿瘤类型的人源抗体库技术，完善抗体药物研发的源头，在此基础上开发出具有自主知识产权的抗体偶联药物 ADC、全新结构蛋白及多肽药物、生物类似药等；研究第二代基因工程药物延长半衰期提高药效的问题，建立突变体设计、融合蛋白等关键技术。

1.6 新型疾病模型开发与设计

新药的研发离不开合适的疾病模型构建，现有动物模型对于新药的评价结果难以直接复制到临床。采用新型疾病模型，如转基因动物模型可将特定的人基因转入动物模型中，为药物的筛选（如全人源抗体）、评价（人疾病模型）提供了更接近人体的内部环境；使用类器官芯片可在一定程度上模拟真实器官的状态和环境，用于药物的筛选；使用生物 3D 技术可用于组织器官的构建，加速新药创制进展。

新加坡科技研究局（A*STAR）设计出了一种基于植物性多孔水凝胶制造的合成型 3-D 支架的新方法来帮助肝癌细胞维持合适的形状和功能，并使其生长得像类器官一样，以此构建 PDX 肝癌细胞器官用于药物筛选和检测。哈佛大学等发展了一种微型三维组织培养"类器官"，可以在培养皿中模拟病人自己的脑细胞，该"类器官"与人类大脑皮层的发育过程一样，以相同的顺序，持续地生长着同样类型的细胞，这一进展对研究神经精神疾病药物筛选具有重要意义。

到目前为止，各种器官的功能肺、肝、肾、肠等组织已作为体外模型被复制，出现了肺芯片、肝脏芯片、肾脏芯片、肠道芯片，这些芯片都可以在一定程度上模拟真实器官的状态和环境，可以用于药物的筛选。由于人体是由具有多种生理功能的器官和组织构成，是一种复杂的系统，因此在类器官芯片的基础上，要加快探索整合多个器官芯片于一体形成的身体芯片，努力突破创新药物高通量、精准筛选的技术瓶颈。

1.7 药物敏感性评价与预测

恶性肿瘤是严重危害我国人民生命健康的重大难治性疾病，临床上大部分恶性肿瘤依然需要使用化疗药物进行治疗。近二十年来，抗肿瘤药物的研发得到了飞速发展，已经从以紫杉醇、铂类等为代表的细胞毒类抗肿瘤药物，进入到以伊马替尼、吉非替尼等为代表的分子靶点类以及以 PD-1、CTLA-4 等靶点为代表的免疫检查点抑制剂抗肿瘤药物时代，但目前临床上依然存在着肿瘤患者对不同药物的敏感性和毒副作用存在巨大个体化差异的问题，分子靶点类抗肿瘤药物和免疫检查点抑制剂的总体反应率依然不超过 60%。

针对这一问题，当前有应用病人来源的原代肿瘤细胞培养和病人来源的裸鼠移植瘤模型进行个性化药物敏感性测试的方法，但这些方法不仅技术要求高、耗时比较长，平均需要 2～3 个月，而且由于样本数量受限，可以实际检测的药物往往是有限的，无法实现快速高效地基于临床肿瘤病人样本的药物敏感性预测和评价。

建立并完善肿瘤基因组和药物敏感性大数据集，在肿瘤组织基因组测序信息的基础上，通过人工智能技术建立快速高效且能高度模拟实际临床用药效果的恶性肿瘤药物敏感性评价与预测体系，实现药物敏感性评价与预测体系中"快速高效"和"高度模拟临床效果"两个关键要素，将能够直接服务于临床快速精准的用药方案的制定，具有重要的科学意义和巨大的临床需求，显著提升恶性肿瘤的药物治疗效果，故具有广阔的市场应用前景和重要的社会效益。

1.8 微纳技术在新药创制中的运用

微纳技术是指微米、纳米的材料、设计、制造、测量、控制和产品的研究、加工、制造及应用技术。将微纳技术应用于新药创制，利用纳米颗粒的小尺寸效应，使得药物更易进入细胞；利用纳米药物较大的比表面积，连接或载带多个功能基团或活性中心；利用纳米材料的优越性能，便于生物降解或吸收；利用纳米颗粒所具有的结构特性，实现药物的缓控释等功能，均具有广阔的新药创制应用空间。

目前微纳药物可分为两类：一类是利用纳米技术改良传统的分子药物，比如研发具有精确表面模式的纳米颗粒载体、通过药物靶向试剂来携带已有的药物，实现靶向输送、降低毒副作用、提高难溶性药物的溶解度等；二是全新的纳米药物，如利用崭新的纳米结构或纳米特性，发现基于新型纳米颗粒的高效低毒的治疗或诊断药物。前者其实是对传统药物的改良，而后者强调的是把纳米材料本身作为药物。进一步开展基础研究对微纳药物的关键技术进行突破后，这一类新型药物将具有巨大的临床应用前景。

1.9 数字药物

随着类脑技术、脑科学技术、脑机智能融合技术发展，以类脑智能、混合智能、协同智能、群体智能等前沿技术为重点发展方向，发展基于软件程序的数字疗法，能够提供循证治疗干预以预防、管理或治疗精神神经类疾病，极大推动此类疾病的临床治疗。

当前数字药物已经逐渐取得重大突破，有能力应对现有药物治疗不能很好解决的行为介导病症，例如常见的儿童精神障碍多动症（ADHD）。根据美国疾病控制与预防中心 2016 年的数据，在美国约有 400 万名 6~11 岁儿童受到该疾病的影响；由 Akili Interactive 开发的 EndeavorRx 游戏于 6 月 15 日获得了 FDA 的处方药批准认证，将主要用于儿童多动症的治疗。这也是第一款有临床随机试验数据支持、并正式获批用于医疗处方的电子游戏。

该领域当前尚处于临床验证阶段，建立新型脑信息读取与脑行为调控系统，围绕解决单向转化为双向"交互""智能"融合的解读模式，解决脑疾病电子诊疗前沿关键技术以及"数字药物"的研发，是未来突破神经精神类疾病治疗的重点发展方向。

1.10 药用新材料研究

药用新材料的研发主要涉及药用辅料的创新与转化。药用辅料通常指生产药品和调配处方时使用的赋形剂和附加剂；是除活性成分以外，在安全性方面已进行了合理的评估，且包含在药物制剂中的物质。药用辅料除了赋形、充当载体、提高稳定性外，还具有增溶、助溶、缓控释等重要功能，是可能会影响到药品的质量、安全性和有效性的重要成分。高端制剂中药用敷料可使得药物具备主动靶向、可控释放、功能复合等传统药用材料无法实现的性能，对于提升药物治疗效果及减少副作用具有独特优势。药用新材料的来源包括生物大分子、合成类高分子、二维无机材料、细胞材料以及单/多细胞生物等；递送药物包括化学小分子、生物活性大分子、治疗性细胞、基因药物等；研究方面包括新刺激信号响应型材料、多靶向功能材料、增强药物肠道吸收材料、穿越脑屏障材料、增强透皮吸收材料、代谢可控材料、可控缓释材料等；搭建响应材料库，为构建多功能药用新材料提供元素；集合功能性器件，利用光、磁、热、电、机械力等对药物进行操控，实现精准药物释放。

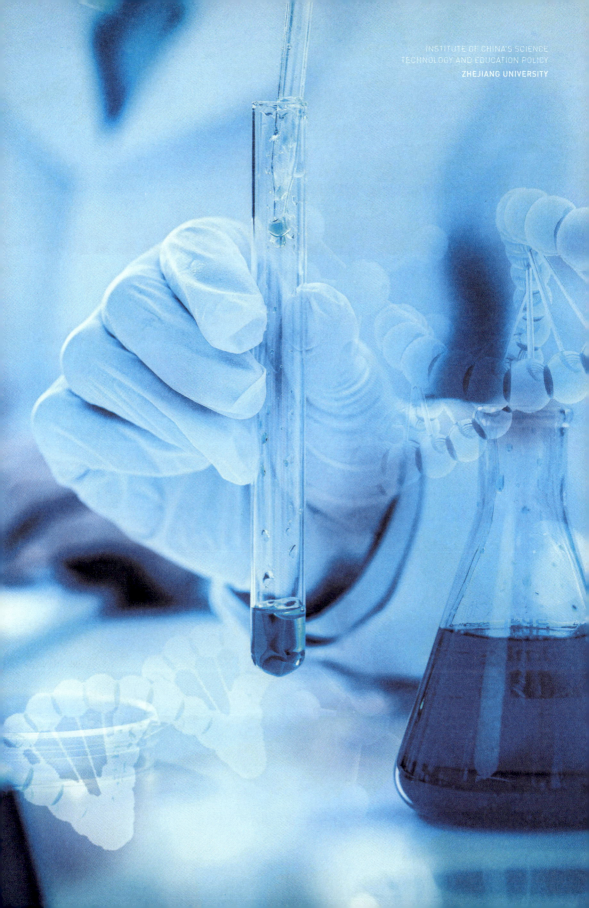

2. 新药创制领域文献计量分析

聚焦"新药创制"领域十大交叉前沿研究方向，选取 Scopus 数据库收录的论文数据，通过相关检索获得各方向相关论文；并结合 SciVal 科研分析平台及可视化工具，对十大交叉前沿方向的研究现状及发展趋势进行文献计量学分析。（文献检索时间为 2021 年 5 月底至 6 月初）

经检索，"新药创制"领域十大交叉前沿方向 2015 年至今发表的文献数量在 70 余篇至 18000 篇之间，其结果如图 1.1 所示。其中，文献数量最多的是方向 8，即微纳技术在新药创制中的运用；文献数量最少的是方向 9，即数字药物。

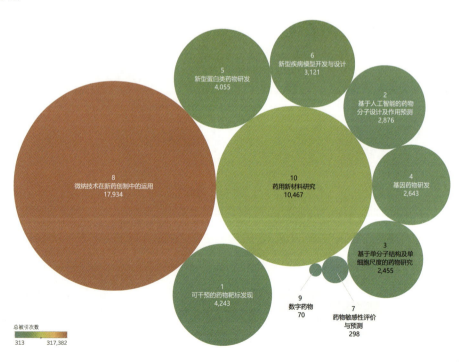

图 1.1 十大交叉前沿方向发文分布

2.1 可干预的药物靶标发现

2.1.1 总体概况

通过 Scopus 数据库检索 2015 年至今发表的"可干预的药物靶标发现"相关论文，并将其导入 SciVal 平台，最终共有文献 4243 篇，整体情况如图 1.2 所示。

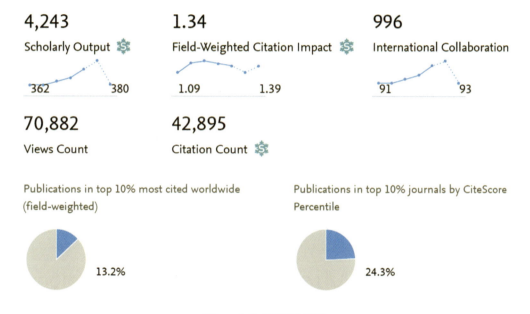

图 1.2 方向文献整体概况

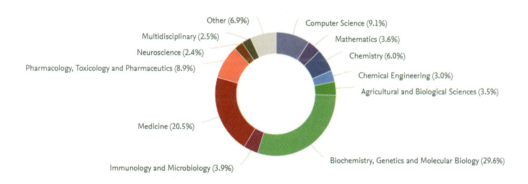

图 1.3 方向文献学科分布

2015 年至今发表的"可干预的药物靶标发现"相关文献的学科分布情况，如图 1.3 所示。在 Scopus 全学科期刊分类系统（ASJC）划分的 26 个学科中，该研究方向文献涉及的学科较为广泛、学科交叉特性较为明显。其中，较多的文献分布于 Biochemistry, Genetics and Molecular Biology（生物化学、遗传学和分子生物学）、Medicine（医学）、Computer Science（计算机科学）、Pharmacology, Toxicology and Pharmaceutics（药理学、毒理学和药剂学）、Chemistry（化学）等学科。

2.1.2 研究热点与前沿

2.1.2.1 高频关键词

2015 年至今发表的"可干预的药物靶标发现"相关文献的前 50 个高频关键词，如图 1.4 所示。其中，Microrna（微小 RNA）、Pharmacology（药理学）、Bioinformatic（生物信息学）、Long Noncoding RNA（长非编码 RNA）、Drug Discovery（药物发现）等是该方向出现频率最高的高频词。

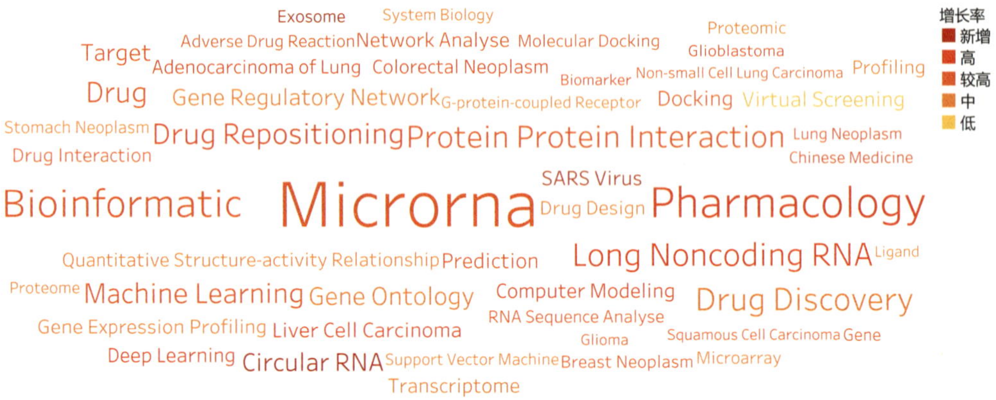

图 1.4 2015 年至今方向前 50 个高频关键词词云图

从 2015 年至今方向前 50 个关键词的增长率情况看（如图 1.5 所示），该方向增长较快的关键词有 Deep Learning（深度学习）、Colorectal Neoplasm（大肠癌）、Glioblastoma（恶性胶质瘤）、Pharmacology（药理学）、Long Noncoding RNA（长非编码 RNA）和 Adenocarcinoma of Lung（肺腺癌）等。此外，2015 年以来新增的高频关键词有 Circular RNA（环状 RNA）、SARS Virus（SARS 病毒）、Exosome（外泌体）等。

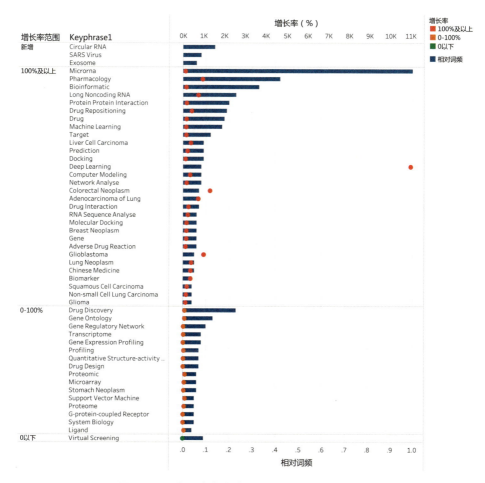

图 1.5 2015 年至今方向前 50 个关键词的增长率分布

2.1.2.2 方向相关热点主题（TOPIC）

从 2015 年至今发表的方向相关文献涉及的研究主题看（如图 1.6 所示），该方向最关注的主题是 T.5819，"Drug Repositioning; Polypharmacology; Adverse Drug Reactions"（药物重定位；多重药理学；药物不良反应），其文献量最大、相关度也最高（方向文献在主题中的占比达到 19.03%）；同时，该主题的显著性百分位达到 99.621，是全球具有较高关注度和较快发展势头的研究方向。此外，其他与方向具有相关性的主题方向也均呈现很高的显著性百分位（均在 98.9 以上）。可以表明，该方向整体上具有较高的全球关注度和较大的研究发展潜力。

---

[1] 体现主题显著度，它通过文章的被引用次数、浏览数和期刊的 citescore（类似于影响因子）指标计算得出，可以体现该主题的关注度和发展势头。

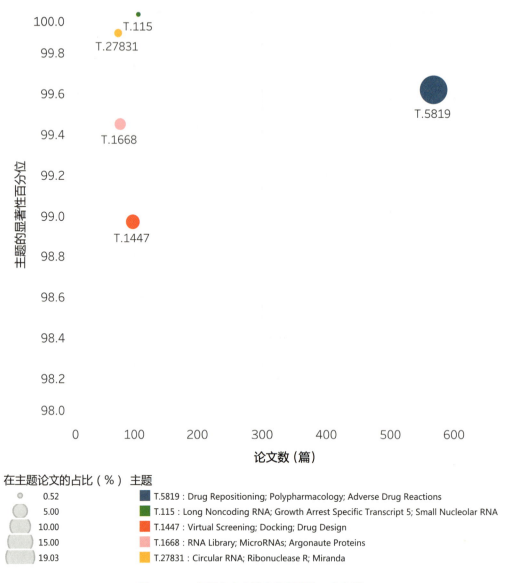

图 1.6 2015 年至今方向论文数最高的 5 个主题

2.1.3 高产国家 / 地区和机构

从 2015 年至今发表的方向相关文献主要的发文国家 / 地区看（如表 1.1 所示），该方向最主要的研究国家 / 地区有 China（中国）、United States（美国）、India（印度）、United Kingdom（英国）、Germany（德国）等；从

主要机构看（如图 1.7 所示），高产的机构包括 Chinese Academy of Sciences（中国科学院）、Shanghai Jiao Tong University（上海交通大学）、Guangxi Medical University（广西医科大学）等；2015 年至今方向高产作者见表 1.2。

表 1.1 2015 年至今方向前 10 个高产国家 / 地区

排名	国家 / 地区	发文量	点击量	FWCI	被引次数
1	China	2170	29537	1.1	16839
2	United States	872	17678	2.04	14353
3	India	304	5155	1.01	1612
4	United Kingdom	219	6268	3.34	6324
5	Germany	204	5119	1.79	3260
6	Republic of Korea	116	2274	1.8	1276
7	Italy	106	3436	1.65	1244
8	Spain	101	3394	1.63	1407
9	Australia	96	2768	2.67	1902
9	Canada	96	2342	2.31	1874

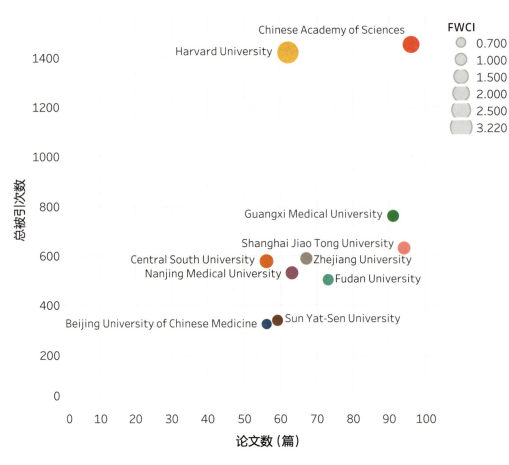

图 1.7 2015 年至今方向前 10 个高产机构

表 1.2 2015 年至今方向高产作者

排名	作者	机构	发文量	点击量	FWCI	被引次数
1	Chen, Gang	Guangxi Medical University	47	657	1.22	532
2	He, Rongquan	Guangxi Medical University	20	289	1.31	278
3	González-Díaz, Humberto	University of the Basque Country	16	415	1.21	160
3	You, Zhuhong	Xinjiang Technical Institute of Physics and Chemistry	16	241	3.11	291
5	Davies, Jamie A.	University of Edinburgh	13	863	26.92	3393
5	Faccenda, Elena	University of Edinburgh	13	863	26.92	3393
5	Pawson, Adam J.	University of Edinburgh	13	863	26.92	3393
5	Sharman, Joanna L.	University of Edinburgh	13	863	26.92	3393
5	Southan, Christopher D.	University of Edinburgh	13	863	26.92	3393
5	Wei, Dongqing	Shanghai Jiao Tong University	13	271	3.54	103

2.2 基于人工智能的药物分子设计及作用预测

2.2.1 总体概况

通过 Scopus 数据库检索 2015 年至今发表的"基于人工智能的药物分子设计及作用预测"相关论文，并将其导入 SciVal 平台，最终共有文献 2876 篇，整体情况如图 1.8 所示。

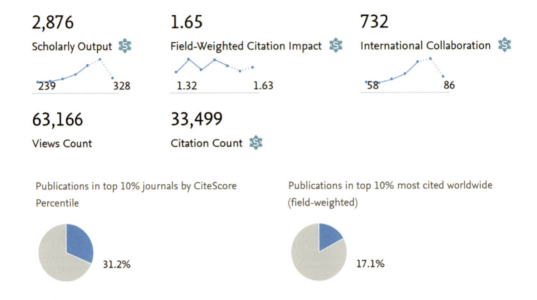

图 1.8 方向文献整体概况

2015 年至今发表的"基于人工智能的药物分子设计及作用预测"相关文献的学科分布情况，如图 1.9 所示，高产作者如表 1.2 所示。在 Scopus 全学科期刊分类系统（ASJC）划分的 25 个学科中，该研究方向文献涉及的学科较为广泛、学科交叉特性较为明显。其中，较多的文献分布于 Biochemistry, Genetics and Molecular Biology（生物化学、遗传学和分子生物学）、Computer Science（计算机科学）、Pharmacology, Toxicology and Pharmaceutics（药理学、毒理学和药剂学）、Chemistry（化学）、Medicine（医学）等学科。

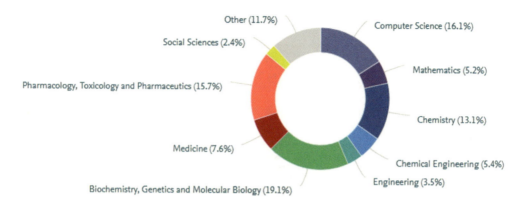

图 1.9 方向文献学科分布

2.2.2 研究热点与前沿

2.2.2.1 高频关键词

2015 年至今发表的"基于人工智能的药物分子设计及作用预测"相关文献的前 50 个高频关键词，如图 1.10 所示。其中，Drug Design（药物设计）、Drug Discovery（药物发现）、Machine Learning（机器学习）、Quantitative Structure-activity Relationship（定量构效关系）、Deep Learning（深度学习）等是该方向出现频率最高的高频词。

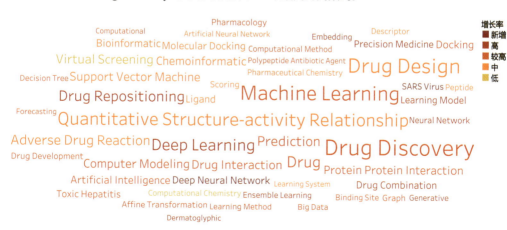

图 1.10 2015 年至今方向前 50 个高频关键词词云图

从 2015 年至今发表的方向前 50 个关键词的增长率情况看（如图 1.11 所示），该方向增长较快的关键词有 Deep Learning（深度学习）、Generative（生殖的）、Embedding（嵌入式）、Drug Combination（联合用药）、Learning Model（学习模型）等。此外，2015 年以来新增的高频关键词有 Deep Neural Network（深度神经网络）、SARS Virus（SARS 病毒）等。

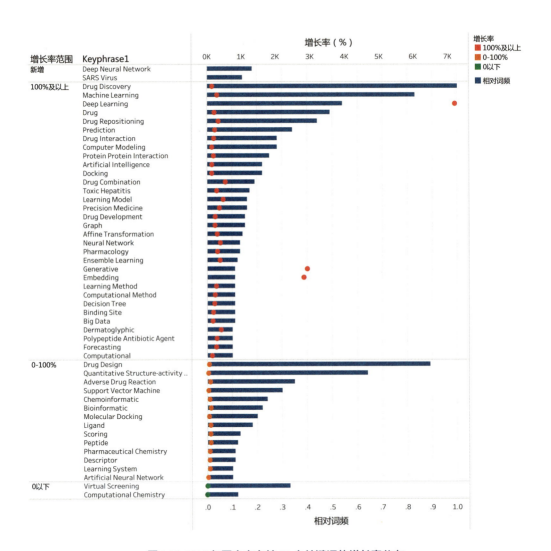

图 1.11　2015 年至今方向前 50 个关键词的增长率分布

2.2.2.2 方向相关热点主题（TOPIC）

从 2015 年至今发表的方向相关文献涉及的研究主题看（如图 1.12 所示），该方向最关注的主题是 T.5819，"Drug Repositioning; Polypharmacology; Adverse Drug Reactions"（药物重定位；多重药理学；药物不良反应），其文献量最大、相关度也较高（方向文献在主题中的占比为 14.64%）；同时，该主题的显著性百分位 [1] 达到 99.621，是全球具有较高关注度和较快发展势头的研究方向。此外，其他与方向具有相关性的主题方向也均呈现较高的显著性百分位（96 以上）。可以表明，该方向整体上具有较高的全球关注度和较大的研究发展潜力。

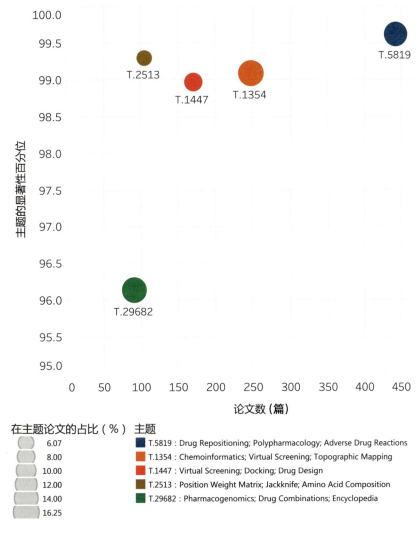

图 1.12 2015 年至今方向论文数最高的 5 个主题

2.2.3 高产国家 / 地区和机构

从 2015 年至今发表的方向相关文献主要的发文国家 / 地区（如表 1.3 所示），该方向最主要的研究国家 / 地区有 United States（美国）、China（中国）、India（印度）、Germany（德国）和 United Kingdom（英国）等；从主要机构看（如图 1.13 所示），高产的机构包括 Chinese Academy of Sciences（中国科学院）、Swiss Federal Institute of Technology Zurich（苏黎世联邦理工学院）、Harvard University（哈佛大学）等；2015 年至今方向高产作者见表 1.4。

表 1.3 2015 年至今方向前 10 个高产国家 / 地区

排名	国家 / 地区	发文量	点击量	FWCI	被引次数
1	United States	700	17335	2.49	12445
2	China	683	12211	1.72	8452
3	India	308	5631	1.12	1539
4	Germany	169	5689	2.81	4461
5	United Kingdom	161	5845	2.83	4165
6	Italy	98	2411	1.59	785
7	Switzerland	89	3289	1.98	1637
8	Iran	88	3055	3.27	2079
8	Spain	88	2791	0.91	647
10	Japan	86	3230	1.87	1363

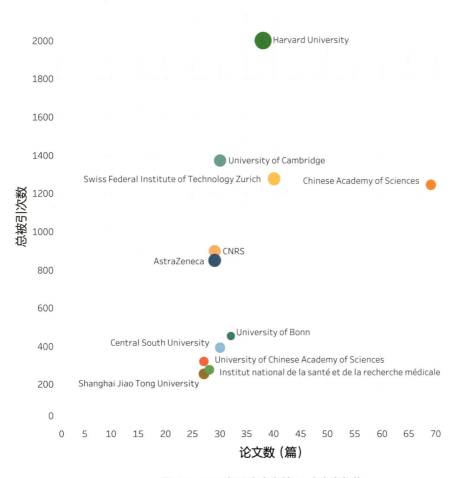

图 1.13　2015 年至今方向前 10 个高产机构

表 1.4 2015 年至今方向高产作者

排名	作者	机构	发文量	点击量	FWCI	被引次数
1	Schneider, Gisbert	Swiss Federal Institute of Technology Zurich	26	1442	4.08	1115
2	Bajorath, Jürgen	University of Bonn	20	385	1.95	364
3	You, Zhuhong	Xinjiang Technical Institute of Physics and Chemistry	17	229	1.87	218
4	Honorio, K. M.	Universidade de São Paulo	14	424	2.58	219
5	Zheng, Mingyue	University of Chinese Academy of Sciences	13	340	1.3	124
6	Wei, Dongqing	Shanghai Jiao Tong University	12	183	4.15	136
7	Chen, Xing	China University of Mining and Technology	11	235	4.58	575
7	Engkvist, Ola	AstraZeneca	11	421	3.22	285
7	González-Díaz, Humberto	University of the Basque Country	11	304	1.14	53
7	Hou, Tingjun	Zhejiang University	11	382	3.05	369
7	Yu, Bin	University of Science and Technology of China	11	134	2.91	234

2.3 基于单分子结构及单细胞尺度的药物研究

2.3.1 总体概况

通过 Scopus 数据库检索 2015 年至今发表的"基于单分子结构及单细胞尺度的药物研究"相关论文，并将其导入 SciVal 平台后，最终共有文献 2455 篇，整体情况如图 1.14 所示。

图 1.14 方向文献整体概况

2015 年至今发表的"基于单分子结构及单细胞尺度的药物研究"相关文献的学科分布情况，如图 1.15 所示。在 Scopus 全学科期刊分类系统（ASJC）划分的 25 个学科中，该研究方向文献涉及的学科较为广泛、学科交叉特性较为明显。其中，较多的文献分布于 Biochemistry, Genetics and Molecular Biology（生物化学、遗传学和分子生物学）、Chemistry（化学）、Pharmacology, Toxicology and Pharmaceutics（药理学、毒理学和药剂学）、Medicine（医学）、Chemical Engineering（化学工程）等学科。

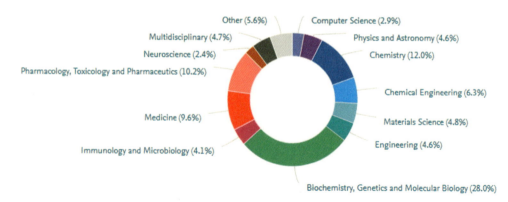

图 1.15 方向文献学科分布

2.3.2 研究热点与前沿

2.3.2.1 高频关键词

2015 年至今发表的"基于单分子结构及单细胞尺度的药物研究"相关文献的前 50 个高频关键词，如图 1.16 所示。其中，Drug Discovery（药物发现）、Cryoelectron Microscopy（冷冻电子显微镜扫描技术）、Single-cell Analyse（单细胞分析）、G-protein-coupled Receptor（G 蛋白偶联受体）、Microfluidic（微流体）等是该方向出现频率最高的高频词。

从 2015 年至今发表的方向前 50 个关键词

的增长率情况看（如图 1.17 所示），该方向增长快的关键词有 Controled Drug Delivery（控制药物输送）、RNA Sequence Analyse（RNA序列分析）、Spheroid（球状体）、Structural Biology（结构生物学）、Heterogeneity（异质性）等。此外，2015 年以来新增的高频关键词有 Organoid（类器官）、SARS Virus（SARS 病毒）、Circulating Neoplastic Cell（循环肿瘤细胞）、Drug Delivery（药物输送）等。

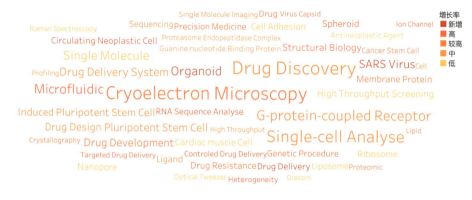

图 1.16 2015 年至今方向前 50 个高频关键词词云图

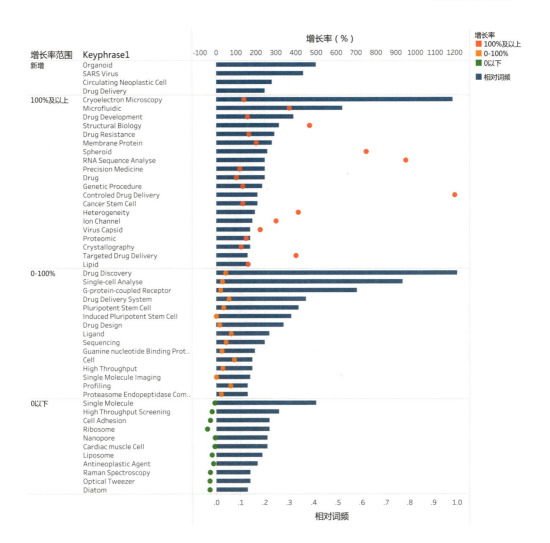

图 1.17 2015 年至今方向前 50 个关键词的增长率分布

2.3.2.2 方向相关热点主题（TOPIC）

从 2015 年至今发表的方向相关文献涉及的研究主题看（如图 1.18 所示），该方向最关注的主题是 T.4406，"Cryoelectron Microscopy; Structural Biology; Electron Tomography"（冷冻电子显微镜扫描技术；结构生物学；电子断层成像），其文献量最大、相关度也最高（方向文献在主题中的占比为 5.13%）；同时，该主题的显著性百分位达到 98.891，是全球具有较高关注度和较快发展势头的研究方向。此外，其他与方向具有相关性的主题方向也均呈现非常高的显著性百分位（均在 99 以上）。可以表明，该方向整体上具有较高的全球关注度和较大的研究发展潜力。

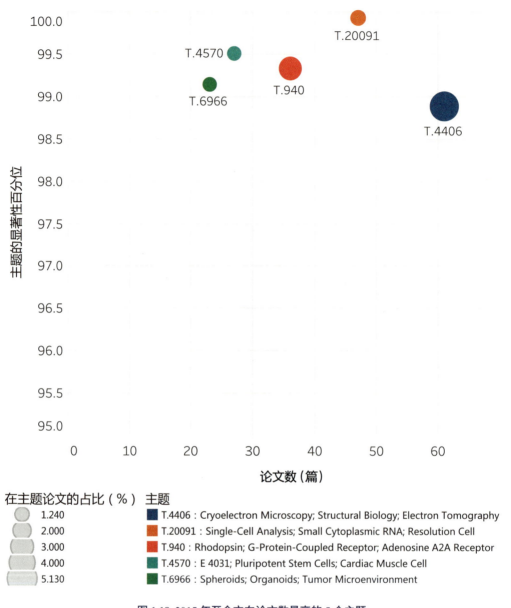

图 1.18 2015 年至今方向论文数最高的 5 个主题

2.3.3 高产国家 / 地区和机构

从 2015 年至今发表的方向相关文献主要的发文国家 / 地区看（如表 1.5 所示），该方向最主要的研究国家 / 地区有 United States（美国）、China（中国）、United Kingdom（英国）、Germany（德国）和 Japan（日本）等；从主要机构看（如图 1.19 所示），高产的机构包括 Chinese Academy of Sciences（中国科学院）、Harvard University（哈佛大学）、CNRS（法国国家科学研究中心）等；2015 年至今方向高产作者见表 1.6。

表 1.5 2015 年至今方向前 10 个高产国家 / 地区

排名	国家 / 地区	发文量	点击量	FWCI	被引次数
1	United States	934	22970	2.16	18386
2	China	439	10698	2.21	7176
3	United Kingdom	257	7699	2.4	5175
4	Germany	238	7557	2.23	5503
5	Japan	125	2555	1.33	1345
6	France	121	3859	1.69	2938
7	India	112	2574	1.55	1178
8	Italy	106	4251	1.32	1311
9	Canada	94	2451	2.29	1840
10	Australia	88	3150	3.62	2343
10	Netherlands	88	2600	2.47	1976

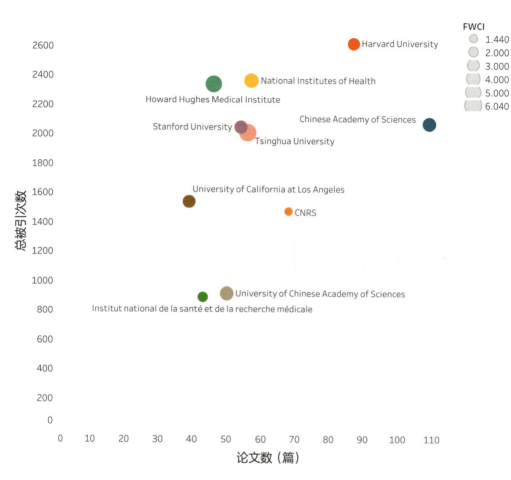

图 1.19 2015 年至今方向前 10 个高产机构

表 1.6 2015 年至今方向高产作者

排名	作者	机构	发文量	点击量	FWCI	被引次数
1	Rao, Zihe	Nankai University	13	290	10.92	592
2	Cherezov, Vadim	University of Southern California	12	520	3.76	597
3	Zhang, Chunyang	Shandong Normal University	11	239	1.65	226
4	Liu, Wei	Arizona State University	9	324	3.11	378
4	Subramaniam, Sriram	University of British Columbia	9	375	4.81	648
4	Weissleder, R.	Harvard University	9	408	3.23	348
4	Zhou, Zhenghong	University of California at Los Angeles	9	246	4.87	491
8	Guddat, Luke W.	University of Queensland	8	202	16.3	539
8	Stevens, Raymond C.	University of Southern California	8	424	6.02	648
8	Wang, Quan	CAS - Institute of Biophysics	8	202	16.3	539
8	Ward, Andrew B.	Scripps Research Institute	8	183	3.58	435
8	Weierstall, Uwe	Arizona State University	8	339	4.1	411
8	Zhang, Yan	Zhejiang University	8	169	12.26	349

2.4 基因药物研发

2.4.1 总体概况

通过 Scopus 数据库检索 2015 年至今发表的"基因药物研发"相关论文，并将其导入 SciVal 平台后，最终共有文献 2643 篇，整体情况如图 1.20 所示。

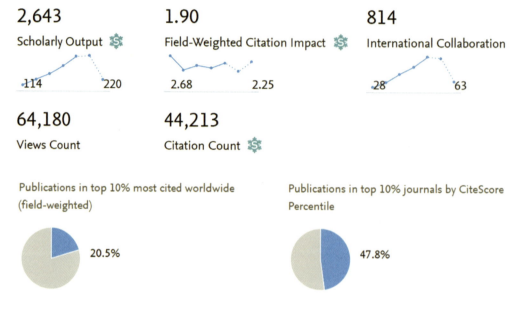

图 1.20 方向文献整体概况

2015 年至今发表的"基因药物研发"相关文献的学科分布情况，如图 1.21 所示。结果显示，在 Scopus 全学科期刊分类系统（ASJC）划分的 26 个学科中，该研究方向文献涉及的学科较为广泛、学科交叉特性较为明显。其中，较多的文献分布于 Biochemistry, Genetics and Molecular Biology（生物化学、遗传学和分子生物学）、Medicine（医学）、Pharmacology, Toxicology and Pharmaceutics（药理学、毒理学和药剂学）、Immunology and Microbiology（免疫学和微生物学）、Chemistry（化学）等学科。

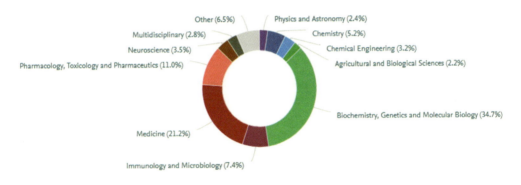

图 1.21 方向文献学科分布

2.4.2 研究热点与前沿

2.4.2.1 高频关键词

2015 年至今发表的"基因药物研发"相关文献的前 50 个高频关键词，如图 1.22 所示。其中，Clustered Regularly Interspaced Short Palindromic Repeat（CRISPR，规律成簇间隔短回文重复序列）、Gene Editing（基因编辑）、Induced Pluripotent Stem Cell（诱导多能干细胞）、Organoid（类器官）、Pluripotent Stem Cell（多能干细胞）等是该方向出现频率最高的高频词。

从 2015 年至今方向前 50 个关键词的增长率情况看（如图 1.23 所示），该方向增长较快的关键词有 Breast Neoplasm（乳腺癌）、Chimeric Antigen Receptor（嵌合抗原受体）、

图 1.22 2015 年至今方向前 50 个高频关键词词云图

Neoplasm Cell（恶性肿瘤细胞）、Epigenetic（表观遗传）、Inhibitor（抑制剂）等。此外，2015 年以来新增的高频关键词有 SARS Virus（SARS 病毒）、Long Noncoding RNA（长非编码 RNA）、Glioblastoma（恶性胶质瘤）、Cystic Fibrose（囊胞性纤维症）、Cancer Stem Cell（癌症干细胞）、Nicotinamide Adenine Dinucleotide Adenosine Diphosphate Ribosyltransferase Inhibitor（烟酰胺腺嘌呤二核苷酸腺苷二磷酸核糖转移酶抑制剂）。

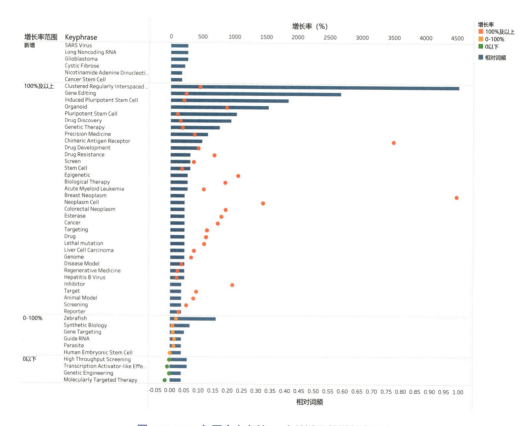

图 1.23 2015 年至今方向前 50 个关键词的增长率分布

2.4.2.2 方向相关热点主题（TOPIC）

从 2015 年至今发表的方向相关文献涉及的研究主题看（如图 1.24 所示），该方向最关注的主题是 T.456，"Guide RNA; CRISPR Associated Endonuclease Cas9; Gene Editing"（向导 RNA；CRISPR 相关核酸内切酶 Cas9；基因编辑），其文献量最大、相关度也最高（方向文献在主题中的占比为 3.88%）；同时，该主题的显著性百分位达到 99.98，是全球具有较高关注度和较快发展势头的研究方向。此外，其他与方向具有相关性的主题方向也均呈现较高的显著性百分位（99.5 以上）。可以表明，该方向整体上具有较高的全球关注度和较大的研究发展潜力。

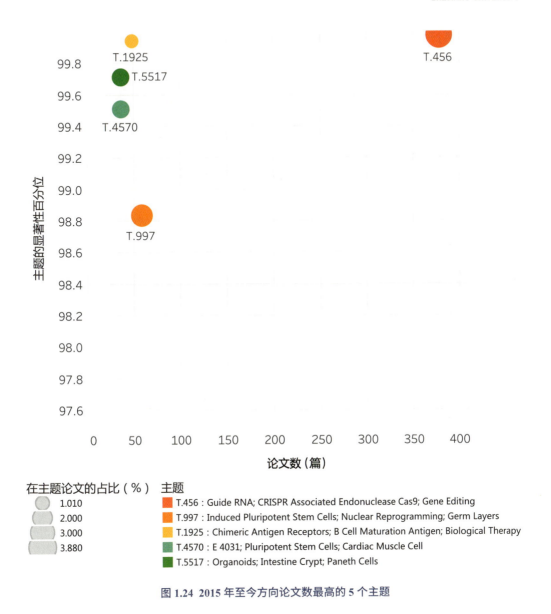

在主题论文的占比（%）

- 1.010
- 2.000
- 3.000
- 3.880

主题

- ■ T.456：Guide RNA; CRISPR Associated Endonuclease Cas9; Gene Editing
- ■ T.997：Induced Pluripotent Stem Cells; Nuclear Reprogramming; Germ Layers
- ■ T.1925：Chimeric Antigen Receptors; B Cell Maturation Antigen; Biological Therapy
- ■ T.4570：E 4031; Pluripotent Stem Cells; Cardiac Muscle Cell
- ■ T.5517：Organoids; Intestine Crypt; Paneth Cells

图 1.24 2015 年至今方向论文数最高的 5 个主题

2.4.3 高产国家 / 地区和机构

从 2015 年至今发表的方向相关文献主要的发文国家 / 地区看（如表 1.7 所示），该方向最主要的研究国家 / 地区有 United States（美国）、China（中国）、United Kingdom（英国）、Germany（德国）和 Japan（日本）等；2015 年至今方向论文数最多的 5 个主题见图 1.24；从

主要机构看（如图 1.25 所示），高产的机构包括：Harvard University（哈佛大学）、Chinese Academy of Sciences（中国科学院）、National Institutes of Health（美国国立卫生研究院）等；2015 年至今方向高产作者见表 1.8。

表 1.7 2015 年至今方向前 10 个高产国家 / 地区

排名	国家 / 地区	发文量	点击量	FWCI	被引次数
1	United States	1196	32026	2.61	28624
2	China	540	11949	1.67	6776
3	United Kingdom	275	7262	2.61	5636
4	Germany	205	5695	2.62	3843
5	Japan	147	3598	1.78	2735
6	Canada	108	2956	3	2768
7	Italy	102	2894	2.06	1516
8	Australia	90	3132	3.06	1993
9	Netherlands	88	2991	3.09	2968
10	India	85	1910	1.25	661

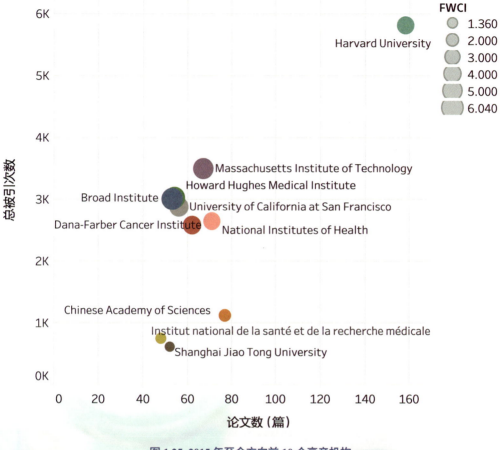

图 1.25 2015 年至今方向前 10 个高产机构

表 1.8 2015 年至今方向高产作者

排名	作者	机构	发文量	点击量	FWCI	被引次数
1	Stegmaier, Kimberly	Dana-Farber Cancer Institute	11	206	1.87	173
1	Vázquez, Francisca	Dana-Farber Cancer Institute	11	271	6.78	596
3	Doench, John Gerard	Broad Institute	10	435	5.72	624
3	Tsherniak, Aviad	Massachusetts Institute of Technology	10	271	7.09	595
3	Wang, Xin	East China Normal University	10	195	1.41	95
6	Boehm, Jesse S.	Massachusetts Institute of Technology	9	338	8.83	657
6	Gray, Nathanael S.	Dana-Farber Cancer Institute	9	495	10.85	772
6	Liu, Mingyao	East China Normal University	9	166	1.46	106
6	Root, David Edward	Massachusetts Institute of Technology	9	324	4.65	567
10	Hahn, William Chun	Dana-Farber Cancer Institute	8	213	8.04	524

2.5 新型蛋白类药物研发

2.5.1 总体概况

通过 Scopus 数据库检索 2015 年至今发表的"新型蛋白类药物研发"相关论文，并将其导入 SciVal 平台，最终共有文献 4055 篇，整体情况如图 1.26 所示。

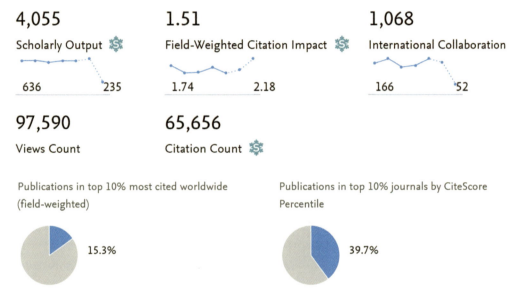

4,055
Scholarly Output
636   235

1.51
Field-Weighted Citation Impact
1.74   2.18

1,068
International Collaboration
166   52

97,590
Views Count

65,656
Citation Count

Publications in top 10% most cited worldwide (field-weighted)
15.3%

Publications in top 10% journals by CiteScore Percentile
39.7%

图 1.26 方向文献整体概况

2015 年至今发表的"新型蛋白类药物研发"相关文献的学科分布情况，如图 1.27 所示。在 Scopus 全学科期刊分类系统（ASJC）划分的 27 个学科中，该研究方向文献涉及的学科较为广泛、学科交叉特性较为明显。其中，较多的文献分布于 Biochemistry, Genetics and Molecular Biology（生物化学、遗传学和分子生物学）、Medicine（医学）、Pharmacology, Toxicology and Pharmaceutics（药理学、毒理学和药剂学）、Chemistry（化学）、Immunology and Microbiology（免疫学与微生物学）等学科。

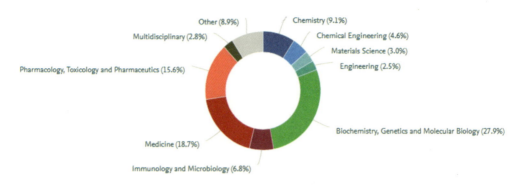

图 1.27 方向文献学科分布

2.5.2 方向研究热点与前沿

2.5.2.1 高频关键词

2015 年至今发表的"新型蛋白类药物研发"相关文献的前 50 个高频关键词，如图 1.28 所示。其中，Bispecific Antibody（双特异抗体）、Peptide（多肽）、Antibody Conjugate（抗体偶联）、Chronic Myeloid Leukemia（慢性粒细胞白血病）、Antibody（抗体）等是该方向出现频率最高的高频词。

从 2015 年至今方向前 50 个关键词的增长率情况看（如图 1.29 所示），该方向增长较快的关键词有 Human Respiratory Syncytial Virus（人类呼吸道合胞病毒）、Targeted Drug Delivery（靶向给药）、Ewing Sarcoma（尤文肉瘤）、Polypeptide Antibiotic Agent（多肽抗生素剂）、Conjugate（偶联）等。此外，2015 年以来新增的高频关键词是 SARS Virus（SARS 病毒）。

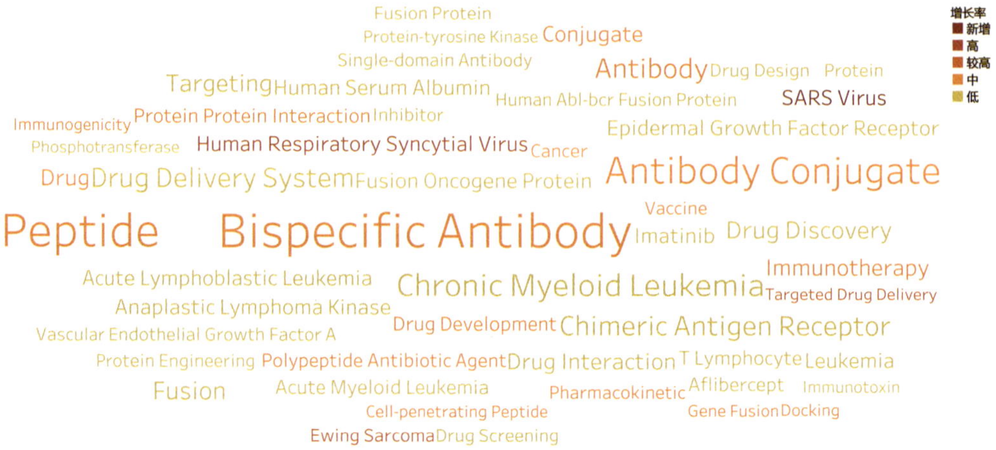

图 1.28 2015 年至今方向前 50 个高频关键词词云图

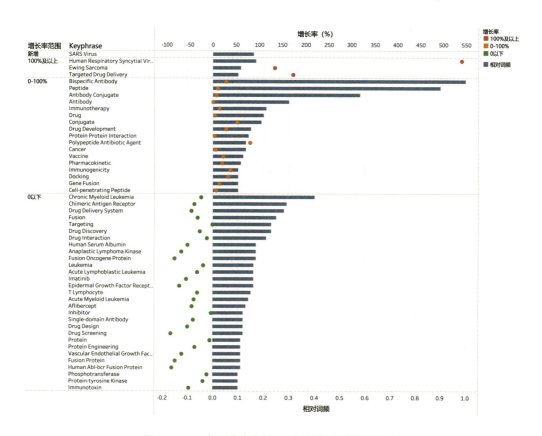

图 1.29 2015 年至今方向前 50 个关键词的增长率分布

2.5.2.2 方向相关热点主题（TOPIC）

从 2015 年至今发表的方向相关文献涉及的研究主题看（如图 1.30 所示），该方向最关注的主题是 T.7607，"Bispecific Antibodies; Blinatumomab; Single Chain Fragment Variable Antibody"（双特异性抗体；博纳吐单抗；单链抗体），其文献量最大与相关度最高，方向文献占该主题文献的百分比为 20.46%；同时，该

主题的显著性百分位为 95.948，是全球具有较高关注度和较快发展势头的研究方向。此外，其他与方向具有相关性的主题方向也均呈现较高的显著性百分位（均超过 98.6）。可以表明，该方向整体上具有较高的全球关注度和较大的研究发展潜力。

图 1.30 2015 年至今方向论文数最高的 5 个主题

2.5.3 高产国家 / 地区和机构

从 2015 年至今发表的方向相关文献主要的发文国家 / 地区看（如表 1.9 所示），该方向最主要的研究国家 / 地区有 United States（美国）、China（中国）、Germany（德国）、Japan（日本）和 United Kingdom（英国）等；从主要机构看（如图 1.31 所示），高产的机构包括 Chinese Academy of Sciences（中国科学院）、National Institutes of Health（美国国立卫生研究院）、Harvard University（哈佛大学）等；2015 年至今方向高产作者见表 1.10。

表 1.9　2015 年至今方向前 10 个高产国家 / 地区

排名	国家 / 地区	发文量	点击量	FWCI	被引次数
1	United States	1503	37322	2.07	35651
2	China	953	19590	1.26	10703
3	Germany	305	7641	1.91	6443
4	Japan	258	5418	1.22	3487
5	United Kingdom	252	6768	1.95	5052
6	India	210	4627	1.55	1923
7	Italy	170	5661	1.87	3048
8	Switzerland	135	3368	2.16	3029
9	Republic of Korea	134	3002	1.31	1816
10	Australia	122	3368	2.1	2172

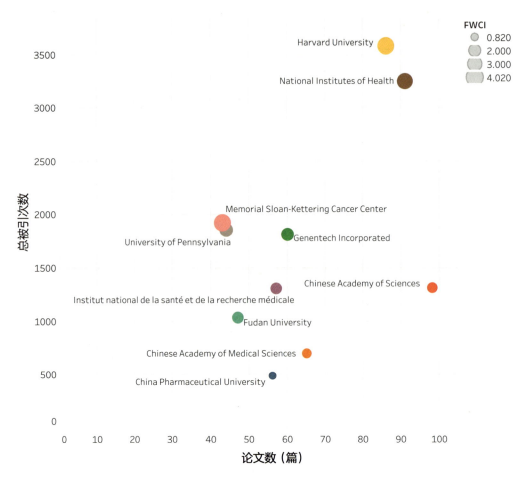

图 1.31 2015 年至今方向前 10 个高产机构

表 1.10 2015 年至今方向高产作者

排名	作者	机构	发文量	点击量	FWCI	被引次数
1	Klein, Christian Theodor	Roche Innovat Ctr Zurich	12	348	2.77	496
1	Neri, Dario	Swiss Federal Institute of Technology Zurich	12	322	2.17	294
3	Kobayashi, Hisataka	National Institutes of Health	11	244	1	175
4	Craik, David J.	University of Queensland	10	295	1.66	247
5	Amani, Jafar	Baqiyatallah Medical Sciences University	9	228	0.38	30
5	Cheung, Nai Kong V.	Memorial Sloan-Kettering Cancer Center	9	293	1.69	245
5	Jiang, Shibo	Fudan University	9	204	3.73	291
5	Kontermann, Roland E.	University of Stuttgart	9	268	0.84	137
5	Löfblom, John	KTH Royal Institute of Technology	9	406	0.93	102
5	Wang, Zhong	Sun Yat-Sen University	9	232	1.01	108
5	Yao, Wenbing	China Pharmaceutical University	9	151	0.41	38
5	Zhen, Yongsu	Chinese Academy of Medical Sciences	9	149	1.01	111

2.6 新型疾病模型开发与设计

2.6.1 总体概况

通过 Scopus 数据库检索 2015 年至今发表的"新型疾病模型开发与设计"相关论文，并将其导入 SciVal 平台后，最终共有文献 3121 篇，整体情况如图 1.32 所示。

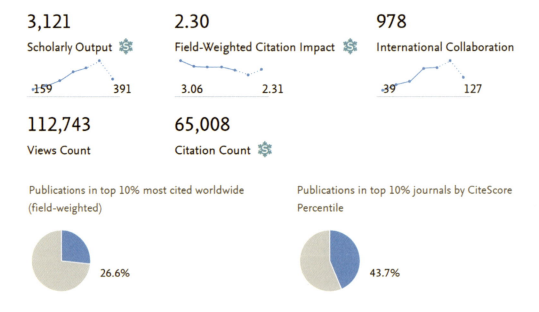

图 1.32 方向文献整体概况

2015 年至今发表的"新型疾病模型开发与设计"相关文献的学科分布情况，如图 1.33 所示。在 Scopus 全学科期刊分类系统（ASJC）划分的 27 个学科中，该研究方向文献涉及的学科较为广泛、学科交叉特性较为明显。其中，较多的文献分布于 Biochemistry, Genetics and Molecular Biology（生物化学、遗传学和分子生物学）、Pharmacology, Toxicology and Pharmaceutics（药理学、毒理学和药剂学）、Medicine（医学）、Engineering（工程）、Materials Science（材料科学）等学科。

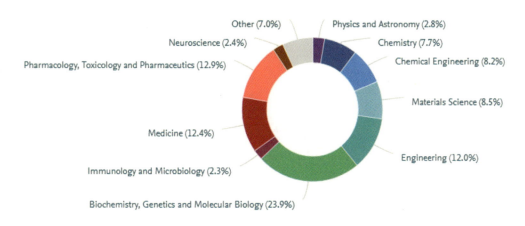

图 1.33 方向文献学科分布

2.6.2 研究热点与前沿

2.6.2.1 高频关键词

2015 年至今发表的"新型疾病模型开发与设计"相关文献的前 50 个高频关键词，如图 1.34 所示。其中，Organoid（类器官）、Organ-on-a-chip（器官芯片）、Bioprinting（生物打印）、3d Printer（3d 打印机）、Microfluidic（微流控）等是该方向出现频率最高的高频词。

从 2015 年至今方向前 50 个关键词的增长率情况看（如图 1.35 所示），该方向增长

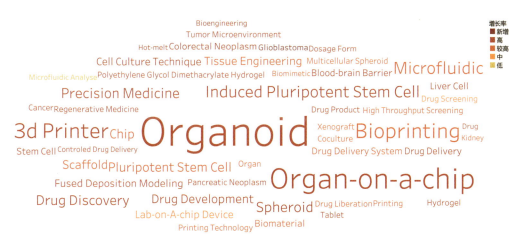

图 1.34 2015 年至今方向前 50 个高频关键词词云图

较快的关键词有 Dosage Form（剂型）、Drug Delivery（药物输送）、Spheroid（球状体）、Hot-melt（热熔）、Controled Drug Delivery（控制药物输送）等。此外，2015 年以来新增的高频关键词为 Glioblastoma（恶性胶质瘤）。

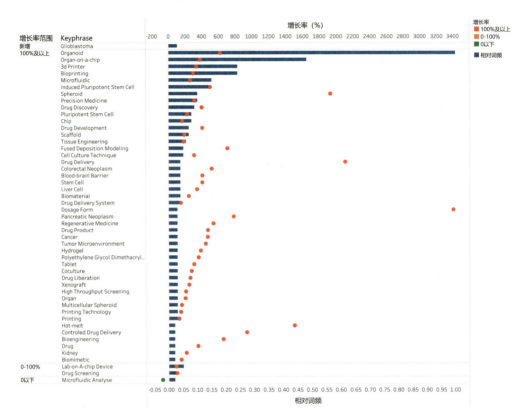

图 1.35 2015 年至今方向前 50 个关键词的增长率分布

2.6.2.2 方向相关热点主题（TOPIC）

从 2015 年至今发表的方向相关文献涉及的研究主题看（如图 1.36 所示），该方向最关注的主题是 T. 13424，"Organ-On-A-Chip; Microfluidics; Lab-on-a-chip Devices"（器官芯片；微流体；芯片实验室设备），其文献量最大且相关度也较高（方向文献在主题中的占比达到 20.86%）；同时，该主题的显著性百分位达到了 99.499，是全球具有较高关注度和较快发展势头的研究方向。此外，其他与方向具有相关性的主题方向也均呈现较高的显著性百分位（均在 98.6 以上）。可以表明，该方向整体上具有较高的全球关注度和较大的研究发展潜力。

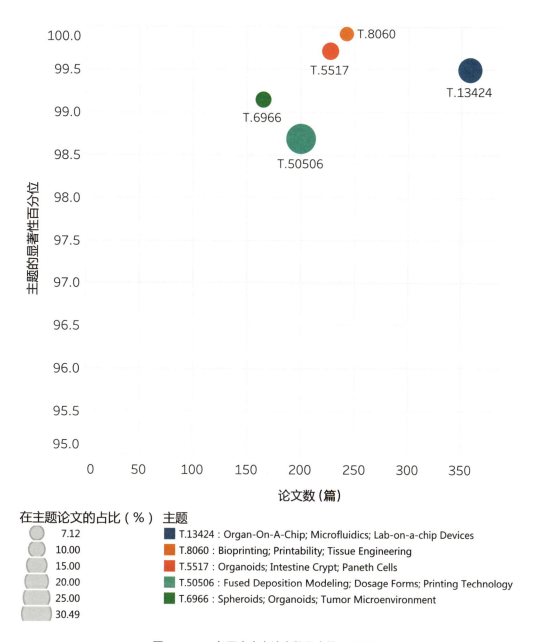

图 1.36 2015 年至今方向论文数最高的 5 个主题

2.6.3 高产国家／地区和机构

　　从 2015 年至今发表的方向相关文献主要的发文国家／地区看（如表 1.11 所示），该方向最主要的研究国家／地区有 United States（美国）、China（中国）、United Kingdom（英国）、Germany（德国）和 Japan（日本）等；2015 年至今方向论文数最高的 5 个主题见图 1.36；从

主要机构看（如图 1.37 所示），高产的机构包括 Harvard University（哈佛大学）、Utrecht University（乌特勒支大学）、Chinese Academy of Sciences（中国科学院）等；2015 年至今方向高产作者见表 1.12。

表 1.11 2015 年至今方向前 10 个高产国家／地区

排名	国家／地区	发文量	点击量	FWCI	被引次数
1	United States	1170	44861	2.86	31913
2	China	462	16755	2.24	8395
3	United Kingdom	296	13699	3.45	9223
4	Germany	243	9592	2.71	5581
5	Japan	178	5213	2.13	3370
6	Netherlands	165	6518	4.16	7021
6	Republic of Korea	165	7496	2.18	4375
8	Italy	161	8363	2.81	4317
9	Canada	139	6485	2.42	3889
10	India	131	4846	1.48	1731

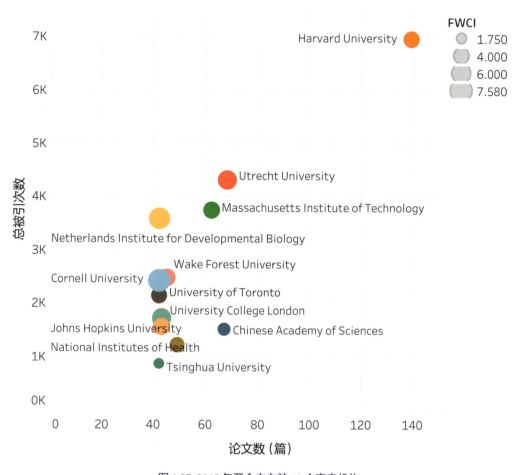

图 1.37 2015 年至今方向前 10 个高产机构

表 1.12 2015 年至今方向高产作者

排名	作者	机构	发文量	点击量	FWCI	被引次数
1	Clevers, Hans	Royal Netherlands Academy of Arts and Sciences	34	1910	7.78	3308
2	Zhang, Yu Shrike	Harvard University	29	3061	4.35	2024
3	Khademhosseini, Ali U.	University of California at Los Angeles	25	3162	5.09	1948
3	Skardal, Aleksander	Wake Forest University	25	2071	5.08	1582
5	Gaisford, Simon	University College London	21	2193	8.97	1336
6	Atala, Anthony	Wake Forest University	20	2695	5.84	2051
6	Basit, Abdul W.	University College London	20	2170	9.37	1333
8	Qin, Jianhuan Hua	University of Chinese Academy of Sciences	17	594	4.15	418
8	Radišić, Milica	Heart and Stroke Foundation of Canada	17	1265	3.76	642
10	Dokmeci, Mehmet Remzi	University of California at Los Angeles	16	2269	6.04	1451
10	Goyanes, Alvaro	University of Santiago de Compostela	16	1878	10.5	1215
10	Soker, Shay	Virginia Polytechnic Institute and State University	16	974	3.56	808

2.7 药物敏感性评价与预测

2.7.1 总体概况

通过 Scopus 数据库检索 2015 年至今发表的"药物敏感性评价与预测"相关论文，并将其导入 SciVal 平台，最终共有文献 298 篇，整体情况如图 1.38 所示。

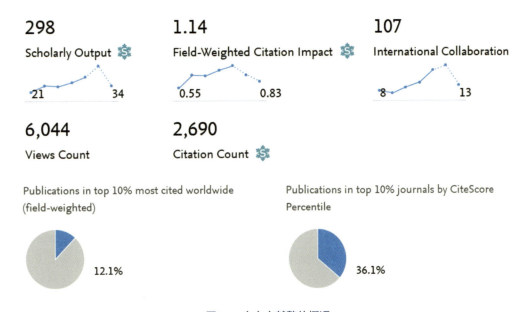

图 1.38 方向文献整体概况

2015 年至今发表的"药物敏感性评价与预测"相关文献的学科分布情况，如图 1.39 所示。在 Scopus 全学科期刊分类系统（ASJC）划分的 21 个学科中，该研究方向文献涉及的学科较为广泛、学科交叉特性较为明显。其中，较多的文献分布于 Medicine（医学）、Biochemistry, Genetics and Molecular Biology（生物化学、遗传学和分子生物学）、Immunology and Microbiology（免疫学与微生物学）、Computer Science（计算机科学）、Pharmacology, Toxicology and Pharmaceutics（药理学、毒理学和药剂学）等学科。

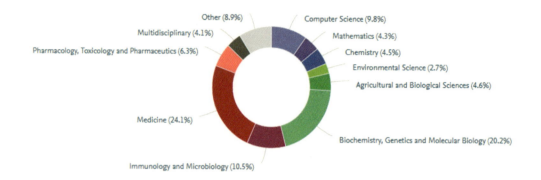

图 1.39 方向文献学科分布

2.7.2 研究热点与前沿

2.7.2.1 高频关键词

2015 年至今发表的"新细胞类型的人工设计与合成"相关文献的前 50 个高频关键词，如图 1.40 所示。其中，Antibiotic Resistance（抗生素抗性）、Antibiotic Sensitivity（药物敏感性）、Drug Resistance（抗药性）、Machine Learning（机器学习）、Whole Genome Sequencing（全基因组测序）等是该方向出现频率最高的高频词。

从 2015 年至今方向前 50 个关键词的增长率情况看（如图 1.41 所示），该方向增长较快的关键词有 Machine Learning（机器学习）、Sequencing（序列分析）、Antibiotic Sensitivity（药物敏感性）、Antibiotic Resistance（抗生素抗性）、Anti-bacterial Agent（抗菌剂）等。此外，2015 年以来新增的高频关键词有 Whole Genome Sequencing（全基因组测序）、Drug Combination（联合药物）、Tuberculosis

图 1.40 2015 年至今方向前 50 个高频关键词词云图

（肺结核）、Mycobacteria Tuberculosis（结核杆菌）、Polypeptide Antibiotic Agent（多肽抗生素剂）、Colistin（黏菌素）、SARS Virus（SARS病毒）、Methicillin Resistant Staphylococcus Aureus（抗甲氧西林金黄色葡萄球菌）、Vancomycin（万古霉素）、Citicoline（胞磷胆碱）、Neutralizing Antibody（中和抗体）、Quantitative Structure-activity Relationship（定量构效关系）、Rifampicin（利福平）、Proteinase（蛋白酶）、System Biology（系统生物学）、Deep Learning（深度学习）、Medical Informatic（医疗信息化）、Glioblastoma（恶性胶质瘤）、Haploidy（单倍体）、RNA Directed DNA Polymerase Inhibitor（RNA定向DNA聚合酶抑制剂）、Lopinavir（洛匹那韦）、Microfluidic（微流体）、Acinetobacter Baumannii（鲍氏不动杆菌）。

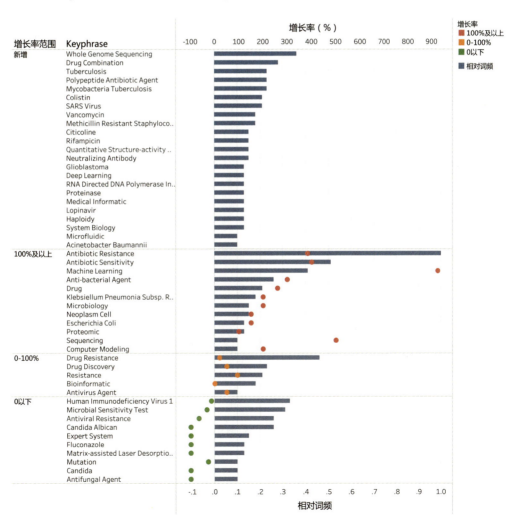

图 1.41 2015 年至今方向前 50 个关键词的增长率分布

2.7.2.2 方向相关热点主题（TOPIC）

从 2015 年至今发表的方向相关文献涉及的研究主题看（如图 1.42 所示），该方向最关注的主题是 T. 1532，"RNA Directed DNA Polymerase Inhibitor; HIV Reverse Transcriptase; Antiretroviral Agents"（RNA 定向 DNA 聚合酶抑制剂；HIV 逆转录酶；抗逆转录病毒药物），其文献量最大、相关度也较高（方向文献在主题中的占比为 8.67%）；但是该主题的显著性百分位不高。此外，除 T.27703 外，其余三个与方向具有相关性的主题方向也均呈现很高的显著性百分位（均在 98.2 以上）。可以表明，该方向整体上具有较高的全球关注度和较大的研究发展潜力。

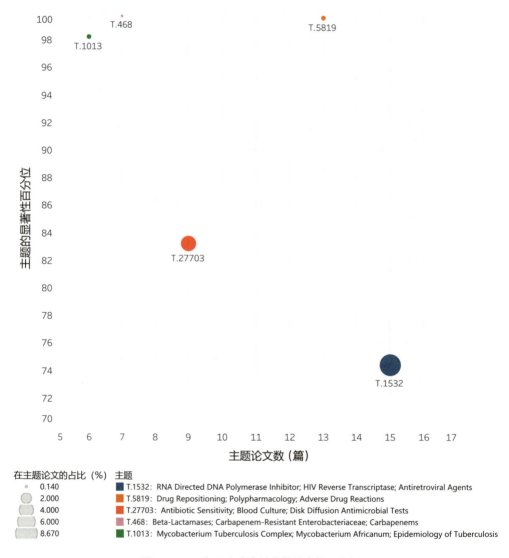

图 1.42 2015 年至今方向论文数最高的 5 个主题

2.7.3 高产国家 / 地区和机构

从 2015 年至今发表的方向相关文献主要的发文国家 / 地区看（如表 1.13 所示），该方向最主要的研究国家 / 地区有 United States（美国）、China（中国）、United Kingdom（英国）、India（印度）和 Germany（德国）等；从主要机构看（如图 1.43 所示），高产的机构包括 Harvard University（哈佛大学）、Institut national de la santé et de la recherche médicale（法国国家健康与医学研究院）、University of Oxford（牛津大学）等；2015 年至今方向高产作者见表 1.14。

表 1.13 2015 年至今方向前 10 个高产国家 / 地区

排名	国家 / 地区	发文量	点击量	FWCI	被引次数
1	China	5235	158966	2.03	101314
2	United States	3366	128694	2.38	91252
3	India	2815	85406	1.54	37565
4	Iran	970	48791	1.63	13668
5	United Kingdom	723	31926	2.2	18496
6	Republic of Korea	702	26438	2.05	15315
7	Italy	681	38182	1.89	13751
8	Germany	602	25070	2.08	12845
9	Spain	493	24071	1.71	8540
10	Australia	491	22259	2.03	11442

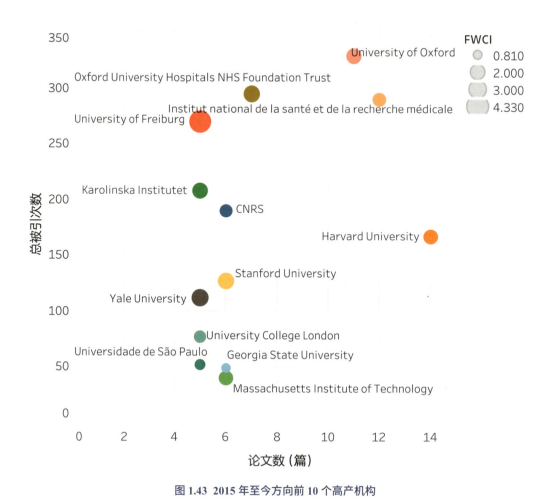

图 1.43 2015 年至今方向前 10 个高产机构

表 1.14 2015 年至今方向高产作者

排名	作者	机构	发文量	点击量	FWCI	被引次数
1	Harrison, Robert W.	Georgia State University	6	104	0.48	42
1	Weber, Irene T.	Georgia State University	6	104	0.48	42
3	Aarestrup, Frank Møller	Technical University of Denmark	4	184	2.7	185
4	Ambrose, Paul G.	Institute for Clinical Pharmacodynamics, Inc.	3	33	2.03	53

排名	作者	机构	发文量	点击量	FWCI	被引次数
4	Ascher, David Benjamin	University of Melbourne	3	55	2.38	33
4	Bhavnani, Sujata M.	Institute for Clinical Pharmacodynamics, Inc.	3	33	2.03	53
4	Cassada, David A.	University of Nebraska-Lincoln	3	174	0.33	21
4	Cherkaoui, Abdessalam	University of Geneva	3	24	0.73	10
4	Crook, Derrick W.M.	University of Oxford	3	94	1.44	70
4	Heider, Dominik	University of Marburg	3	80	0.94	41
4	Kohl, Thomas Andreas	Research Center Borstel - Leibniz Lung Center	3	94	1.44	70
4	Li, Xu	University of Nebraska-Lincoln	3	174	0.33	21
4	Lund, Ole Søgaard	Technical University of Denmark	3	75	1.15	8
4	Namboori, P. K.Krishnan	Amrita Vishwa Vidyapeetham	3	90	0.28	4
4	Niemann, Stefan	Forschungszentrum Borstel - Zentrum für Medizin und Biowissenschaften	3	94	1.44	70
4	Peto, Timothy E.A.	University of Oxford	3	176	3.38	224
4	Riemenschneider, Mona	Technical University of Munich	3	80	0.94	41
4	Sallach, J. Brett	University of York	3	174	0.33	21
4	Schrenzel, Jacques	University of Geneva	3	24	0.73	10
4	Seneviratne, C. J.	National University of Singapore	3	55	0.82	10
4	Snow, Daniel D.	University of Nebraska-Lincoln	3	174	0.33	21
4	Thwaites, G. E.	University of Oxford	3	63	2.16	53

2.8 微纳技术在新药创制中的运用

2.8.1 总体概况

通过 Scopus 数据库检索 2015 年至今发表的"微纳技术在新药创制中的运用"相关论文，并将其导入 SciVal 平台，最终共有文献 17934 篇，整体情况如图 1.44 所示。

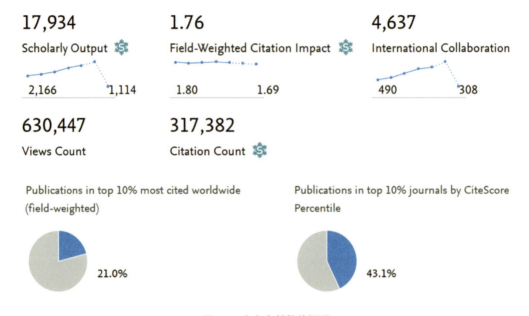

图 1.44 方向文献整体概况

2015 年至今发表的"微纳技术在新药创制中的运用"相关文献的学科分布情况，如图 1.45 所示。在 Scopus 全学科期刊分类系统（ASJC）划分的 27 个学科中，该研究方向文献涉及的学科较为广泛、学科交叉特性较为明显。其中，较多的文献分布于 Pharmacology, Toxicology and Pharmaceutics（药理学、毒理学和药剂学）、Biochemistry, Genetics and Molecular Biology（生物化学、遗传学和分子生物学）、Materials Science（材料科学）、Chemistry（化学）、Chemical Engineering（化学工程）等学科。

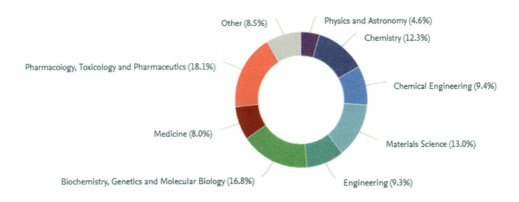

图 1.45 方向文献学科分布

2.8.2 研究热点与前沿

2.8.2.1 高频关键词

2015 年至今发表的"大规模、高通量自动化筛选系统的开发"相关文献的前 50 个高频关键词，如图 1.46 所示。其中，Drug Delivery System（药物输送系统）、Nanomedicine（纳米医学）、Nanocarrier（纳米载体）、Drug Delivery（药物输送）、Nanoparticle（纳米颗粒）等是该方向出现频率最高的高频词。

图 1.46 2015 年至今方向前 50 个高频关键词词云图

从 2015 年至今方向前 50 个关键词的增长率情况看（如图 1.47 所示），该方向增长较快的关键词有 Drug Delivery（药物输送）、Photothermotherapy（光热疗法）、Photosensitizing Agent（光增敏剂）、Photodynamic Therapy（光动力疗法）、Controled Drug Delivery（控制药物输送）等。

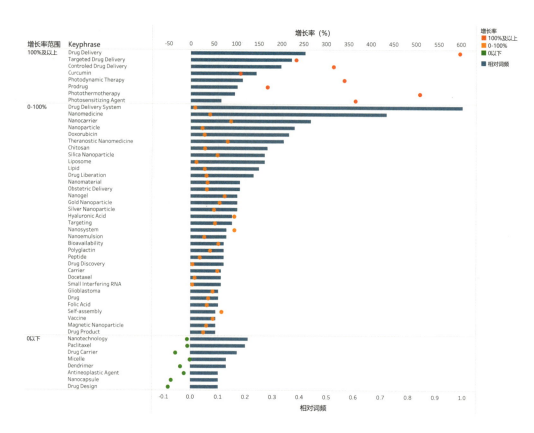

图 1.47　2015 年至今方向前 50 个关键词的增长率分布

2.8.2.2 方向相关热点主题（TOPIC）

从 2015 年至今发表的方向相关文献涉及的研究主题看（如图 1.48 所示），该方向最关注的主题是 T. 947，"Nanogel; Micelles; Prodrugs"（纳米凝胶；胶束；前药），其文献量最大、相关度也较高（方向文献在主题中的占比为 15.36%）；同时，该主题的显著性百分位达到 99.943，是全球具有较高关注度和较快发展势头的研究方向。此外，其他与方向具有相关性的主题方向也均呈现较高的显著性百分位（均在 99.4 以上）。可以表明，该方向整体上具有较高的全球关注度和较大的研究发展潜力。

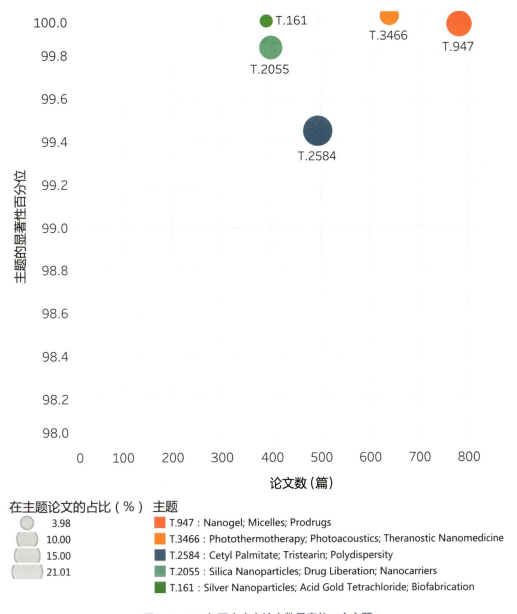

图 1.48 2015 年至今方向论文数最高的 5 个主题

2.8.3 高产国家 / 地区和机构

从 2015 年至今发表的方向相关文献主要的发文国家 / 地区看（如表 1.15 所示），该方向最主要的研究国家 / 地区有 China（中国）、United States（美国）、India（印度）和 Iran（伊朗）、United Kingdom（英国）等；从主要机构看（如图 1.49 所示），高产的机构包括 Chinese Academy of Sciences（中国科学院）、Shanghai Jiao Tong University（上海交通大学）、Harvard University（哈佛大学）等；2015 年至今方向高产作者见表 1.16。

表 1.15 2015 年至今方向前 10 个高产国家 / 地区

排名	国家 / 地区	发文量	点击量	FWCI	被引次数
1	China	5235	158966	2.03	101314
2	United States	3366	128694	2.38	91252
3	India	2815	85406	1.54	37565
4	Iran	970	48791	1.63	13668
5	United Kingdom	723	31926	2.2	18496
6	Republic of Korea	702	26438	2.05	15315
7	Italy	681	38182	1.89	13751
8	Germany	602	25070	2.08	12845
9	Spain	493	24071	1.71	8540
10	Australia	491	22259	2.03	11442

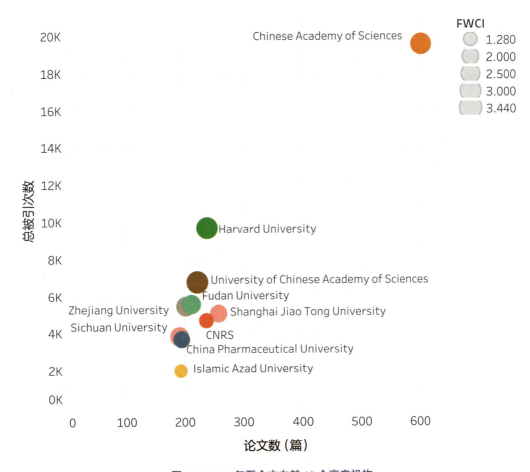

图 1.49 2015 年至今方向前 10 个高产机构

表 1.16 2015 年至今方向高产作者

排名	作者	机构	发文量	点击量	FWCI	被引次数
1	Chen, Xiaoyuan S.	National University of Singapore	38	2770	8.26	3094
2	Sarmento, Bruno	University of Porto	35	1798	2.1	738
3	Choi, Hangon	Hanyang University	31	1229	2.34	700
3	Kamal, Mohammad Amjad	King Abdulaziz University	31	1201	2.59	419
5	Ali, Javed	Jamia Hamdard University	28	1069	2.11	567
6	Santos, Hélder A.	University of Helsinki	27	1844	2.92	817
6	Shi, Xiangyang	Donghua University	26	1161	2.97	1035
8	Chen, Xuesi	Chinese Academy of Sciences	25	880	3.72	1123
8	Dua, Kamal	University of Technology Sydney	25	748	3.13	524
8	Kim, Jong-oh	Yeungnam University	25	1161	2.47	766
8	Singh, Bhupinder	Panjab University	25	725	1.86	451
8	Zhang, Xianzheng	Ministry of Education, China	25	1382	3.71	1477

2.9 数字药物

2.9.1 总体概况

通过 Scopus 数据库检索 2015 年至今发表的"数字药物"相关论文，并将其导入 SciVal 平台，最终共有文献 70 篇，整体情况如图 1.50 所示。

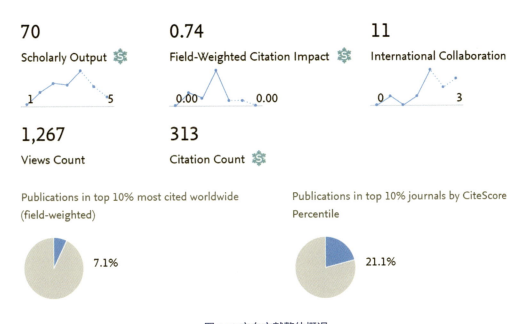

图 1.50 方向文献整体概况

2015 年至今发表的"数字药物"相关文献的学科分布情况，如图 1.51 所示。在 Scopus 全学科期刊分类系统（ASJC）划分的 21 个学科中，该研究方向文献涉及的学科较为广泛、学科交叉特性较为明显。其中，较多的文献分布于 Medicine（医学）、Pharmacology, Toxicology and Pharmaceutics（药理学、毒理学和药剂学）、Biochemistry, Genetics and Molecular Biology（生物化学、遗传学和分子生物学）、Engineering（工程学）、Computer Science（计算机科学）等学科。

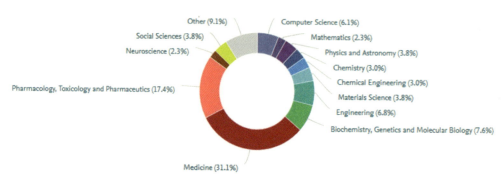

图 1.51 方向文献学科分布

2.9.2 研究热点与前沿

2.9.2.1 高频关键词

2015 年至今发表的"数字药物"相关文献的前 50 个高频关键词，如图 1.52 所示。其中，Digital（数字化）、Pharmaceutical Service（药学服务）、Computational Modeling（计算模型）、Medicine（医学）、Myelodysplastic Syndrome（骨髓增生异常综合征）、United State Food and Drug Administration（美国食品与药物监管局）等是该方向出现频率最高的高频词。

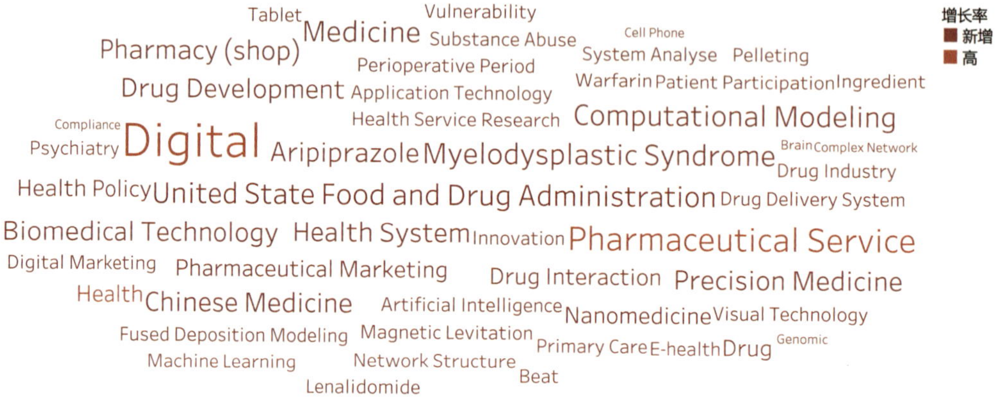

Tablet Vulnerability
Pharmacy (shop) Medicine Substance Abuse Cell Phone
Drug Development Application Technology System Analyse Pelleting
Warfarin Patient Participation Ingredient
Compliance Health Service Research Computational Modeling
Psychiatry Digital Aripiprazole Myelodysplastic Syndrome Brain Complex Network
Health Policy United State Food and Drug Administration Drug Delivery System
Biomedical Technology Health System Innovation Pharmaceutical Service
Digital Marketing Pharmaceutical Marketing Drug Interaction Precision Medicine
Health Chinese Medicine Artificial Intelligence Nanomedicine Visual Technology
Fused Deposition Modeling Magnetic Levitation Primary Care E-health Drug Genomic
Machine Learning Network Structure Beat
Lenalidomide

增长率
■ 新增
■ 高

图 1.52 2015 年至今方向前 50 个高频关键词词云图

从 2015 年至今方向前 50 个关键词的增长率情况（如图 1.53 所示），该方向增长较快的关键词有 Digital（数字）、Health（健康）、Pharmaceutical Service（药学服务）。此外，2015 年以来新增的高频关键词有 47 个，分别是 Computational Modeling（计算模型）、Medicine（医学）、Myelodysplastic Syndrome（骨髓增生异常综合征）、United State Food and Drug Administration（美国食品与药物监管局）、Drug Development（药物开发）、Health

System（医疗体系）、Biomedical Technology（生物医学技术）、Pharmacy (shop)（药店）、Chinese Medicine（中医）、Precision Medicine（精准医学）、Aripiprazole（阿立哌唑）、Drug Interaction（药物相互作用）、Nanomedicine（纳米医学）、Drug（药物）、Health Policy（卫生政策）、Pharmaceutical Marketing（医药营销）、Psychiatry（精神病学）、Artificial Intelligence（人工智能）、Machine Learning（机器学习）、Magnetic Levitation（磁悬浮）、Pelleting（造粒）、System Analyse（系统分析）、E-health（电子医疗）、Substance Abuse（药物滥用）、Health Service Research（健康服务研究）、Innovation（创新）、Network Structure（网络结构）、Patient Participation（患者参与）、Drug Industry（制药行业）、Primary Care（初级护理）、Vulnerability（易损性）、Drug Delivery System（给药系统）、Lenalidomide（来那度胺）、Perioperative Period（围手术期）、Warfarin（抗凝血剂）、Beat（心跳）、Digital Marketing（数字营销）、Application Technology（应用技术）、Ingredient（成分）、Tablet（药片）、Visual Technology（视觉技术）、Fused Deposition Modeling（熔融沉积成型）、Compliance（药物依从性）、Genomic（基因组）、Brain（脑）、Cell Phone（手机）和 Complex Network（复杂网络）。

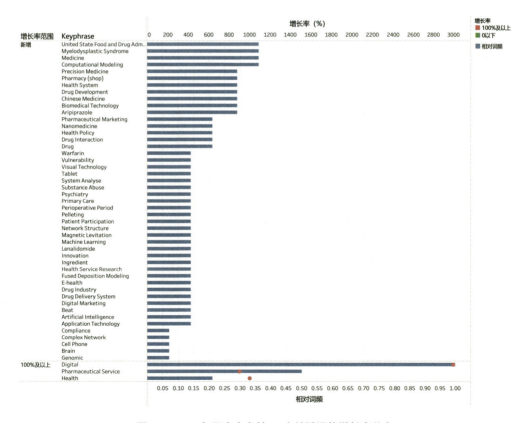

图 1.53 2015 年至今方向前 50 个关键词的增长率分布

2.9.2.2 方向相关热点主题（TOPIC）

从 2015 年至今发表的方向相关文献涉及的研究主题看（如图 1.54 所示），该方向的主题发文量较小，分布较为分散，暂未形成较为集中分布的主题。

在主题论文的占比（％） 主题
- 0.150
- 0.500
- 1.000
- 1.650

T.13021：Pharmacogenomics; Precision Medicine; Clinical Decision Support Systems
T.43156：Dielectrophoresis; Optoelectronics; Optical Tweezers
T.4569：Medication Compliance; Neuroleptic Agent; Schizophrenia

图 1.54 2015 年至今方向论文数最高的 5 个主题

2.9.3 高产国家 / 地区和机构

从 2015 年至今发表的方向相关文献主要的发文国家 / 地区看（如表 1.17 所示），该方向最主要的研究国家 / 地区有 United States（美国）、United Kingdom（英国）、India（印度）、Netherlands（荷兰）和 China（中国）等；从主要机构看（如表 1.18 所示），高产的机构包括 University of Florida（佛罗里达大学）、Utrecht University（乌得勒支大学）、Koninklijke Philips N.V.（飞利浦公司）等；2015 年至今方向高产作者见表 1.19。

表 1.17 2015 年至今方向前 10 个高产国家 / 地区

排名	国家 / 地区	发文量	点击量	FWCI	被引次数
1	United States	27	459	0.67	152
2	United Kingdom	10	304	0.68	115
3	India	6	174	0.42	15
3	Netherlands	6	38	0	0
5	China	5	111	0.17	5
6	Singapore	3	77	0.46	15
7	Australia	2	22	1.39	9
7	France	2	26	1.39	9
7	Switzerland	2	23	0.53	8
7	Chinese Taiwan	2	31	0.14	2

表 1.18 2015 年至今方向高产机构

排名	机构	发文量	点击量	FWCI	被引次数
1	University of Florida	5	88	0.37	17
1	Utrecht University	5	28	0	0
3	Koninklijke Philips N.V.	4	22	0	0
4	National University of Singapore	3	77	0.46	15
4	Stanford University	3	90	1.46	33
6	3M	2	8	0	0
6	Cellworks Group Inc.	2	42	0.58	8
6	National Institutes of Health	2	28	0.34	9
6	Taiwan Tsing Hua University	2	31	0.14	2
6	Otsuka Pharmaceutical Co Ltd.	2	69	1.38	40
6	Tianjin University of Traditional Chinese Medicine	2	49	0.43	5
6	University College London	2	212	2.24	96
6	University of Leeds	2	27	0.18	1
6	University of Maryland, Baltimore	2	36	0.52	3
6	University of Utah	2	9	0.47	5
6	University of Washington	2	17	0.83	7
6	Zhejiang University	2	49	0.43	5

表 1.19 2015 年至今方向高产作者

排名	作者	机构	发文量	点击量	FWCI	被引次数
1	Rijcken, Claudia A.W.	Utrecht University	5	28	0	0
2	Cogle, Christopher R.	University of Florida	4	64	0.38	15
2	Drusbosky, Leylah M.	Guardant Health, Inc.	4	64	0.38	15
4	Abbasi, Taher	Cellworks Group Inc.	2	42	0.58	8
4	Bułaj, Grzegorz W.	University of Utah	2	9	0.47	5
4	Cheng, Yiyu	Zhejiang University	2	49	0.43	5
4	Chow, Edward Kai Hua	National University of Singapore	2	67	0.68	15
4	Chung, Kochin	AU Optronics Taiwan	2	31	0.14	2
4	Dickson, Jane	University of Dundee	2	20	0.14	1
4	Fu, Chien Yu	Taiwan Tsing Hua University	2	31	0.14	2
4	Hatch, Ainslie	Otsuka Pharmaceutical Co Ltd.	2	69	1.38	40
4	Ho, Dean	National University of Singapore	2	67	0.68	15
4	Lee, Gwobin	Taiwan Tsing Hua University	2	31	0.14	2
4	Lee, Wenbin	Taiwan Tsing Hua University	2	31	0.14	2
4	Özdemir, Vural	OMICS: A Journal of Integrative Biology	2	9	0	0
4	Peters-Strickland, Timothy S.	Otsuka Pharmaceutical Co Ltd.	2	69	1.38	40
4	Talawdekar, Anay A.	Cellworks Research India Pvt. Ltd.	2	42	0.58	8
4	Vali, Shireen	Cellworks Group Inc.	2	42	0.58	8
4	Wang, Chihhung	Taiwan Tsing Hua University	2	31	0.14	2
4	Zhang, Boli	Tianjin University of Traditional Chinese Medicine	2	49	0.43	5

2.10 药用新材料研究

2.10.1 总体概况

通过 Scopus 数据库检索 2015 年至今发表的"药用新材料研究"相关论文，并将其导入 SciVal 平台，最终共有文献 10467 篇，整体情况如图 1.55 所示。

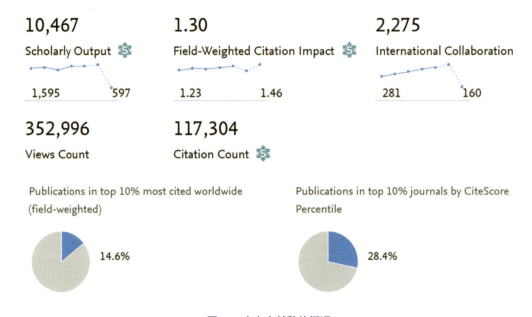

图 1.55 方向文献整体概况

2015 年至今发表的"药用新材料研究"相关文献的学科分布情况，如图 1.56 所示。在 Scopus 全学科期刊分类系统（ASJC）划分的 27 个学科中，该研究方向文献涉及的学科较为广泛、学科交叉特性较为明显。其中，较多的文献分布于 Pharmacology, Toxicology and Pharmaceutics（药理学、毒理学和药剂学）、Chemistry（化学）、Biochemistry, Genetics and Molecular Biology（生物化学、遗传学和分子生物学）、Materials Science（材料科学）、Chemical Engineering（化学工程）等学科。

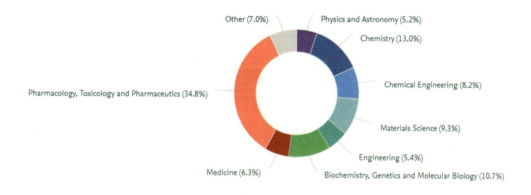

图 1.56 方向文献学科分布

2.10.2 研究热点与前沿

2.10.2.1 高频关键词

2015 年至今发表的"药用新材料研究"相关文献的前 50 个高频关键词，如图 1.57 所示。其中，Tablet（片剂）、Drug Delivery System（药物输送系统）、Liposome（脂质体）、Microsphere（微球体）、Excipient（赋形剂）等是该方向出现频率最高的高频词。

从 2015 年至今方向前 50 个关键词的增长率情况看（如图 1.58 所示），该方向增长较快的关键词有 Drug Delivery（药物输送）、Controled Drug Delivery（控制药物输送）、Targeted Drug Delivery（靶向给药）、Curcumin（姜黄素）、Nanocarrier（纳米载体）等。

图 1.57　2015 年至今方向前 50 个高频关键词词云图

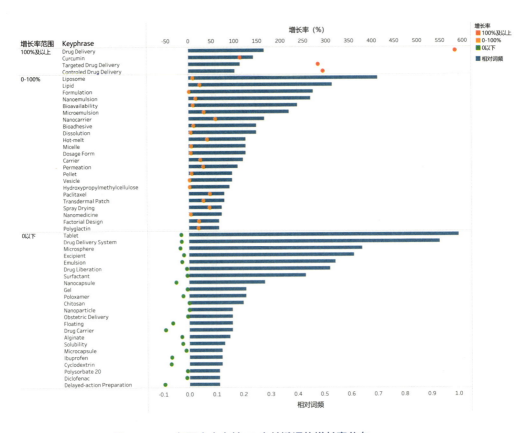

图 1.58 2015 年至今方向前 50 个关键词的增长率分布

2.10.2.2 方向相关热点主题（TOPIC）

从 2015 年至今发表的方向相关文献涉及的研究主题看（如图 1.59 所示），该方向最关注的主题是 T. 2001，"Capryol Propylene Glycol Monocaprylate; Labrasol; Microemulsions"（辛丙醇丙二醇单辛酸酯；酸甘油酯；微乳液），其文献量最大、相关度也最高（方向文献在主题中的占比达到 37.39%）；同时，该主题的显著性百分位达到 98.816，是全球具有较高关注度和较快发展势头的研究方向。此外，其他与方向具有相关性的主题方向也均呈现较高的显著性百分位（均在 92 以上）。可以表明，该方向整体上具有较高的全球关注度和较大的研究发展潜力。

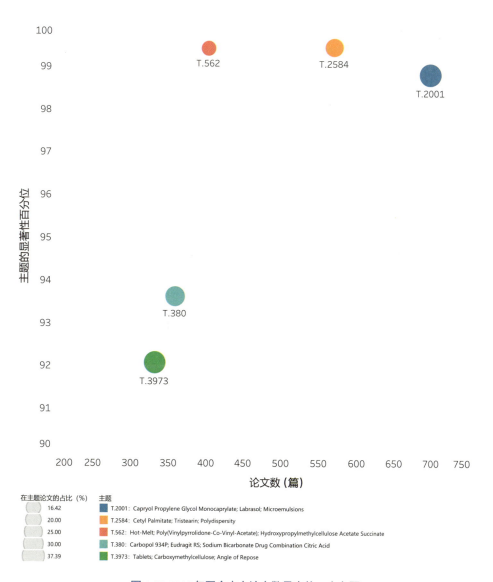

图 1.59　2015 年至今方向论文数最高的 5 个主题

2.10.3 高产国家／地区和机构

从 2015 年至今发表的方向相关文献主要的发文国家／地区看（如表 1.20 所示），该方向最主要的研究国家／地区有 India（印度）、China（中国）、United States（美国）、United Kingdom（英国）和 Egypt（埃及）等；从主要机构看（如图 1.60 所示），高产的机构包括 Cairo University（开罗大学）、CNRS（法国国家科学研究中心）、Shenyang Pharmaceutical University（沈阳药科大学）等；2015 年至今方向高产作者见表 1.21。

表 1.20 2015 年至今方向前 10 个高产国家／地区

排名	国家／地区	发文量	点击量	FWCI	被引次数
1	India	2648	64900	0.96	21582
2	China	1719	49847	1.42	22174
3	United States	1268	46485	1.84	20673
4	United Kingdom	513	23063	1.99	8052
5	Egypt	509	15555	1.43	5630
6	Germany	428	18367	1.82	6417
7	Italy	384	24399	1.77	5622
8	Iran	317	16879	1.78	4099
9	Brazil	309	11909	1.48	3299
10	Saudi Arabia	302	9108	1.43	3558

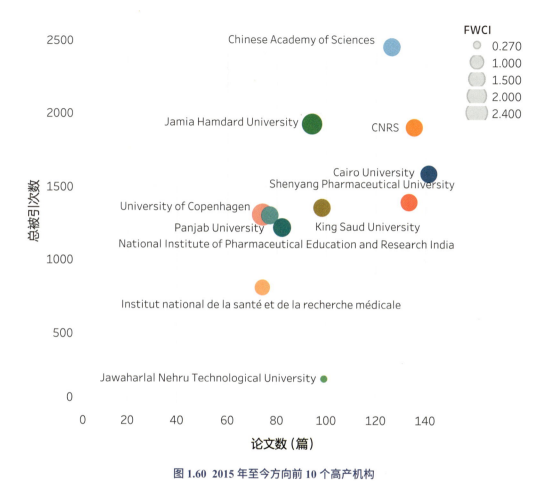

图 1.60 2015 年至今方向前 10 个高产机构

表 1.21 2015 年至今方向高产作者

排名	作者	机构	发文量	点击量	FWCI	被引次数
1	Repka, Michael A.	University of Mississippi	37	1594	2.81	687
2	Singh, Bhupinder	Panjab University	29	954	1.92	483
2	Souto, Eliana B.	University of Coimbra	29	1682	5.29	702
4	Beg, Sarwar	Jamia Hamdard University	28	824	1.72	369
4	Nokhodchi, Ali	University of Sussex	28	1251	1.39	270
6	Bernkop-Schnürch, Andreas	Innsbruck Medical University	26	1345	2	487
7	Choi, Hangon	Hanyang University	24	746	1.64	434
7	Pan, Weisan	Shenyang Pharmaceutical University	24	679	1.89	300
9	Ali, Javed	Jamia Hamdard University	23	765	2.01	483
9	Langguth, Peter	Johannes Gutenberg University Mainz	23	692	2.63	249

3. 新药创制领域发展速览

缺少创新理论指导、缺乏多学科交叉创新技术方法应用等问题是限制新药创制的顶层因素，缺乏原创药物靶点、化合物合成工艺复杂、成药性评价耗时耗力、药物药效差、毒性大等一系列关键环节瓶颈问题始终限制着创新药物研发的成功率。近年来，伴随着信息科学、生物学、工程学等学科的飞速发展，大量创新理论和先进技术涌现出来，将基因编辑技术、肿瘤免疫疗法、大数据、人工智能等前沿新技术融入创新药物研发，成为全球新药创制发展的重要趋势。其中，基于智能计算的智能药学、基于创新材料的微纳药学、基于多组学整合的系统药学、基于细胞工程的细胞药学代表了新药创制和生物医药的重要发展方向。

3.1 全球新药创制领域发展动态

当前，利用创新理论和先进技术推动创新药物研究成为世界各国和顶尖制药公司应对新药研发耗时长、费用高、成功率低等风险的重要抓手。以美国为代表的发达国家高度重视生物医药发展，在智能药学、微纳药学、系统药学、细胞药学方向上提前布局，加大研发投入，产业化进程迅速。

智能药学上，人工智能技术已渗透到创新药物研发及药物临床应用的各个层面，在药物靶点发现与确证、小分子药物筛选、设计、合成与结构优化、药物成药性预测、患者招募、优化临床试验设计和药物重定向等方面发挥着重要作用。相关应用从 2017 年以来呈现井喷式发展。全球顶尖制药公司投入巨资与人工智能公司开展新药研发合作，甚至结成战略联盟，以简化医药价值链、提高药品生产效率和审批率并降低成本为目的，发起新一轮基于智能药学的商业模式，人工智能在药学中的应用已经开始从最初的研发阶段向后消费阶段转变。

微纳药学上，纳米技术在医药研究与临床应用领域的重要作用于 2000 年左右被提出，之后各国政府纷纷斥巨资跟进研发，如美国 2005 年宣布启动"肿瘤纳米技术"计划，随后成立"肿瘤纳米技术联合会"，由美国国立卫生研究院（NIH）出资建立 20 个纳米医学研究中心，真正开展大规模系统性的研究。目前，美国、俄罗斯、日本和德国的研发投入居于世界前列，微纳米芯片在新药研发中的应用、微纳米技术在高端制剂中的应用、微纳米医用机器人对新药研发的作用是当前微纳药学研究的热点。

系统药学上，通过建立数学模拟模型，系统生物学驱动了药物研究从纯描述性的科学向预测性的科学发展，BioMap、Connectivity Map、Ingenuity Pathway Analysis、PhysioLab 等多种基于系统生物学的药物研发平台出现并成为药物发现和研究的新策略。在新药研发中，系统生物学主要应用于药物发现、临床前研究、现代中药研发，以及促进组合药物发展。美国在系统药学上走在前列，较早创建系统生物学研究所和技术平台，形成以系统生物学技术为基础的新药研发系统联合体。

细胞药学上，随着干细胞治疗、免疫细胞治疗、微囊结构和基因编辑等基础理论、技术手段和临床医疗探索研究的不断发展，细胞治疗药物为癌症、自身免疫性疾病、心血管系统疾病等严重、难治性疾病提供了新的治疗方法，细胞药学已经进入发展关键时期。目前，全球细胞药物研发进展迅速，产业化一触即发，全球细胞药物销售市场近年将达到数千亿美元。以美国带头的全球市场加紧布局，巨头公司并购活跃。

3.2 我国新药创制领域战略动向

《"十二五"国家战略性新兴产业发展规划》把生物医药作为战略性新兴产业，《中国制造 2025》将生物医药作为重点发展领域，继续实施"重大新药创制"科技重大专项，更于近些年持续加大创新药物研发投入。预计至 2021 年，中国医药研发投入将达到 292 亿美元。当前，我国已经逐步具备创新药物研发的能力，获得一批瞩目的创新成果，初步建成国家药物创新技术体系。但我国生物医药产业原始创新能力明显不足，一些原创发现和"卡脖子"技术仍掌握在西方发达国家手中。我国制药企业的新药研发能力不足，大量停留在仿制药水平，科研单位转化能力薄弱，最终表现为医药产业大而不强，新药创制能力尚停留在全球第三梯队，难以满足经济社会发展需求。因此，提升原创药物研发能力是我国从制药大国走向制药强国必须逾越的一道门槛。

具体而言，我国新药创制在四个重点发展方向上至少面临着若干挑战：在智能药学上仍处于起步阶段，人工智能与药学研究领域严重脱节导致人工智能新技术应用到药学领域中的实施案例极为匮乏，以及经过深度训练的神经网络缺乏可解释性，人工智能应用缺乏可重复性，缺乏具有代表性、多样性、能够覆盖研究需求的高质量药学研究数据库，缺乏得以训练药学研究模型的相应机器学习算法等。

在微纳药学上，我国已处于第一方阵，部分研究领域和成果开始领跑世界，基础研究与国际最前沿差距不大，但更偏重在微纳制造和测量及机理/机制的研究，少数涉及应用领域的规划仍处于应用研究的最前端，基础研究产业化能力显得不足。此外，从事纳米生物技术研究的科学家大多来自化学或材料科学背景，对动物模型和临床医学研究经验相对有限，因此科研人员的支持力度尚不足，尤其对创新药物的支持力度远不够。

在系统药学上，我国起步和发展均远落后于美国，虽已有更多科学家关注并投身到系统生物学的新药研发工作中，但是仍未形成完善的系统生物学新药研发平台，往往依赖国外现有的平台技术进行研发应用。目前，国务院和各地区正立足我国中医药得天独厚的优势，通过出台中医药发展战略规划和政策以推动中医药研发创新。

在细胞药学上，我国临床优势明显，具有领跑全球科研的基础，创新集聚效应已初现雏形，具备实现领跑的创新主体，政策出台逐步明晰了细胞治疗产品申报、审批路径。但细胞药物来源、制备、疗效和特异性等技术问题，以及为加快建设疾病治疗能力，适应我国细胞药物领域发展而实行的"双轨制"等政策问题仍需要及时关注。

3.3 我国新药创制技术未来发展战略

加强核心技术领域布局。智能药学和细胞药物正处在爆发式发展的关口，无论理论研究、转化研究还是产业化前景都有巨大机会，可布局全方位发展。微纳药学是材料科学发展的重要应用场景，但目前更多处于概念验证阶段，当前布局应侧重于探索药物应用与材料科学新技术基础理论研究的结合。系统药学发展目前处于概念发展阶段，但运用系统思维发展疾病治疗的方法应用前景巨大。坚持多学科融合发展。智能药学、微纳药学、系统药学以及细胞药学均属于知识密集、技术密集且多学科高度综合互相渗透的前沿领域。其学科交叉应实现深度融合，而不仅仅是交叉合作，必须达到你中有我、我中有你的发展态势，因此多学科的大团队建设势在必行。建议在国家层面大力推动多学科深度融合，建立以药物研发为核心的学科交叉研究中心等综合机构，营造思想火花碰撞新氛围，从源头上创造助推生物医药产业发展的原动力。

重视转化型研究团队建设。科研创新团队是科技创新的主体，是实现自主创新、增强科技创新力和竞争力的核心力量。就浙江大学来看，在原创药物的研发中，创新理论发现后快速高效的转化研究仍显不足。当前高校普遍存在基础研究队伍强、转化型研究队伍相对匮乏的困境。因此，高校应组建围绕创新药物研发的转化应用型研究团队，并对接长期合作的龙头医药企业，形成产业化联盟，快速推动我国生物医药产业集聚领先。

完善体制机制的保障。新药创制涉及多学科合作、转化研究和产业化合作、知识产权保护、经济的投入与分配、创新人才队伍的建设等多个环节，且每个环节对新药创制成功与否均至关重要，迫切需要完善体制机制保障。建议完善引进产业化合作的保障体系，增强转化应用型创新药物知识产权保护的灵活度，加大经济投入与分配力度，进一步凸显其对生物医药产业发展的贡献。

二、未来计算领域
重大交叉前沿方向

1. 未来计算领域十大交叉前沿方向

1.1 基于量子效应与机器学习的感知技术

量子传感是基于量子叠加原理对重力、磁场、电场、温度等物理量进行高灵敏测量的技术。由于量子系统的小型化及其对外界环境极度敏感的特征，量子传感在测量精度、时间和空间分辨率上可远远超过传统技术，从而在导航定位、生物医学、材料表征、矿物勘探等领域具有广泛应用前景。然而，量子系统极易受到环境噪声的影响，如何从噪声中提取出信号，从而推测出物理量的准确数值，是量子传感领域的一个重要难题。机器学习有望为应对这一挑战提供更好方案。

机器学习的主要目的是从大量数据中总结算法和模式，从而实现对现实的感知并作出应对。机器学习综合了数学、物理学、生物学、神经生理学、自动化和计算机科学等众多学科，为大数据处理提供了广泛的算法和模型工具，在语音识别、非单调推理、机器视觉、模式识别、自动驾驶、医学诊断以及需要大量数据处理的物理学方向等许多领域应用成效显著。

机器学习可用于处理量子测量过程中产生的大量数据，而量子系统也可用于发展远超过经典计算能力的量子神经网络算法。机器学习和量子传感的结合可以为我们提供前所未有的精密感知工具，在单分子测量、潜艇导航、空间探测、生物成像、重力和加速度传感等领域带来变革性影响。

1.2 半导体集成量子光学芯片

随着光路复杂程度的不断提高，平台光学在稳定性、可扩展性等方面已经不能满足进一步研究的需要，发展遇到了瓶颈。而量子光学芯片有尺寸小、可扩展、功耗低、稳定性高等诸多优点，因而在经典光学和量子信息领域都受到了广泛关注。近年来，基于光子的量子计算机获得了快速发展。利用光的量子特性实现量子计算，将光量子计算所需的器件集成到半导体芯片上，从而实

本领域咨询专家：马德、王大伟、刘峰、林宏焘、唐华锦、游建强。

现与当前半导体工业微纳加工技术相兼容的低功耗、小型化的半导体集成量子光学芯片是实现"量子霸权"的重要技术路径，将为未来特定计算问题解决提供重要支撑。

该研究方向的核心科学问题包括研发具有高光子不可区分度的片上集成单光子源，低损耗、相位可调的片上分束器，高量子产率的片上集成单光子探测器以及以上三类器件的片上集成和扩展。量子光学芯片可以应用于量子计算、量子模拟、量子通信和量子计量等多个领域。由于目前量子纠缠光源的限制，量子光学芯片的研究主要局限于少数几个量子比特的传输和操作，如果未来在量子单光子方面进展顺利，量子光学芯片有望用以实现分布式的量子计算机。

1.3 无线移动边缘计算

随着 5G 时代加快到来以及移动设备快速普及，移动网络数据呈爆炸式增长态势，同时对应用程序低延迟的追求也已成为用户的普遍需求。传统的云计算通过将数据卸载到云中解决终端设备面临的资源不足问题，但是它无法满足大数据时代人们对计算效率的需求。移动边缘计算（MEC）是基于 5G 演进的架构，并将移动接入网与互联网业务深度融合的一种技术，通过在移动网络边缘提供 IT 服务环境和云计算能力，以减少网络操作和服务交付的时延。移动边缘计算主要对大容量、大连接数据做本地化处理，其技术特征主要包括"邻近性、低时延、高宽带和位置认知"等。移动边缘计算为智能互联提供了迅速响应的解决方案，其应用范围将延伸至交通运输系统、智能驾驶、实时触觉控制、增强现实等领域，可能成为 5G 时代最有前途的技术之一。

1.4 复杂物理化学与生物问题的量子模拟

复杂的物理化学与生物问题，如量子多体问题、大分子体系的化学反应过程和生物体系中的光合作用等都是与量子力学密切相关的重要科学问题，利用传统的计算机模拟可深入理解这些体系中发生的各类现象，需要在原子和分子层面了解体系量子态的变化。然而，随着复杂的物理化学与生物体系的增大，其量子状态的态空间维数会指数增加，传统的计算机模拟面临技术瓶颈。而量子模拟机可以处理上述问题。

量子模拟机是用人工可控的量子物理系统来模拟这些复杂体系的性能，它与大规模通用量子计算机相比，技术难度降低很多，是利用目前技术可以实现的专用量子计算机。同时，与传统的计算机相比，它也具有通用量子计算机所具备的量子加速的优越性，可模拟超级计算机也不能解决的科学问题。正是这些优点，复杂体系的量子模拟已成为未来计算的一个重要研究方向。

通过复杂物理化学与生物问题的量子模拟，可以展示这些复杂体系中起关键作用的量子物理效应，并揭示这些体系在不同条件下的各种性能。这不仅为未来计算提供了重要的研究课题，也为探索和开拓复杂系统性能的应用奠定了基础。

1.5 神经形态计算芯片制造

多年以来，计算与软件科技已经取得了巨大进步。然而到目前为止，这些发展成果仍然主要集中在软件层面；相比之下，硬件领域的创新则相对有限。而神经形态计算芯片则将成为计算机硬件发展的重要里程碑，使我们能够针对人类未来将面对的复杂问题更有目的性地增强机器智能。

神经形态计算芯片作为一种模仿人类神经系统计算框架、计算模式的芯片，其核心点是构建可以进行交互通信的人造神经元和人造突触，使它们能够以更快的速度、更高的复杂度和更高的能源效率集成内存、计算和通信，达到市场对芯片低能耗、存算一体、有一定的容错性、鲁棒性高且具备自我学习能力的要求。相较于目前比较主流的通过更大服务器或云环境往来传输数据的计算方式，神经形态计算能够通过在芯片之内执行所有功能的方式解决持续算力问题。此外，神经形态计算还可由事件驱动，并且只在需要时才执行运算。基于神经形态计算芯片，未来我们有望开发出真正低能耗的加密与分布式系统，实现跨国家的个人与实体间的整合——包括政府、行业、组织以及学术界等，从而建立起新的连接、效率、协作、学习以及问题解决模式。

1.6 构建量子计算机的关键科学与技术问题

密钥破译、多体物理现象观测、化学分子建模、有机分子的生命行为诠释等问题都是经典计算机难以处理的复杂计算问题，而基于量子力学相干、叠加和纠缠等特性实施信息处理的量子计算机则有望解决这些难题。量子计算机利用二能级量子系统作为信息处理的基本单元（量子比特），其系统量子状态的尺度随比特数指数增加，通过执行一系列的幺正变换即量子算法可实现对系统量子状态的调控，从而完成复杂的计算和信息处理任务。量子计算机的构建涉及物理学、电子学、材料学和信息科学等学科中的诸多科学与技术问题，例如退相干机理、量子芯片集成、微波调控、量子纠缠和量子纠错等。其研究不仅对加深现代物理学和信息科学基础的理解具有重要意义，在信息处理、复杂系统模拟、精密测量和人工智能研究等方面更具有广阔的应用前景。

量子计算机的核心单元是集成有大量比特的量子芯片。超导量子电路因其在相干性、集成度和可控性等方面的优势，成为构建量子计算机的理想物理平台。目前超导芯片可以集成 20 个左右相互耦合的量子比特并实现全局纠缠，也可以集成多达上千个局部纠缠的量子比特构建初级的量子退火机、基于量子隧穿效应加速优化问题的解决。2019 年 10 月，谷歌公司与加利福尼亚大学圣芭芭拉分校（UCSB）的超导量子计算团队率先基于 53 比特的超导量子芯片在多项式时间内、非完全失真地实现了对一个随机量子电路的采样。这距离通用量子计算还很遥远，但在可预期的未来，构建集成 50～100 比特的中等规模的量子计算设备成为可能。这类设备虽然操控精度还不足以达到容错量子计算的要求，但是利用其针对特定问题可以实施模拟计算并得到有益的结果。例如利用该类设备可以模拟研究动力学过程极其复杂的量子多体体系，探究诸如多体局域化、量子相变、手征分子等物理内涵丰富的现象。随着量子比特数的增长，该类模拟研究将可以完成经典计算机所不能预测和检验的任务，成为包括物理、化学以及生命科学等领域用于理解和认知自然的有力工具。

1.7 基于硅光子技术的芯片研发

相对于电子驱动的集成电路，光子芯片有超高速率、超低功耗等特点，利用光信号进行数据获取、传输、计算、存储和显示的光子芯片，具有非常广阔的发展空间和巨大潜能。未来，光子芯片将成为 5G 和人工智能时代的关键基石，因为无论是互联网、5G，还是物联网，基础设施都离不开光纤和光学器件。

硅光子技术是基于硅材料，利用现有 CMOS 工艺进行光器件开发与集成的新一代通信技术，其核心理念是"以光代电"，将光学器件与电子元件整合到一个独立的微芯片中，利用激光作为信息传导介质，提升芯片间的连接速度。目前正在开发的"零变动"（Zero-Change）制程，在不对现有 CMOS 制程做任何改变的情况下制造光学组件，正在瞄准未来可能蕴含巨大市场需求的芯片间光学互连。

从结构上看，硅光芯片包括光源、调制器、波导、探测器等有源芯片及无源芯片。硅光芯片将多个光器件集成在同一硅基衬底上，一改以往器件分立的局面，芯片集中度大幅提升。由于硅光芯片的成本很高，硅基光电子产品的大规模商用还需时日。

1.8 光学网络神经系统深度学习

"深度学习"系统通过人工神经网络模拟人脑的学习能力，现已成为计算机领域的研究热点。人工神经网络中耗能和耗时最多的部分是密集矩阵乘法。光学神经网络能有效减轻软件和电子硬件两者的部分运算，为替代人工神经网络提供了一种具有前景的方法。在光学神经网络中，矩阵乘法可以在光速下执行。人工神经网络中的非线性在光学神经网络中也可以通过非线性光学元件实现。并且，一旦光学神经网络训练完成，这个结构可以在无额外能量输入的情况下执行光信号计算。此外，光学神经网络还具有高带宽、高互联性、内在的并行处理等特点。美国麻省理工学院（MIT）科学家在 2017 年 6 月开发出了光学神经网络系统的重要部件——全新可编程纳米光学处理器，能在几乎零能耗的情况下执行人工智能中的复杂运算。与 CPU 等电子芯片相比，这种光学芯片执行人工智能算法速度更快，且消耗能量不到传统芯片能耗的千分之一。

未来，在大数据中心、安全系统、医疗技术、自动驾驶或无人机等所有低能耗应用中，基于新光学处理器的复杂光学神经网络将占据重要席位。

1.9 类脑计算

类脑计算具有并行、高效、智能、低功耗的特点，是实现人工智能的基石。类脑计算研究以神经科学研究为依据，尤其是以大脑信息处理基本原理的研究为基础，主要涉及理论层面的类脑计算方法研究和硬件应用层面的神经形态芯片的研究。目前，类脑计算革命已经展开，成为各国国家战略发展的制高点。

"类脑芯片"或者"神经形态芯片"是以模拟

人脑神经网络计算为基础的一种新型芯片，其根据实现技术路径主要可分为基于传统 CMOS 的神经形态芯片和基于新型神经形态器件的神经形态芯片两种类型。其中，基于新型器件的神经形态芯片具有更低功耗、更小硬件代价、自适应、自学习、自演化、高容错等显著优势。现有研究主要是通过应用神经回路一些微观层面的原理，如 Integrate-and-Fire 非线性神经元性质、放电时序依赖可塑性、集成计算和存储，设计研发高能量效率的脑启发芯片，如曼彻斯特大学的 SpiNNaker 芯片、IBM 的 TrueNorth 芯片、海德堡大学的 BrainScaleS 芯片、斯坦福大学的 Neurogrid 芯片、Intel 的 Loihi 芯片，以及清华大学的天机芯片等。

2019 年 7 月，英特尔发布消息称，其神经形态研究芯片 Loihi 执行专用任务的速度可比普通 CPU 快 1000 倍，效率高 10000 倍。2020 年 10 月 16 日，清华大学首次提出"类脑计算完备性"以及软硬件去耦合的类脑计算系统层次结构，填补了类脑研究完备性理论与相应系统层次结构方面的空白。

总体来看，目前基于全神经形态器件的神经形态计算芯片尚处在探索阶段，在器件、模型、架构和算法层面还面临诸多挑战。未来，为进一步在信息处理中实现高效和高吞吐量，将设计更高层次的架构，模拟有组织结构的皮层柱、脑区和神经通路连接多个脑区来构建芯片模块。

1.10 基于 FPGA 的机器学习硬件

在数据规模飞速增长的前提下，如何高效稳定地存取数据信息以及加快数据挖掘算法的执行已经成为学术界和工业界亟待解决的关键问题。机器学习算法作为数据挖掘应用的核心组成部分，吸引了越来越多研究者的关注，而利用新型的软硬件手段来加速机器学习算法已经成为目前的研究热点之一。

现场可编程门阵列（Field-Programmable Gate Array，FPGA），是在经历了 PAL、GAL、EPLD、CPLD 等可编程硬件后发展出的硬件设备。FPGA 一开始是作为 ASIC 领域中的一种半定制电路芯片而产生的，由于其克服了定制电路无法快速修改的不足，而且避免了以前可编程器件门电路的缺点，因此采用 FPGA 来快速搭建领域专用的计算系统成为芯片设计和验证平台的主要技术手段。对于 FPGA 来说，可重构性是其能实现复杂逻辑的关键特性。与 ASIC 中集成的固定逻辑不同，FPGA 利用了基于 SRAM 的查找表（LUT）来实现硬件逻辑的配置。由于 FPGA 具备快速定制性和可重构等特性，使其在目前越来越复杂的计算机体系结构设计，特别是面向领域的专用平台设计与实现中崭露头角。通过基于 FPGA 软硬件平台重新编译和仿真，研究人员对机器学习算法的加速器进行快速实现和验证，大大提高了加速器的设计效率。目前已经有专门针对各种机器学习算法的加速器，如何对机器学习加速器进行针对性的硬件优化、软件适配及应用落地是围绕该领域展开的研究重点。从目前的计算机硬件发展趋势来看，可以预见面向机器学习等专用领域的体系结构会快速蓬勃发展。

2. 未来计算领域文献计量分析

聚焦"未来计算"方向十大交叉前沿研究方向，选取 Scopus 数据库收录的论文数据，通过相关检索获得各方向相关论文；并结合 SciVal 科研分析平台及可视化工具，对十大交叉前沿方向的研究现状及发展趋势进行文献计量学分析。（文献检索时间为 2021 年 4 月）

经检索，"未来计算"领域十个交叉前沿方向 2015 年至今发表的文献数量在 1000 篇至 14000 篇之间，其结果如图 2.1 所示。其中，文献数量最多的是方向 7，即基于硅光子技术的芯片研发；文献数量最少的是方向 1，即基于量子效应与机器学习的感知技术。

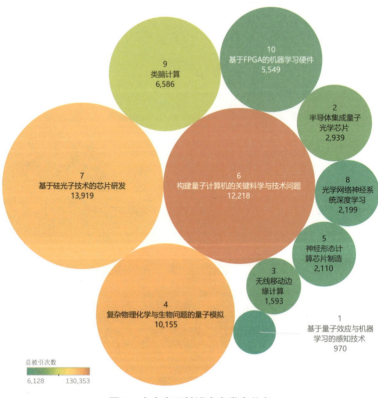

图 2.1 十大交叉前沿方向发文分布

2.1 基于量子效应与机器学习的感知技术

2.1.1 总体概况

通过 Scopus 数据库检索 2015 年至今发表的 "基于量子效应与机器学习的感知技术"相关论文,并将其导入 SciVal 平台后,最终共有文献 970 篇,整体情况如图 2.2 所示。

图 2.2 方向文献整体概况

2015 年至今发表的"基于量子效应与机器学习的感知技术"相关文献的学科分布情况,如图 2.3 所示。在 Scopus 全学科期刊分类系统(ASJC)划分的 27 个学科中,该研究方向文献涉及的学科较为广泛、学科交叉特性较为明显。其中,较多的文献分布于 Computer Science(计算机科学)、Engineering(工程学)、Physics and Astronomy(物理学与天文学)、Mathematics(数学)、Materials Science(材料科学)等学科。

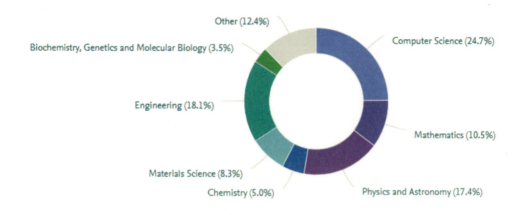

图 2.3 方向文献学科分布

2.1.2 方向研究热点与前沿

2.1.2.1 高频关键词

2015 年至今发表的"基于量子效应与机器学习的感知技术"相关文献的前 50 个高频关键词，如图 2.4 所示。其中，Quantum（量子）、Machine Learning（机器学习）、Quantum Optic（量子光学）、Particle Swarm Optimization（粒子群优化）、Quantum Computer（量子计算机）等是该方向出现频率最高的高频词。

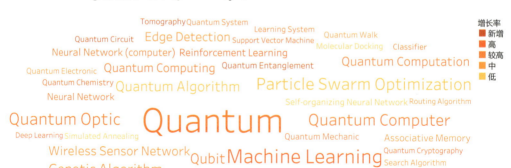

图 2.4 2015 年至今方向前 50 个高频关键词词云图

从 2015 年至今发表的方向前 50 个关键词的增长率情况看（如图 2.5 所示），方向增长最快的关键词有 Deep Learning（深度学习）、Support Vector Machine（支持向量机）、Machine Learning（机器学习）、Reinforcement Learning（强化学习）、Quantum State（量子态）等。此外，2015 年以来新增的高频关键词有：Quantum Entanglement（量子纠缠）、Supervised Learning（监督式学习）、Memristor（忆阻器）、Quantum Circuit（量子线路）、Tomography（断层扫描）、Generative（生成的）。

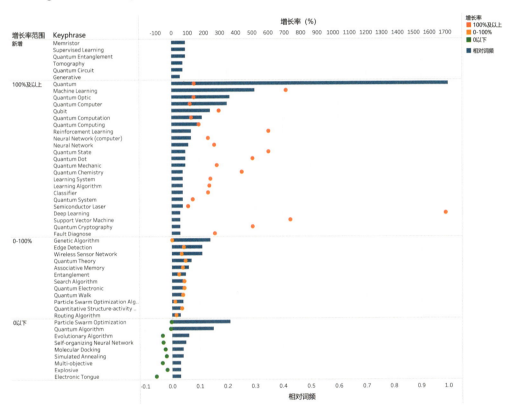

图 2.5 2015 年至今方向前 50 个关键词的增长率分布

2.1.2.2 方向相关热点主题（TOPIC）

从 2015 年至今发表的方向相关文献涉及的研究主题看（如图 2.6 所示），该方向最关注的主题是 T.13557，"Quantum Computers; Ising; Qubits"（量子计算机；伊辛；量子比特），其显著性百分位达到了 99.046，是全球具有很高关注度和发展势头的研究方向。本方向论文占比最高的是 T.32831，即"Qubits; Self-Organizing Neural Network; Quantum Measurement"（量子比特；自组织神经网络；量子测量），与研究方向的相关性最大，本方向论文占比为 28.66%。此外，余下几个具有一定相关性的主题方向都有不错的研究发展潜力。

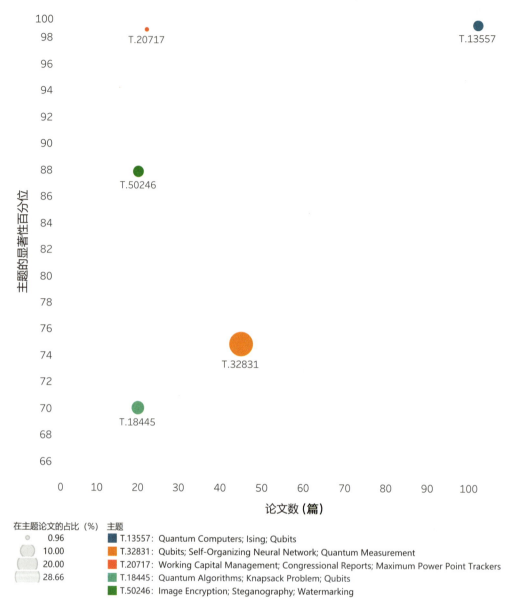

图 2.6 2015 年至今方向论文数最高的五个主题

2.1.3 方向高产国家 / 地区和机构

从 2015 年至今发表的方向相关文献主要的发文国家 / 地区看 (如表 2.1 所示), 该方向最主要的研究国家 / 地区有 China (中国)、United States (美国)、India (印度)、United Kingdom (英国)、Germany (德国) 等; 从主要机构看 (如图 2.7 所示), 高产的机构包括: Chinese Academy of Sciences (中国科学院)、West Bengal University of Technology (印度西孟加拉邦科技大学) 和 University of Science and Technology of China (中国科学技术大学) 等; 2015 年至今方向高产作者见表 2.2。

表 2.1 2015 年至今方向前 10 个高产国家 / 地区

排名	国家 / 地区	发文量	点击量	FWCI	被引次数
1	China	284	4086	0.83	1574
2	United States	175	3376	1.8	2600
3	India	107	1480	0.92	512
4	United Kingdom	65	965	1.25	515
5	Germany	47	896	1.85	959
6	Canada	37	923	2.48	1179
7	Australia	36	610	1.2	250
8	Japan	27	475	1.2	158
9	Italy	26	338	1.91	150
10	France	25	335	1.23	103
10	Spain	25	664	1.27	689

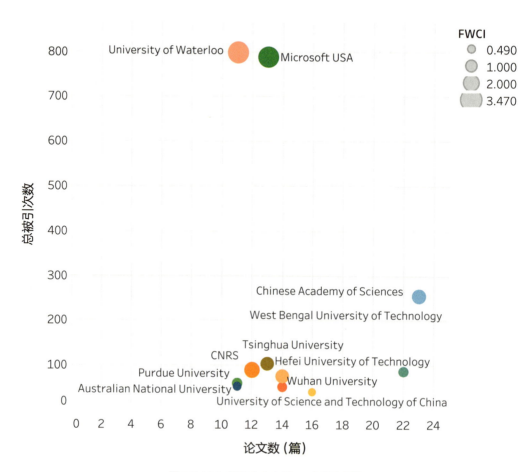

图 2.7 2015 年至今方向前 10 个高产机构

表 2.2 2015 年至今方向高产作者

排名	作者	机构	发文量	点击量	FWCI	被引次数
1	Bhattacharyya, Siddhartha	Christ University, Bangalore	24	214	0.71	87
2	Konar, Debanjan	Indian Institute of Technology, Delhi	11	77	1.29	71
3	Wiebe, Nathan	Pacific Northwest National Laboratory	10	409	1.84	599
4	Li, Bing	Hefei University of Technology	8	91	1.23	49
4	Panigrahi, Bijaya Ketan	Indian Institute of Technology, Delhi	8	42	0.74	25
4	Solano, Enrique	Ikerbasque Basque Foundation for Science	8	165	1.19	120
7	Dey, Sandip	Gujarat University	7	50	0.77	11
7	Laing, Anthony	University of Bristol	7	126	1.28	78
7	Mani, Ashish	Amity University, Noida	7	75	0.49	7
7	Paesani, Stefano	University of Bristol	7	126	1.28	78
7	Petruccione, Francesco	Korea Advanced Institute of Science and Technology	7	96	1.4	136
7	Wang, Tao	Hefei University of Technology	7	77	1.39	46

2.2 半导体集成量子光学芯片

2.2.1 总体概况

通过 Scopus 数据库检索 2015 年至今发表的"半导体集成量子光学芯片"相关论文，并将其导入 SciVal 平台后，最终共有文献 2939 篇，整体情况如图 2.8 所示。

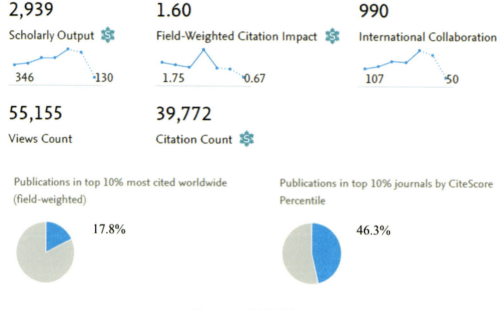

图 2.8 方向文献整体概况

2015 年至今发表的"半导体集成量子光学芯片"相关文献的学科分布情况，如图 2.9 所示。在 Scopus 全学科期刊分类系统（ASJC）划分的 27 个学科中，该研究方向文献涉及的学科较为广泛、学科交叉特性较为明显。其中，较多的文献分布于 Physics and Astronomy（物理学与天文学）、Materials Science（材料科学）、Engineering（工程学）、Computer Science（计算机科学）、Chemistry（化学）等学科。

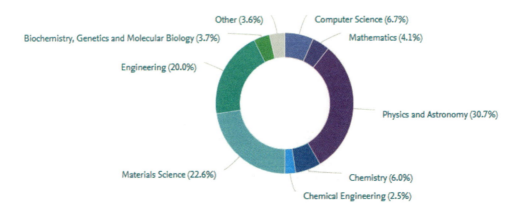

图 2.9 方向文献学科分布

2.2.2 方向研究热点与前沿

2.2.2.1 高频关键词

2015 年至今发表的"半导体集成量子光学芯片"相关文献的前 50 个高频关键词，如图 2.10 所示。其中，Quantum Dot（量子点）、Quantum Optic（量子光学）、Chip（芯片）、Light Emitting Diode（发光二极管）、Photonic（光子）等是该方向出现频率最高的高频词。

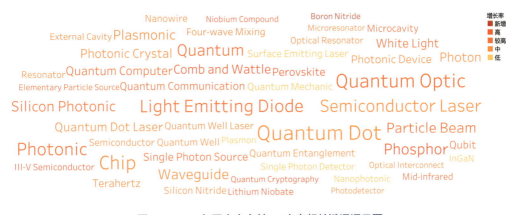

图 2.10 2015 年至今方向前 50 个高频关键词词云图

从2015年至今方向前50个关键词的增长率情况看（如图2.11所示），该方向增长较快的关键词有Perovskite（钙钛矿）、Comb and Wattle［（频率）梳形和垂形］、Phosphor（磷光体）、Lithium Niobate（铌酸锂晶体）、III-V Semiconductor（III-V族半导体）等。此外，2015年以来新增的高频关键词Boron Nitride（氮化硼）。

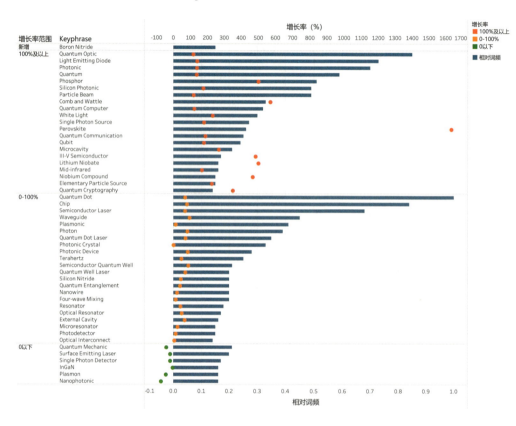

图 2.11　2015 年至今方向前 50 个关键词的增长率分布

2.2.2.2 方向相关热点主题（TOPIC）

从 2015 年至今发表的方向相关文献涉及的研究主题看（如图 2.12 所示），该方向最关注的主题是 T. 1730，"Single Photon Source; Idlers; Four-Wave Mixing"（单光子源; 惰轮; 四波混频），其文献量最大，相关度也最高（方向文献在主题中的占比达到 11.31%），显著性百分位达到了 96.923，是全球具有很高关注度和发展势头的研究方向。此外，其他几个具有一定相关性的主题方向的显著性百分位都在 96 以上，都具有较高的全球关注度和研究发展潜力。

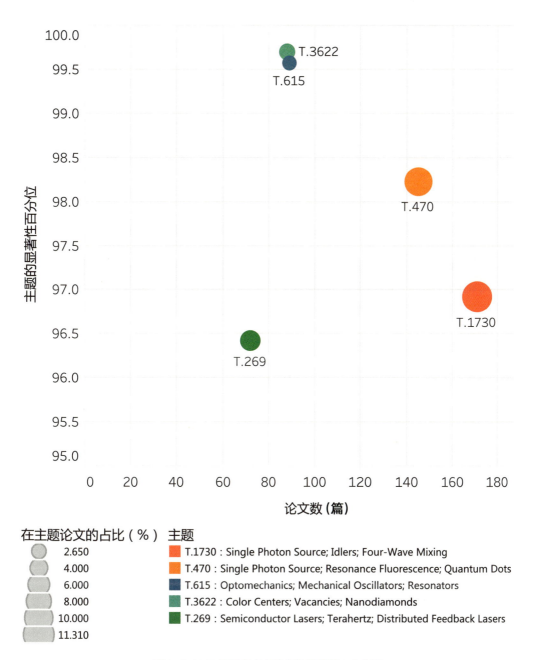

图 2.12 2015 年至今方向论文数最高的 5 个主题

2.2.3 方向高产国家／地区和机构

从 2015 年至今发表的方向相关文献主要的发文国家／地区看（如表 2.3 所示），该方向最主要的研究国家／地区有 China（中国）、United States（美国）、Germany（德国）、United Kingdom（英国）和 Japan（日本）等；从主要机构看（如图 2.13 所示），高产的机构包括：Chinese Academy of Sciences（中国科学院）、CNRS（法国国家科学研究中心）、National Institute of Standards and Technology（美国国家标准与技术研究院）等；2015 年至今方向高产作者见表 2.4。

表 2.3 2015 年至今方向前 10 个高产国家／地区

排名	国家／地区	发文量	点击量	FWCI	被引次数
1	China	833	16389	1.47	11148
2	United States	823	15749	2.02	15707
3	Germany	365	6713	1.35	5201
4	United Kingdom	305	5820	1.51	5302
5	Japan	158	3331	1.77	2809
6	Italy	155	3444	1.42	2065
7	Australia	140	3703	1.94	3610
8	France	138	2632	1.43	1859
9	Republic of Korea	134	2733	1.48	1912
10	Russian Federation	126	3235	1.32	1620

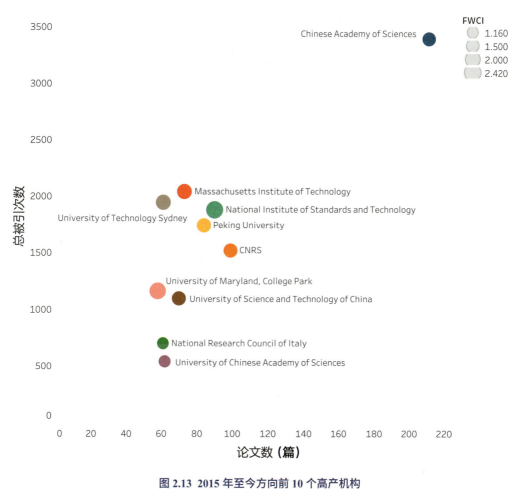

图 2.13 2015 年至今方向前 10 个高产机构

表 2.4 2015 年至今方向高产作者

排名	作者	机构	发文量	点击量	FWCI	被引次数
1	Bowers, John E.	University of California at Santa Barbara	36	609	3.45	1054
2	Englund, Dirk R.	Massachusetts Institute of Technology	32	714	2.01	1246
2	Thompson, Mark G.	University of Bristol	32	555	2.57	1212
4	Pernice, Wolfram Hans Peter	University of Münster	28	934	1.78	579
5	Wang, Yongjin	Nanjing University of Posts and Telecommunications	26	444	0.81	183
6	Morandotti, Roberto	University of Electronic Science and Technology of China	22	896	2.5	835
6	Norman, Justin C.	University of California at Santa Barbara	22	290	2.92	360
6	Reimer, Christian	Centre Énergie Matériaux Télécommunications	22	800	2.33	736
6	Solntsev, A. S.	University of Technology Sydney	22	320	0.6	120
6	Srinivasan, Kartik A.	National Institute of Standards and Technology	22	484	4.56	974
6	Waks, Edo	University of Maryland, College Park	22	314	1.56	294

2.3 无线移动边缘计算

2.3.1 总体概况

通过 Scopus 数据库检索 2015 年至今发表的"无线移动边缘计算"相关论文，并将其导入 SciVal 平台后，最终共有文献 1593 篇，整体情况如图 2.14 所示。

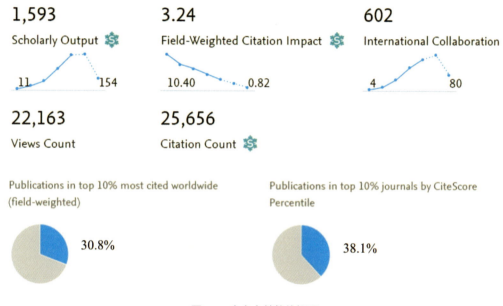

图 2.14 方向文献整体概况

2015 年至今发表的相关文献的学科分布情况，如图 2.15 所示。在 Scopus 全学科期刊分类系统（ASJC）划分的 27 个学科中，该研究方向文献涉及的学科较为广泛、学科交叉特性较为明显。其中，较多的文献分布于 Computer Science（计算机科学）、Engineering（工程学）、Mathematics（数学）、Decision Sciences（决策科学）、Materials Science（材料科学）等学科。

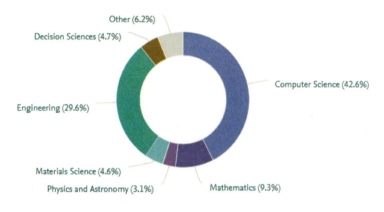

图 2.15 方向文献学科分布

2.3.2 方向研究热点与前沿

2.3.2.1 高频关键词

2015 年至今发表的"无线移动边缘计算"相关文献的前 50 个高频关键词，如图 2.16 所示。其中，Edge Computing（边缘计算）、Mobile（移动）、Resource Allocation（资源分配）、Radio Access Network（无线接入网）、Caching（缓存）等是该方向出现频率最高的高频词。

图 2.16 2015 年至今方向前 50 个高频关键词词云图

从 2015 年至今发表的方向前 50 个关键词的增长率情况看（如图 2.17 所示），方向增长最快的关键词有 Server（服务器）、Computation（计算）、Resource Allocation、Portable Equipment（便捷式设备）、Edge（边缘）等。此外，2015 年以来新增的高频关键词有：Caching、Reinforcement Learning（强化学习）、Unmanned Aerial Vehicle（无人驾驶飞行器）、Multiple Access（多路访问）、

5G Mobile Communication System（5G 移动通信系统）、Energy Efficient（节能）、Slicing（分层）、Block chain（区块链）、Cellular Network（蜂窝网络）、Green Computing（绿色计算）、Software Defined Networking（软件定义网络）、Video Streaming（视频流）、Energy Harvesting（能量收集）、Inductive Power Transmission（感应电能传输）、Task Allocation（任务分配）、Virtualization（虚拟化）、Wi-Fi（无线网络）、Access Network（接入网络）、Deep Learning（深度学习）、Agricultural Cooperative（农业合作化）、Latent Period（等待周期）、Queueing Network（排队网络）、Game Theory（博弈论）。

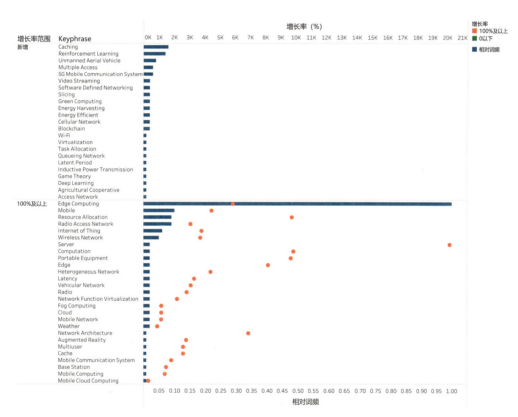

图 2.17 2015 年至今方向前 50 个关键词的增长率分布

2.3.2.2 方向相关热点主题（TOPIC）

从 2015 年至今发表的方向相关文献涉及的研究主题看（如图 2.18 所示），该方向最关注的主题是 T. 4790，"Edge Computing; Task Scheduling; Location Awareness"（边缘计算；任务调度；位置识别），其文献量最大，相关度也最高（方向文献在主题中的占比达到 9.12%），且显著性百分位也最高，达到了 **99.953**，是全球具有很高关注度和发展势头的研究方向。此外，其他几个具有一定相关性的主题方向的显著性百分位都在 98 以上，都具有较高的全球关注度和研究发展潜力。

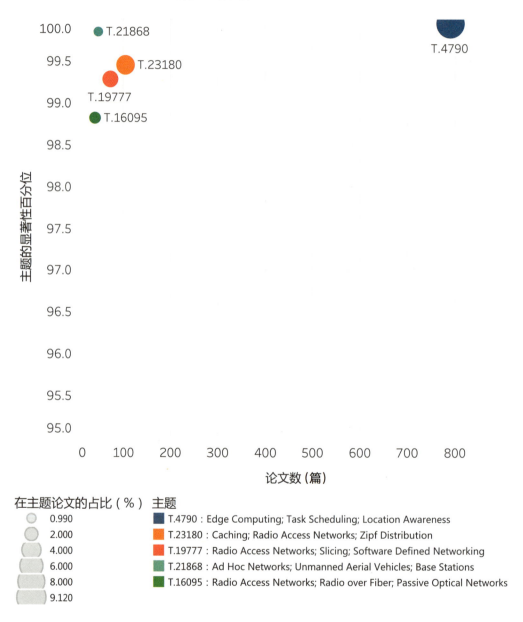

图 2.18 2015 年至今方向论文数最高的 5 个主题

在主题论文的占比（%）　主题

- 0.990
- 2.000
- 4.000
- 6.000
- 8.000
- 9.120

T.4790：Edge Computing; Task Scheduling; Location Awareness
T.23180：Caching; Radio Access Networks; Zipf Distribution
T.19777：Radio Access Networks; Slicing; Software Defined Networking
T.21868：Ad Hoc Networks; Unmanned Aerial Vehicles; Base Stations
T.16095：Radio Access Networks; Radio over Fiber; Passive Optical Networks

2.3.3 方向高产国家 / 地区和机构

从 2015 年至今发表的"无线移动边缘计算"方向相关文献主要的发文国家 / 地区看 (如表 2.5 所示)，该方向最主要的研究国家 / 地区有 China (中国)、United States (美国)、United Kingdom (英国)、Canada (加拿大)、Republic of Korea (韩国) 等；从主要机构看 (如图 2.19 所示)，高产的机构包括：Beijing University of Posts and Telecommunications (北京邮电大学)、Xidian University (西安电子科技大学)、University of Electronic Science and Technology of China (电子科技大学) 等; 2015 年至今方向高产作者见表 2.6。

表 2.5 2015 年至今方向前 10 个高产国家 / 地区

排名	国家 / 地区	发文量	点击量	FWCI	被引次数
1	China	844	9574	3.32	11863
2	United States	269	3956	5.09	6657
3	United Kingdom	139	1827	4.7	2555
4	Canada	133	2108	4.8	2927
5	Republic of Korea	67	1323	5.13	2163
6	Chinese Hong Kong	58	1327	8.62	3359
7	Germany	57	1102	5.52	2464
8	France	56	951	4.41	947
9	Italy	53	1012	2.52	934
9	Japan	53	730	4.97	905

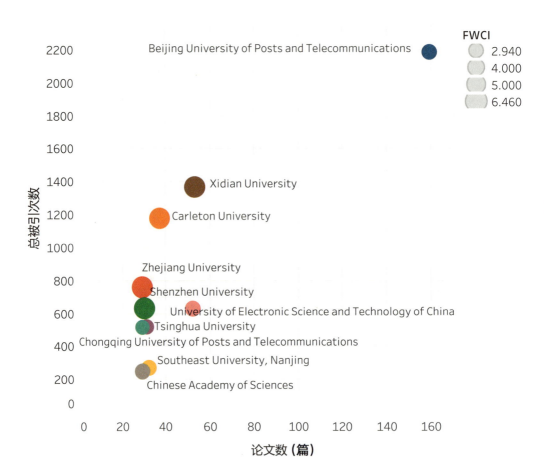

图 2.19 2015 年至今方向前 10 个高产机构

表 2.6 2015 年至今方向高产作者

排名	作者	机构	发文量	点击量	FWCI	被引次数
1	Yu, F. Richard	Carleton University	30	552	6.74	1136
2	Pencheva, Evelina Nikolova	Technical University of Sofia	24	438	0.42	26
3	Atanasov, Ivaylo	Technical University of Sofia	21	367	0.41	21
4	Ji, Hong	Beijing University of Posts and Telecommunications	18	247	3.83	236
4	Leung, Victor C.M.	Shenzhen University	18	355	6.34	463
6	Liu, Jiajia	Northwestern Polytechnical University Xian	16	290	8.35	587
7	Xu, Jie	Southeast University, Nanjing	15	207	13.15	739
7	Zhang, Heli	Beijing University of Posts and Telecommunications	15	180	4.08	190
9	Li, Xi	Beijing University of Posts and Telecommunications	14	180	3.59	163
9	Tian, Hui	Beijing University of Posts and Telecommunications	14	214	4.24	465

2.4 复杂物理化学与生物问题的量子模拟

2.4.1 总体概况

通过 Scopus 数据库检索 2015 年至今发表的 "复杂物理化学与生物问题的量子模拟" 相关论文, 并将其导入 SciVal 平台后, 最终共有文献 10155 篇, 整体情况如图 2.20 所示。

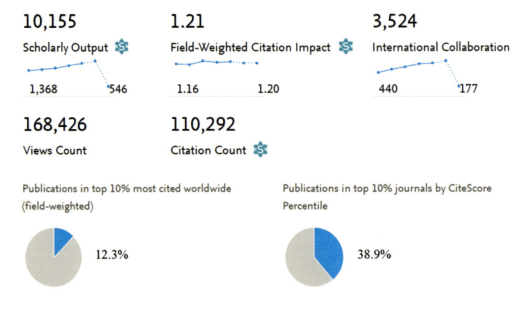

图 2.20 方向文献整体概况

2015 年至今发表的相关文献的学科分布情况, 如图 2.21 所示。在 Scopus 全学科期刊分类系统 (ASJC) 划分的 27 个学科中, 该研究方向文献涉及的学科较为广泛、学科交叉特性较为明显。其中, 较多的文献分布于 Physics and Astronomy (物理学与天文学)、Materials Science (材料科学)、Chemistry (化学)、Engineering (工程学)、Computer Science (计算机科学) 等学科。

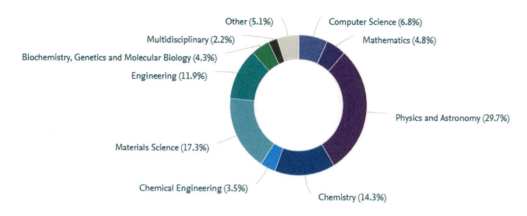

图 2.21 方向文献学科分布

2.4.2 方向研究热点与前沿

2.4.2.1 高频关键词

2015 年至今发表的方向相关文献的前 50 个高频关键词,如图 2.22 所示。其中,Quantum (量子)、Quantum Chemistry (量子化学)、Quantum Computer (量子计算机)、Quantum Theory (量子理论)、Semiconductor Quantum Well (半导体量子阱) 等是该方向出现频率最高的高频词。

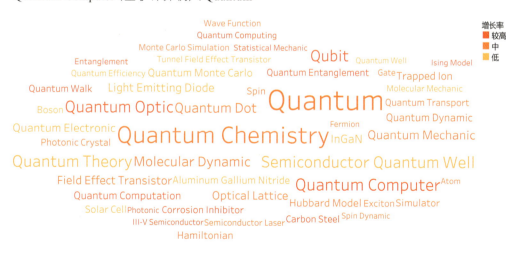

图 2.22 2015 年至今方向前 50 个高频关键词词云图

从 2015 年至今方向前 50 个关键词的增长率情况看（如图 2.23 所示），该方向增长较快的关键词有 Qubit（量子比特）、III-V Semiconductor（III-V 族半导体）、Quantum Computing（量子计算）、Photonic（光子）、Quantum Walk（量子游走）等。

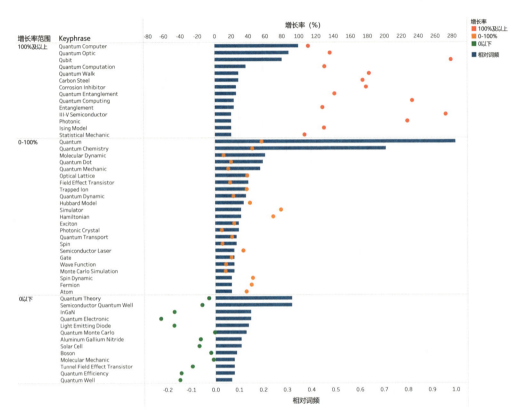

图 2.23 2015 年至今方向前 50 个关键词的增长率分布

2.4.2.2 方向相关热点主题（TOPIC）

从 2015 年至今发表的方向相关文献涉及的研究主题看（如图 2.24 所示），该方向最关注的主题是 T.13557，"Quantum Computers; Ising; Qubits"（量子计算机；伊辛；量子比特），其文献量最大、本方向论文占比也最高（18.35），显著性百分位为 99.046，是全球具有较高关注度和发展势头的研究方向。本方向论文显著性百分位最高的是 T.63，即"Molybdenum Disulfide; Rhenium Sulfide; Van Der Waals"（二硫化钼；硫化铼；范德华），显著性百分位高达 99.995。此外，其他与方向具有相关性的主题方向也均呈现较高的显著性百分位（95 以上）。可以表明，该方向整体上具有较高的全球关注度和研究发展潜力。

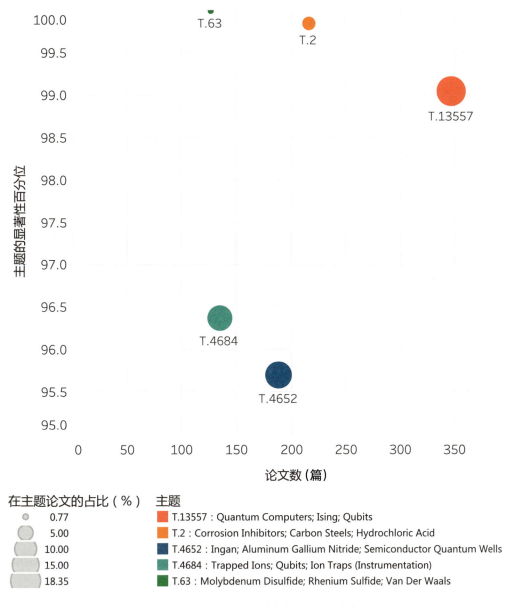

在主题论文的占比（%） 主题

- 0.77
- 5.00　T.13557：Quantum Computers; Ising; Qubits
- 10.00　T.2：Corrosion Inhibitors; Carbon Steels; Hydrochloric Acid
- 15.00　T.4652：Ingan; Aluminum Gallium Nitride; Semiconductor Quantum Wells
- 18.35　T.4684：Trapped Ions; Qubits; Ion Traps (Instrumentation)
　　　　 T.63：Molybdenum Disulfide; Rhenium Sulfide; Van Der Waals

图 2.24 2015 年至今方向论文数最高的 5 个主题

2.4.3 方向高产国家 / 地区和机构

从 2015 年至今发表的方向相关文献主要的发文国家 / 地区看（如表 2.7 所示），该方向最主要的研究国家 / 地区有 United States（美国）、China（中国）、Germany（德国）、United Kingdom（英国）和 Japan（日本）等；从主要机构看（如图 2.25 所示），高产的机构包括：Chinese Academy of Sciences（中国科学院）、CNRS（法国国家科学研究中心）、National Research Council of Italy（意大利国家研究委员会）等；2015 年至今方向高产作者见表 2.8。

表 2.7 2015 年至今方向前 10 个高产国家 / 地区

排名	国家 / 地区	发文量	点击量	FWCI	被引次数
1	United States	2672	44290	1.72	46615
2	China	2147	32964	1.11	19557
3	Germany	1368	22941	1.56	21390
4	United Kingdom	770	14300	1.74	13305
5	Japan	679	11009	1.31	7646
6	France	631	11772	1.9	10872
7	India	573	8654	1.02	4687
8	Russian Federation	543	13488	0.74	2821
9	Italy	524	12739	1.75	8993
10	Spain	447	9671	1.32	6445

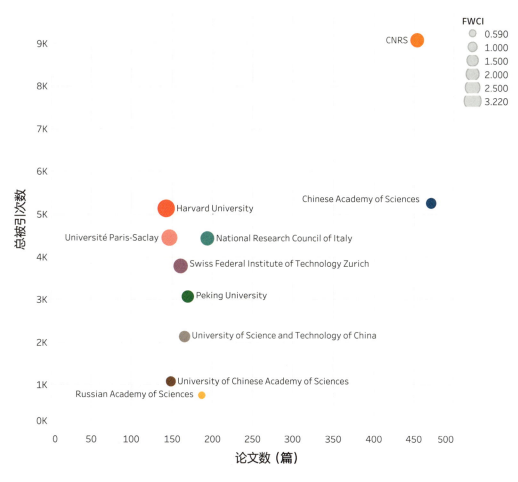

图 2.25 2015 年至今方向前 10 个高产机构

表 2.8 2015 年至今方向高产作者

排名	作者	机构	发文量	点击量	FWCI	被引次数
1	Luisier, Mathieu M.	Swiss Federal Institute of Technology Zurich	45	780	1.33	388
2	Solano, Enrique	Ikerbasque Basque Foundation for Science	44	973	2.35	1300
3	Lü, Jing	Peking University	39	1096	2.98	1476
4	Klimeck, Gerhard	Purdue University	36	532	1.76	613
5	Nakano, Aiichiro	University of Southern California	32	559	1.19	243
6	Aspuru-Guzik, Alan	Canadian Institute for Advanced Research	31	767	4.82	1808
6	Assaad, Fakher F.	University of Würzburg	31	304	1.45	427
6	Kalia, Rajiv K.	University of Southern California	31	520	1.2	226
6	Meng, Ziyang	Chinese Academy of Sciences	31	469	2.15	659
6	Quhe, Ruge Ge	Beijing University of Posts and Telecommunications	31	905	3.38	1323
6	Vashishta, Priya D.	University of Southern California	31	520	1.2	226

2.5 神经形态计算芯片制造

2.5.1 总体概况

通过 Scopus 数据库检索 2015 年至今发表的"神经形态计算芯片制造"相关论文，并将其导入 SciVal 平台后，最终共有文献 2110 篇，整体情况如图 2.26 所示。

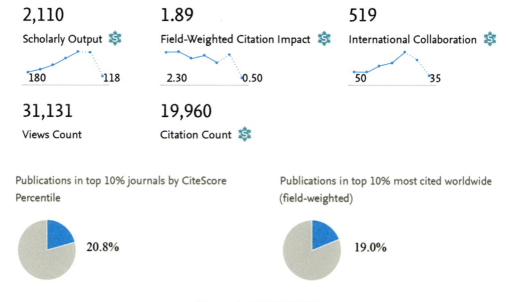

图 2.26 方向文献整体概况

2015 年至今发表的相关文献的学科分布情况，如图 2.27 所示。在 Scopus 全学科期刊分类系统（ASJC）划分的 27 个学科中，该研究方向文献涉及的学科较为广泛、学科交叉特性较为明显。其中，较多的文献分布于 Computer Science（计算机科学）、Engineering（工程学）、Materials Science（材料科学）、Mathematics（数学）和 Physics and Astronomy（物理学与天文学）等学科。

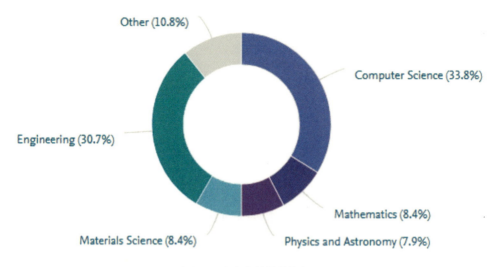

图 2.27 方向文献学科分布

2.5.2 方向研究热点与前沿

2.5.2.1 高频关键词

2015 年至今发表的相关文献的前 50 个高频关键词，如图 2.28 所示。其中，Memristor（忆阻器）、Spiking Neural Network（脉冲神经网络）、Spiking（尖峰）、Field Programmable Gate Array（现场可编程门阵列）、Computing（计算）、Chip（芯片）等是该方向出现频率最高的高频词。

图 2.28 2015 年至今方向前 50 个高频关键词词云图

从 2015 年至今方向前 50 个关键词的增长率情况看（如图 2.29 所示），该方向增长较快的关键词有 Green Computing（绿色计算）、Deep Learning（深度学习）、Deep Neural Network（深度神经网络）、Binary（二进制）、Convolution（卷积）、Particle Accelerator（粒子加速器）、

Photonic（光子）、Graphic Processing Unit（图片处理器）等。此外，Field-programmable Gate Array、Accelerator（加速器）、Network-on-chip（片上网络）和 Edge Computing（边缘计算）是 2015 年以来该方向新兴的高频关键词。

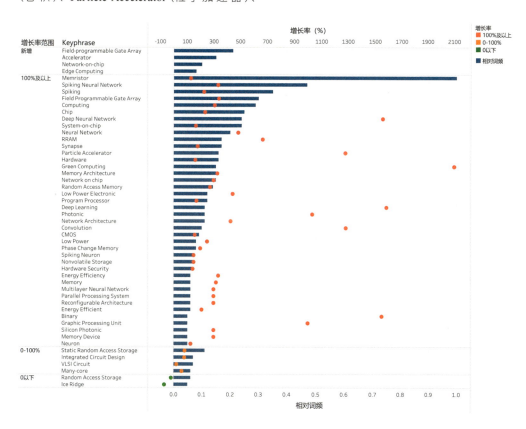

图 2.29 2015 年至今方向前 50 个关键词的增长率分布

2.5.2.2 方向相关热点主题（TOPIC）

从 2015 年至今发表的方向相关文献涉及的研究主题看（如图 2.29 所示），该方向文献量最大的且占本主题总论文数比例最高的是 T. 5832，"Spiking Neural Networks; Neuron Model; Event-Driven"（脉冲神经网络；神经元模型；事件驱动），其显著性百分位达到了 98.574，是全

球具有很高关注度和发展势头的研究方向。此外，其他与方向具有相关性的主题方向也均呈现较高的显著性百分位（均超过 95）。可以表明，该方向整体上具有较高的全球关注度和较大的研究发展潜力。

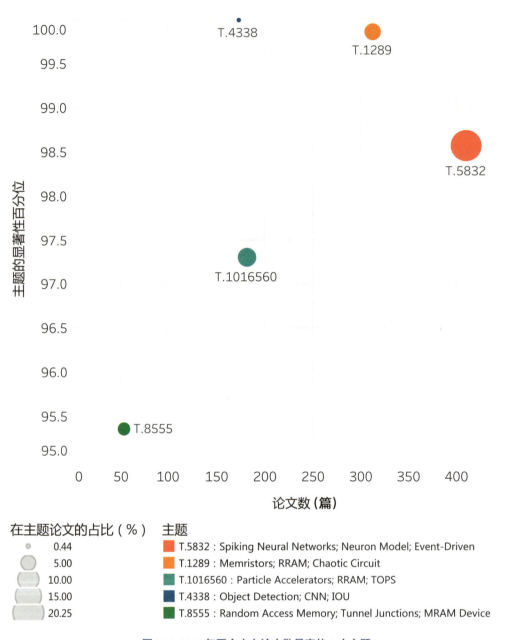

在主题论文的占比（%）   主题

- 0.44
- 5.00
- 10.00
- 15.00
- 20.25

T.5832：Spiking Neural Networks; Neuron Model; Event-Driven
T.1289：Memristors; RRAM; Chaotic Circuit
T.1016560：Particle Accelerators; RRAM; TOPS
T.4338：Object Detection; CNN; IOU
T.8555：Random Access Memory; Tunnel Junctions; MRAM Device

图 2.30 2015 年至今方向论文数最高的 5 个主题

2.5.3 方向高产国家／地区和机构

从 2015 年至今发表的方向相关文献主要的发文国家／地区看（如表 2.9 所示），该方向最主要的研究国家／地区有 United States（美国）、China（中国）、United Kingdom（英国）、Germany（德国）和 India（印度）等；从主要机构看（如图 2.31 所示），高产的机构包括：University of Manchester（曼彻斯特大学）、Tsinghua University（清华大学）、IBM（国际商业机器公司）和 Swiss Federal Institute of Technology Zurich（瑞士苏黎世联邦理工学院）等；2015 年至今方向高产作者见表 2.10。

表 2.9 2015 年至今方向前 10 位高产国家／地区

排名	国家／地区	发文量	点击量	FWCI	被引次数
1	United States	729	11882	3.1	12368
2	China	389	5875	2.34	3408
3	United Kingdom	164	2965	1.69	2164
4	Germany	133	1953	1.78	1218
5	India	126	1533	0.57	288
6	Republic of Korea	101	1594	2.01	1086
7	Italy	97	2325	2.05	890
8	France	94	1807	2.21	1481
9	Switzerland	90	1828	3.41	1558
10	Japan	75	1229	1.71	1281

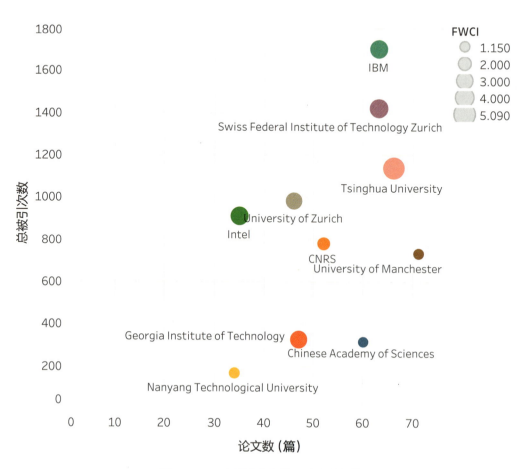

图 2.31 2015 年至今方向前 10 个高产机构

表 2.10 2015 年至今方向高产作者

排名	作者	机构	发文量	点击量	FWCI	被引次数
1	Furber, Steve B.	University of Manchester	58	987	1.37	673
2	James, A. P.	Rajiv Gandhi Technical University	26	401	1.41	143
3	Yu, Shimeng	Georgia Institute of Technology	25	425	6.52	632
4	Indiveri, Giacomo	Swiss Federal Institute of Technology Zurich	24	557	3.46	594
5	Plana, Luis A.	University of Manchester	22	282	1.27	166
6	Chen, Yiran	South China University of Technology	21	304	3.09	329
6	Krestinskaya, Olga	King Abdullah University of Science and Technology	21	309	1.2	70
6	Seo, Jae-sun	Arizona State University	21	400	5.55	652
9	Taha, Tarek M.	University of Dayton	20	207	1.5	128
10	Roy, Kaushik	Purdue University	18	387	2.8	467

2.6 构建量子计算机的关键科学与技术问题

2.6.1 总体概况

通过 Scopus 数据库检索 2015 年至今发表的"构建量子计算机的关键科学与技术问题"相关论文，并将其导入 SciVal 平台后，最终共有文献 12218 篇，整体情况如图 2.32 所示。

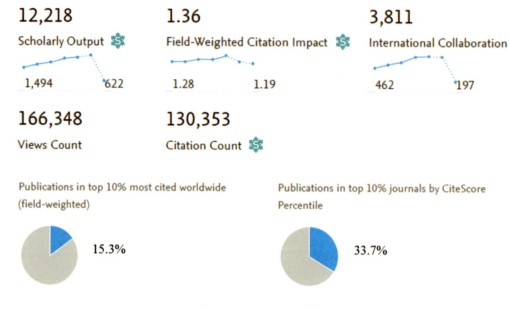

图 2.32 方向文献整体概况

2015 年至今发表的相关文献的学科分布情况，如图 2.33 所示在 Scopus 全学科期刊分类系统（ASJC）划分的 27 个学科中，该研究方向文献涉及的学科较为广泛、学科交叉特性较为明显。其中，较多的文献分布于 Physics and Astronomy（物理学与天文学）、Computer Science（计算机科学）、Engineering（工程学）、Materials Science（材料科学）和 Mathematics（数学）等学科。

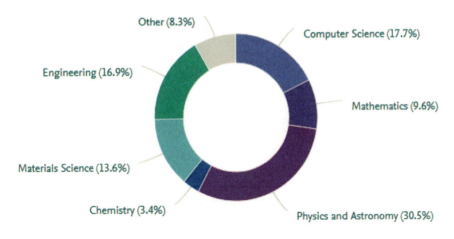

图 2.33 方向文献学科分布

2.6.2 方向研究热点与前沿

2.6.2.1 高频关键词

2015 年至今发表的相关文献的前 50 个高频关键词，如图 2.34 所示。其中，Quantum Computer（量子计算机）、Qubit（量子比特）、Quantum（量子）、Quantum Optic（量子光学）、Quantum Computation（量子计算）等是该方向出现频率最高的高频词。

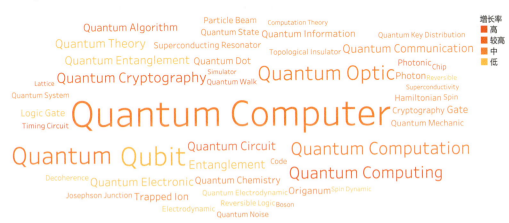

图 2.34 2015 年至今方向前 50 个高频关键词词云图

从 2015 年至今方向前 50 个关键词的增长率情况看（如图 2.35 所示），该方向增长较快的关键词有 Timing Circuit（计时电路）、Lattice（网格）、Quantum Algorithm（量子算法）、Quantum Circuit（量子线路）、Quantum Cryptography（量子密码）等。

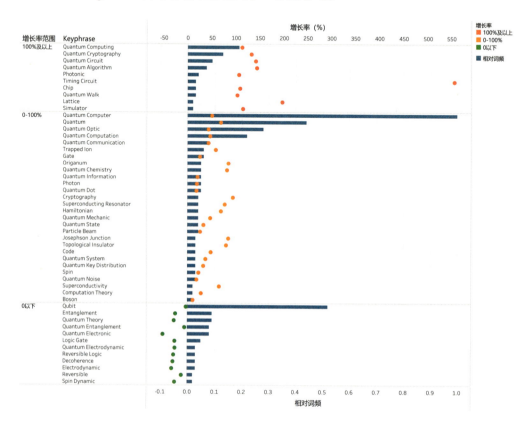

图 2.35 2015 年至今方向前 50 个关键词的增长率分布

2.6.2.2 方向相关热点主题（TOPIC）

从 2015 年至今发表的方向相关文献涉及的研究主题看（如图 2.36 所示），该方向文献量最大的主题是 T. 13557，"Quantum Computers; Ising; Qubits"（量子计算机；伊辛；量子比特），其显著性百分位达到了 99.046，是全球具有很高关注度和发展势头的研究方向，占本主题的论文百分比也较高，为 45%。本方向论文占比最高的是 T.1357，即 "Qubits; Josephson Junctions; Superconducting Resonators"（量子比特；约瑟夫森结；超导谐振器），占本主题的论文百分比高达 46.28%。此外，其他与方向具有相关性的主题方向也均呈现较高的显著性百分位（均在 89 以上）。可以表明，该方向整体上具有较高的全球关注度和较大的研究发展潜力。

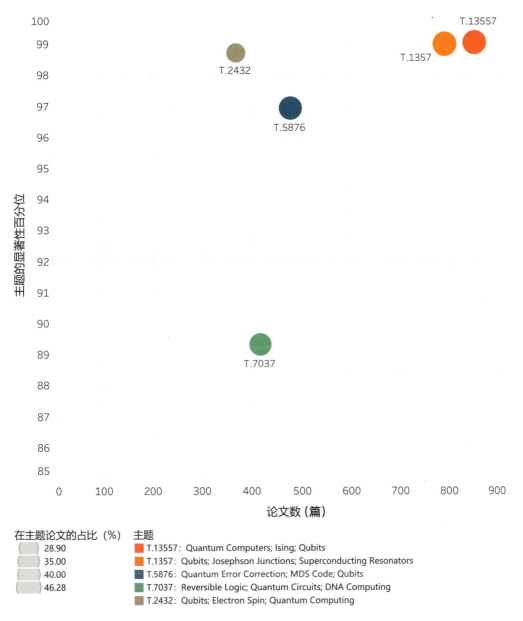

在主题论文的占比（%）　主题

- 28.90
- 35.00
- 40.00
- 46.28

- T.13557： Quantum Computers; Ising; Qubits
- T.1357： Qubits; Josephson Junctions; Superconducting Resonators
- T.5876： Quantum Error Correction; MDS Code; Qubits
- T.7037： Reversible Logic; Quantum Circuits; DNA Computing
- T.2432： Qubits; Electron Spin; Quantum Computing

图 2.36　2015 年至今方向论文数最高的 5 个主题

2.6.3 方向高产国家 / 地区和机构

从 2015 年至今发表的方向相关文献主要的发文国家 / 地区看（如表 2.11 所示），该方向最主要的研究国家 / 地区有 United States（美国）、China（中国）、Germany（德国）、United Kingdom（英国）和 Japan（日本）等；从主要机构看（如图 2.37 所示），高产的机构包括：Chinese Academy of Sciences（中国科学院）、CNRS（法国国家科学研究中心）、University of Science and Technology of China（中国科学技术大学）等；2015 年至今方向高产作者见表 2.12。

表 2.11 2015 年至今方向前 10 位高产国家 / 地区

排名	国家 / 地区	发文量	点击量	FWCI	被引次数
1	United States	3448	50447	2.03	59188
2	China	2808	36872	1.09	24705
3	Germany	1193	19743	1.92	21167
4	United Kingdom	1101	17440	1.74	18005
5	Japan	800	11755	1.59	11763
6	India	773	8239	0.88	4187
7	Canada	696	11321	1.96	12735
8	France	562	9185	2.23	9519
9	Australia	542	10273	1.68	9360
10	Russian Federation	493	12586	0.95	3548

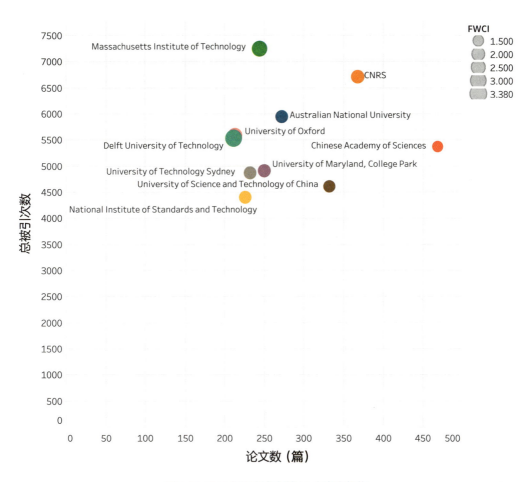

图 2.37 2015 年至今方向前 10 个高产机构

表 2.12 2015 年至今方向高产作者

排名	作者	机构	发文量	点击量	FWCI	被引次数
1	Wille, Robert	Johannes Kepler University Linz	63	537	3.78	570
2	Guo, Guang-Can	University of Science and Technology of China	47	683	1.09	656
3	Charbon, Edoardo	Swiss Federal Institute of Technology Lausanne	45	759	5.12	484
3	Nori, Franco	RIKEN	45	889	2.6	1452
5	Solano, Enrique	Ikerbasque Basque Foundation for Science	43	1137	2.68	1387
5	Thompson, Mark G.	University of Bristol	43	726	2.41	893
7	Englund, Dirk R.	Massachusetts Institute of Technology	40	717	1.92	673
8	Sebastiano, Fabio	Delft University of Technology	39	696	5.79	449
9	Schoelkopf, Robert J.	Yale University	37	799	3.2	1618
10	Devoret, Michel H.	Yale University	36	694	3.98	1513

2.7 基于硅光子技术的芯片研发

2.7.1 总体概况

通过 Scopus 数据库检索 2015 年至今发表的"基于硅光子技术的芯片研发"相关论文，并将其导入 SciVal 平台后，最终共有文献 13919 篇，整体情况如图 2.38 所示。

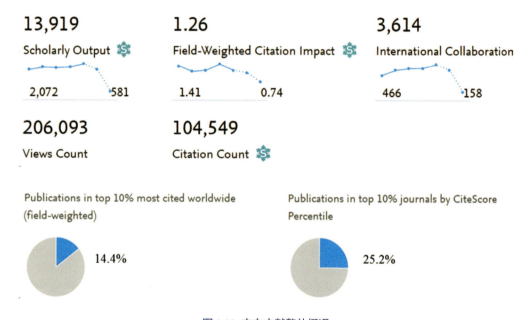

图 2.38 方向文献整体概况

2015 年至今发表的相关文献的学科分布情况，如图 2.39 所示。在 Scopus 全学科期刊分类系统（ASJC）划分的 27 个学科中，该研究方向文献涉及的学科较为广泛、学科交叉特性较为明显。其中，较多的文献分布于 Engineering（工程学）、Physics and Astronomy（物理学与天文学）、Materials Science（材料科学）、Computer Science（计算机科学）、Mathematics（数学）学科。

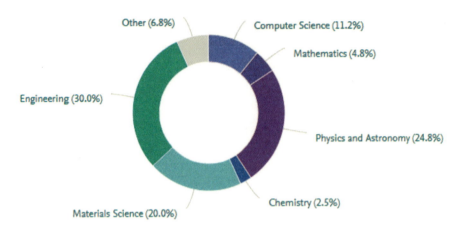

图 2.39 方向文献学科分布

2.7.2 方向研究热点与前沿

2.7.2.1 高频关键词

从 2015 年至今发表的相关文献的前 50 个高频关键词，如图 2.40 所示。其中，Silicon Photonic（硅光子）、CMOS（互补金属氧化物半导体）、Photonic（光子）、Silicon on Insulator Technology（绝缘体上硅技术）、Chip（芯片）等是该方向出现频率最高的高频词。

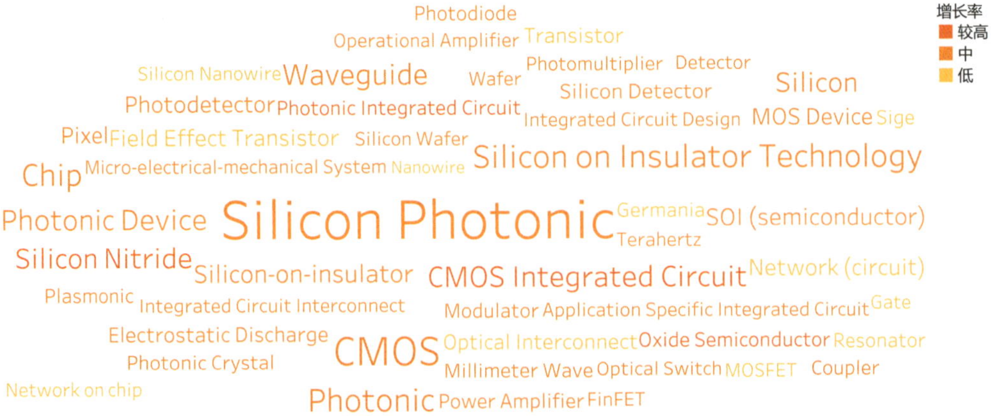

图 2.40 2015 年至今方向前 50 个高频关键词词云图

从 2015 年至今方向前 50 个关键词的增长率情况看（如图 2.41 所示），该方向增长较快的关键词有 Oxide Semiconductor（氧化物半导体）、CMOS Integrated Circuit（互补金属氧化物半导体集成电路设计）、Photonic Integrated Circuit（光子集成电路）、Silicon Nitride（氮化硅）、Photomultiplier（光电倍增管）等。

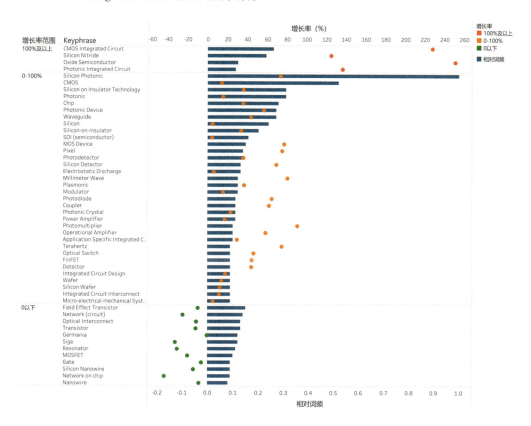

图 2.41 2015 年至今方向前 50 个关键词的增长率分布

2.7.2.2 方向相关热点主题（TOPIC）

从 2015 年至今发表的方向相关文献涉及的研究主题看（如图 2.42 所示），该方向最关注的主题是 T.530，"Silicon Photonics; Light Modulators; Optical Interconnects"（硅光子；光调制器；光互连）；显著性百分位也高达 98.989，是全球具有较高关注度和发展势头的研究方向。本方向论文占比最高的是 T.9413，即 "Silicon Photonics; Couplers; Gratings"（硅光子；耦合器；光栅），占比为 28.56%。此外，其他与方向具有相关性的主题方向也均呈现较高的显著性百分位（均在 87 以上）。可以表明，该方向整体上具有较高的全球关注度和较大的研究发展潜力。

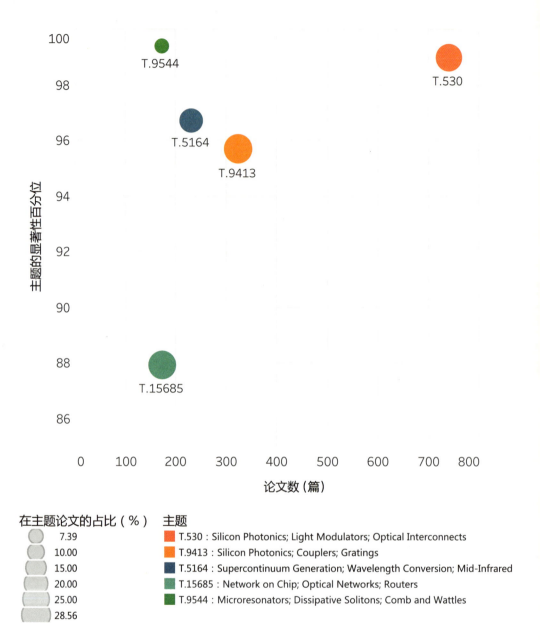

图 2.42 2015 年至今方向论文数最高的 5 个主题

2.7.3 方向高产国家／地区和机构

从 2015 年至今发表的方向相关文献主要的发文国家／地区看（如表 2.13 所示），该方向最主要的研究国家／地区有 United States（美国）、China（中国）、Germany（德国）、France（法国）和 Japan（日本）等；从主要机构看（如图 2.43 所示），高产的机构包括：Chinese Academy of Sciences（中国科学院）、CEA（法国原子能和替代能源委员会）、CNRS（法国国家科学研究中心）等；2015 年至今方向高产作者见表 2.14。

表 2.13 2015 年至今方向前 10 个高产国家／地区

排名	国家／地区	发文量	点击量	FWCI	被引次数
1	United States	3536	53490	1.79	41135
2	China	2570	37763	0.98	17429
3	Germany	1298	21629	1.39	11046
4	France	1048	20268	1.43	8890
5	Japan	1001	14095	1.22	6012
6	Italy	798	17491	1.28	5551
7	United Kingdom	757	15628	1.62	10946
8	India	660	7402	0.69	2363
9	Canada	633	9643	1.63	7924
10	Republic of Korea	575	10651	1.07	4466

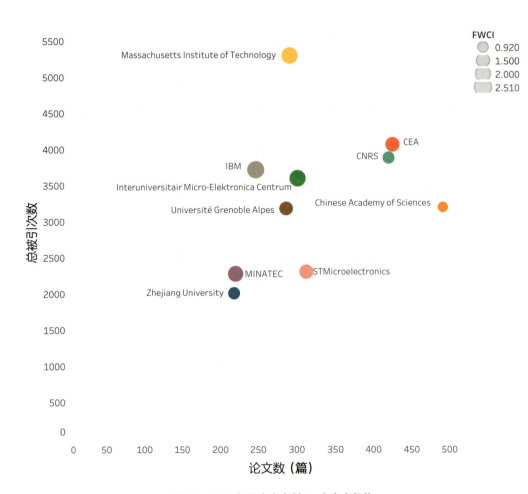

图 2.43 2015 年至今方向前 10 个高产机构

表 2.14 2015 年至今方向高产作者

排名	作者	机构	发文量	点击量	FWCI	被引次数
1	Bowers, John E.	University of California at Santa Barbara	101	1687	3.08	2929
2	van Campenhout, Joris	Interuniversitair Micro-Elektronica Centrum	70	1019	2.96	1086
3	Vivien, L. Lv	Université Paris-Sud	69	1380	1.64	1025
4	Baets, Roel G.F.	Ghent University	62	1337	2.7	1638
5	Roelkens, Günther C.	Ghent University	61	974	2.12	1049
5	Hartmann, Jean Michel	CEA	58	2332	3.65	1962
7	Vinet, Maud	CEA	54	1163	2.89	547
8	Alonso-Ramos, Carlos Alberto	CNRS	53	1140	1.19	671
9	Bœuf, Frédéric	STMicroelectronics	52	1155	2.48	830
9	Kippenberg, Tobias Jan	Swiss Federal Institute of Technology Lausanne	52	1297	4.05	2169
9	Watts, Michael R.	Massachusetts Institute of Technology	52	918	4.04	1056

2.8 光学网络神经系统深度学习

2.8.1 总体概况

通过 Scopus 数据库检索 2015 年至今发表的"光学网络神经系统深度学习"相关论文，并将其导入 SciVal 平台后，最终共有文献 2199 篇，整体情况如图 2.44 所示。

2,199
Scholarly Output 🝢
103 ⸺⟋‿ 209

1.86
Field-Weighted Citation Impact 🝢
1.38 ⟋‿ 1.16

437
International Collaboration
18 ⟋‿ 51

27,445
Views Count

17,206
Citation Count 🝢

Publications in top 10% most cited worldwide (field-weighted)

18.6%

Publications in top 10% journals by CiteScore Percentile

28.9%

图 2.44 方向文献整体概况

2015 年至今发表的相关文献的学科分布情况，如图 2.45 所示。在 Scopus 全学科期刊分类系统（ASJC）划分的 27 个学科中，该研究方向文献涉及的学科较为广泛、学科交叉特性较为明显。其中，较多的文献分布于，Engineering（工程学）、Physics and Astronomy（物理学与天文学）、Computer Science（计算机科学）、Materials Science（材料科学）、Mathematics（数学）等学科。

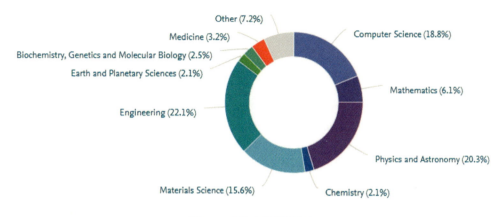

图 2.45 方向文献学科分布

2.8.2 方向研究热点与前沿

2.8.2.1 高频关键词

2015 年至今发表的相关文献的前 50 个高频关键词，如图 2.46 所示。其中，Photonic（光子）、Deep Learning（深度学习）、Neural Network（神经网络）、Deep Neural Network（深度神经网络）、Optical Coherence Tomography（光学相干断层成像术）等是该方向出现频率最高的高频词。

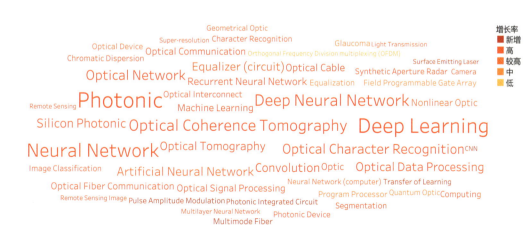

图 2.46 2015 年至今方向前 50 个高频关键词词云图

从 2015 年至今方向前 50 个关键词的增长率情况看（如图 2.47 所示），该方向增长较快的关键词有 Deep Learning（深度学习）、Convolution（卷积）、Deep Neural Network（深度神经网络）、Optical Coherence Tomography（光学相干断层成像术）、Optical Tomography（光学断层成像）等。此外，2015 年以来新

增的高频关键词有 Multimode Fiber（多模光纤维）、Transfer of Learning（学习迁移）、Pulse Amplitude Modulation（脉冲幅度调制）、Photonic Integrated Circuit（光子集成芯片）、Surface Emitting Laser（表面发射激光器）、CNN（卷积神经网络）。

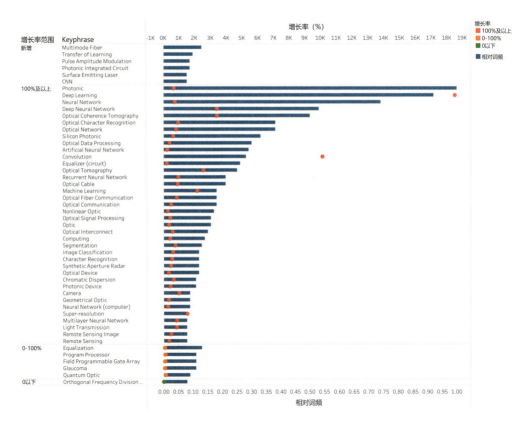

图 2.47 2015 年至今方向前 50 个关键词的增长率分布

2.8.2.2 方向相关热点主题（TOPIC）

从 2015 年至今发表的方向相关文献涉及的研究主题看（如图 2.48 所示），该方向最关注的主题是 T. 4338，"Object Detection; CNN; IOU"（目标检测；卷积神经网络；重叠度），其

除了文献量最大，该主题的显著性百分位还达到 99.999，是全球具有较高关注度和较快发展势头的研究方向。占本主题论文百分比最高的 是 T. 60221：Saturable Absorbers; Optical

Feedback；Photonics（可饱和吸收体；光反馈；光子学），其发文量较小，但占本主题论文百分比高达 23.86%。此外，其他与方向具有相关性的主题方向也均呈现较高的显著性百分位（均在 96 以上），都具有不错的全球关注度和研究发展潜力。

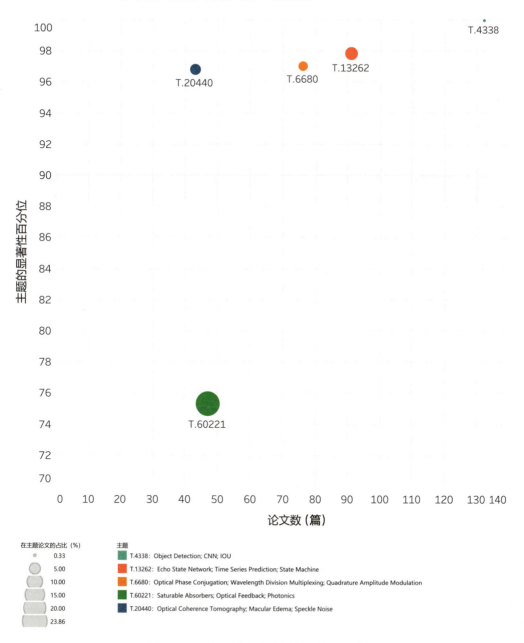

图 2.48 2015 年至今方向论文数最高的 5 个主题

2.8.3 方向高产国家 / 地区和机构

从 2015 年至今发表的方向相关文献主要的发文国家 / 地区看（如表 2.15 所示），该方向最主要的研究国家 / 地区有 China（中国）、United States（美国）、Japan（日本）、Germany（德国）和 India（印度）等；从主要机构看（如图 2.49 所示），高产的机构包括：Chinese Academy of Sciences（中国科学院）、Shanghai Jiao Tong University（上海交通大学）、（Peking University）北京大学等；2015 年至今方向高产作者见表 2.16。

表 2.15 2015 年至今方向前 10 个高产国家 / 地区

排名	国家 / 地区	发文量	点击量	FWCI	被引次数
1	China	664	7947	1.52	5236
2	United States	486	7023	2.37	6744
3	Japan	124	1373	1.38	799
4	Germany	117	1535	2.29	1065
5	India	108	1289	1.08	332
5	United Kingdom	108	1946	2.51	1580
7	France	86	1232	1.9	1030
8	Canada	73	954	2.36	1148
9	Spain	59	865	1.64	673
10	Australia	54	935	2	838

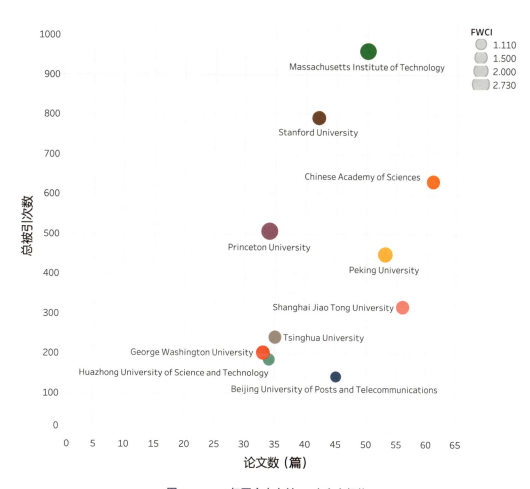

图 2.49 2015 年至今方向前 10 个高产机构

表 2.16 2015 年至今方向高产作者

排名	作者	机构	发文量	点击量	FWCI	被引次数
1	Prucnal, Paul R.	Princeton University	33	434	2.74	494
2	Sorger, Volker J.	George Washington University	32	351	1.79	202
3	Shastri J, Bhavin J.	Queen's University Kingston	29	369	2.79	484
4	Englund, Dirk R.	Massachusetts Institute of Technology	23	348	3.8	777
4	Tait, Alexander N.	Princeton University	23	336	2.83	389
6	Brunner, Daniel	École nationale supérieure de mécanique et des microtechniques de Besancon	20	195	1.65	305
7	Miscuglio, Mario	George Washington University	17	156	1.65	108
8	Nahmias, Mitchell A.	Princeton University	15	218	3.23	341
8	Ozcan, Aydogan	University of California at Los Angeles	15	285	5.58	606
10	de Lima, Thomas Ferrieira	Princeton University	14	231	3.55	309
10	El-Ghazawi, Tarek A.	George Washington University	14	184	2.03	73
10	Mehrabian, Armin	George Washington University	14	123	1.89	100
10	Pleros, Nikolaos	Aristotle University of Thessaloniki	14	123	1.9	29
10	Rivenson, Yair	University of California at Los Angeles	14	278	5.98	606

2.9 类脑计算

2.9.1 总体概况

通过 Scopus 数据库检索 2015 年至今发表的"类脑计算"相关论文，并将其导入 SciVal 平台后，最终共有文献 6586 篇，整体情况如图 2.50 所示。

图 2.50 方向文献整体概况

2015 年至今发表的"类脑计算"相关文献的学科分布情况，如图 2.51 所示。在 Scopus 全学科期刊分类系统（ASJC）划分的 27 个学科中，该研究方向文献涉及的学科较为广泛、学科交叉特性较为明显。其中，较多的文献分布于 Computer Science（计算机科学）、Engineering（工程学）、Materials Science（材料科学）、Physics and Astronomy（物理学与天文学）和 Mathematics（数学）等学科。

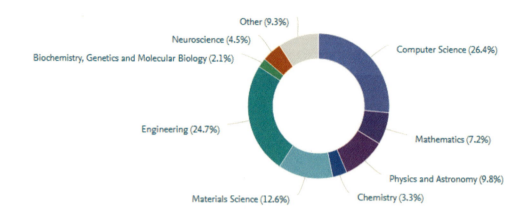

图 2.51 方向文献学科分布

2.9.2 方向研究热点与前沿

2.9.2.1 高频关键词

2015 年至今发表的"类脑计算"相关文献的前 50 个高频关键词，如图 2.52 所示。其中，Spiking Neural Network（脉冲神经网络）、Memristor（忆阻器）、Spiking（脉冲）、Computing（计算）、Synapse（突触）等是该方向出现频率最高的高频词。

图 2.52 2015 年至今方向前 50 个高频关键词词云图

从 2015 年至今方向前 50 个关键词的增长率情况看（如图 2.53 所示），该方向增长较快的关键词有 Green Computing（绿色计算）、Ferroelectric Material（铁电材料）、Deep Neural Network（深度神经网络）、Deep Learning（深度学习）、Tunnel Junction（隧道结）等。此外，2015 年以来新增的高频关键词有 Accelerator（加速器）。

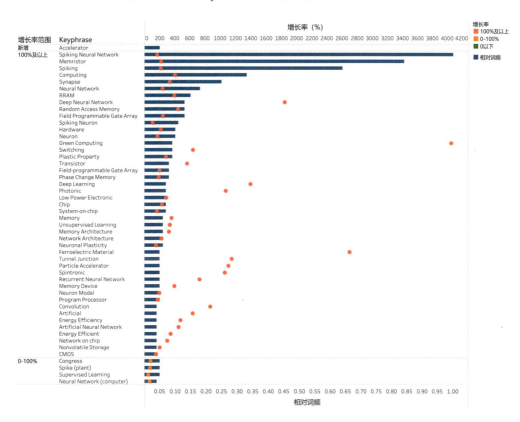

图 2.53 2015 年至今方向前 50 个关键词的增长率分布

2.9.2.2 方向相关热点主题（TOPIC）

从 2015 年至今发表的方向相关文献涉及的研究主题看（如图 2.54 所示），该方向最关注的主题是 T. 1289，"Memristors; RRAM; Chaotic Circuit"（忆阻器；存储器；混沌电路），其文献量最大，显著性百分位也最高，达到 99.865，是全球具有很高关注度和发展势头的研究方向。占本主题论文百分比最高的是 T. 20728，即 "Spiking Neural Networks; Supervised Learning; Neuron Model"（脉冲神经网络；监督学习；神经元模型），本主题论文占比高达 75.85%。此外，余下几个具有一定相关性的主题方向的显著性百分位都在 97 以上，都具有不错的全球关注度和研究发展潜力。

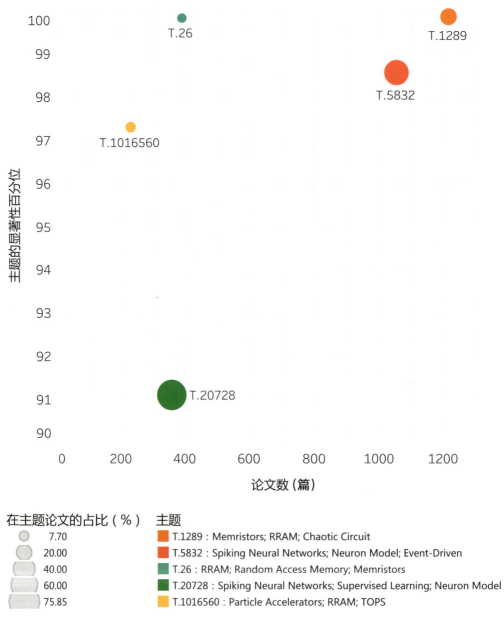

图 2.54 2015 年至今方向论文数最高的 5 个主题

2.9.3 方向高产国家 / 地区和机构

从 2015 年至今发表的方向相关文献主要的发文国家 / 地区看（如表 2.17 所示），该方向最主要的研究国家 / 地区有 United States（美国）、China（中国）、United Kingdom（英国）、Germany（德国）、Republic of Korea（韩国）等；

从主要机构看（如图 5.55 所示），高产的机构包括 Chinese Academy of Sciences（中国科学院）、CNRS（法国国家科学研究中心）、Tsinghua University（清华大学）等；2015 年至今方向高产作者见表 2.18。

表 2.17 2015 年至今方向前 10 个高产国家 / 地区

排名	国家 / 地区	发文量	点击量	FWCI	被引次数
1	United States	2075	35829	2.62	32094
2	China	1506	25244	1.9	14308
3	United Kingdom	467	9320	1.73	6108
4	Germany	420	8006	1.79	4203
5	Republic of Korea	381	6969	1.91	4778
6	India	339	4628	0.76	1634
7	France	326	7002	1.91	4720
8	Italy	287	8133	1.89	2884
9	Switzerland	260	5385	3.05	5430
10	Japan	256	4379	1.39	3197

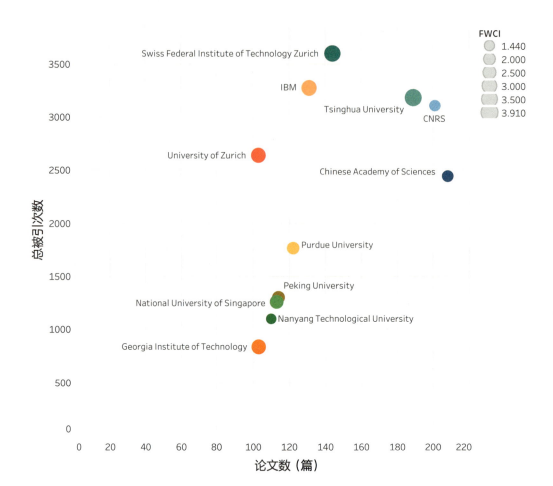

图 2.55 2015 年至今方向前 10 个高产机构

表 2.18 2015 年至今方向高产作者

排名	作者	机构	发文量	点击量	FWCI	被引次数
1	Roy, Kaushik	Purdue University	94	1662	2.28	1459
2	Furber, Steve B.	University of Manchester	66	1136	1.3	720
3	Indiveri, Giacomo	Swiss Federal Institute of Technology Zurich	59	1217	2.41	1066
4	Kasabov, Nikola K.	Auckland University of Technology	57	1782	1.46	488
4	Chen, Yiran	South China University of Technology	54	869	2.16	592
6	Schuman, Catherine D.	Oak Ridge National Laboratory	53	542	2.04	287
6	Yu, Shimeng	Georgia Institute of Technology	53	1139	6.77	1691
8	Wu, Huaqiang	Tsinghua University	50	1589	7.13	1541
9	Gao, Bin	Tsinghua University	47	1286	6.06	1072
10	Tang, Huajin	Zhejiang University	40	592	1.44	330

2.10 基于 FPGA 的机器学习硬件

2.10.1 总体概况

通过 Scopus 数据库检索 2015 年至今发表的"基于 FPGA 的机器学习硬件"相关论文，并将其导入 SciVal 平台后，最终共有文献 5549 篇，整体情况如图 2.56 所示。

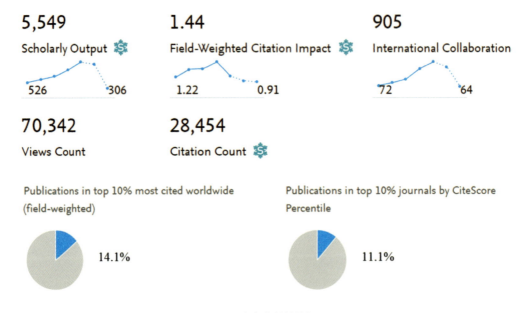

图 2.56 方向文献整体概况

2015 年至今发表的相关文献的学科分布情况，如图 2.57 所示。在 Scopus 全学科期刊分类系统（ASJC）划分的 27 个学科中，该研究方向文献涉及的学科较为广泛、学科交叉特性较为明显。其中，较多的文献分布于 Computer Science（计算机科学）、Engineering（工程学）、Mathematics（数学）、Physics and Astronomy（物理学与天文学）和 Materials Science（材料科学）等学科。

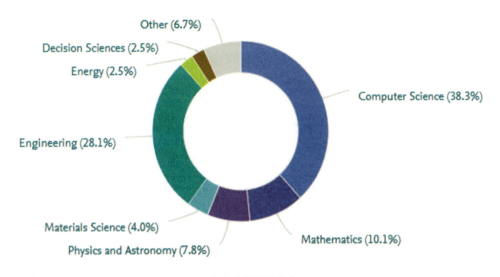

图 2.57 方向文献学科分布

2.10.2 方向研究热点与前沿

2.10.2.1 高频关键词

2015 年至今发表的相关文献的前 50 个高频关键词，如图 2.58 所示。其中 Field Programmable Gate Array（现场可编程门阵列）、Particle Accelerator（粒子加速器）、Deep Neural Network（深度神经网络）、Accelerator（加速器）、Neural Network（神经网络）等是该方向出现频率最高的高频词。

图 2.58 2015 年至今方向前 50 个高频关键词词云图

从 2015 年至今方向前 50 个关键词的增长率情况看（如图 2.59 所示），该方向增长较快的关键词有 Internet of Thing（智慧联网）、Accelerator（加速器）、CNN（卷积神经网络）、Deep Neural Network（深度神经网络）、Deep Learning（深度学习）等。

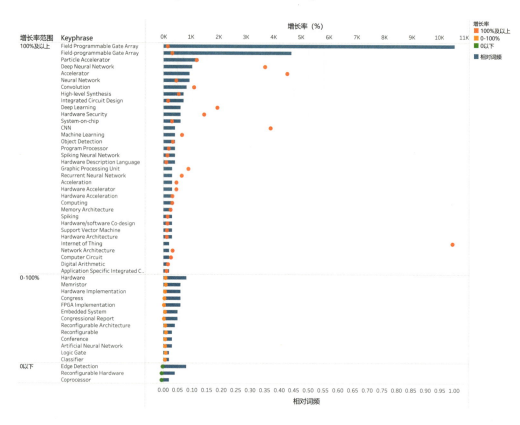

图 2.59 2015 年至今方向前 50 个关键词的增长率分布

2.10.2.2 方向相关热点主题（TOPIC）

从 2015 年至今发表的方向相关文献涉及的研究主题看（如图 2.60 所示），该方向最关注的主题是 T. 4338，"Object Detection; CNN; IOU"（目标检测；卷积神经网络；重叠度），其文献量最大，显著性百分位达到了 99.999，是全球具有很高关注度和发展势头的研究方向。占本主题论文百分比最高的主题是 T. 25675，即 "Activation Function; FPGA Implementation; Field Programmable Gate Array"（激活函数；现场可编程门阵列实现；现场可编程门阵列）。此外，余下几个具有一定相关性的主题方向的显著性百分位都在 97 以上。可以表明，该方向整体上具有较高的全球关注度和较大的研究发展潜力。

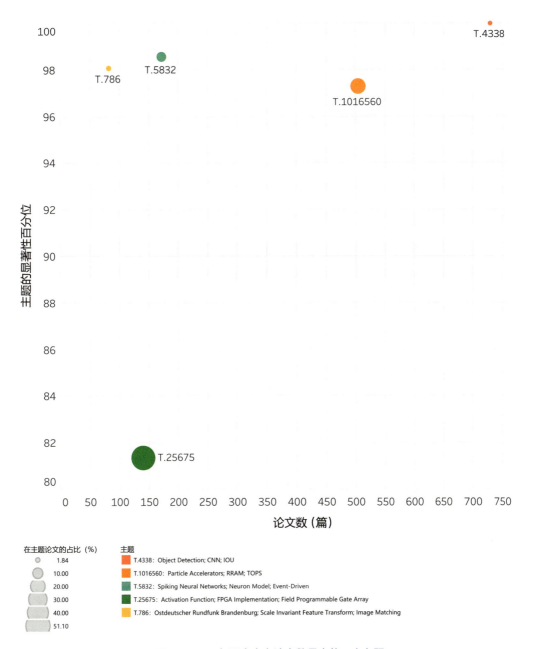

图 2.60 2015 年至今方向论文数最高的 5 个主题

2.10.3 方向高产国家 / 地区和机构

从 2015 年至今发表的方向相关文献主要的发文国家 / 地区看（如图 2.19 所示），该方向最主要的研究国家 / 地区有 China（中国）、United States（美国）、India（印度）、Japan（日本）和 United Kingdom（英国）等；从主要机构看（如图 2.61 所示），高产机构包括：Anna University（印度安那大学）、Imperial College London（英国帝国理工学院）、Chinese Academy of Sciences（中国科学院）等；2015 年至今方向高产作者见表 2.20。

图 2.19 2015 年至今方向前 10 个高产国家 / 地区

排名	国家 / 地区	发文量	点击量	FWCI	被引次数
1	China	1204	14210	1.79	8466
2	United States	933	11945	2.97	10566
3	India	610	6528	0.69	1879
4	Japan	292	2897	1.2	1223
5	United Kingdom	231	3228	1.57	1536
6	Germany	189	1920	1.01	543
7	Spain	178	3208	1.06	884
8	Canada	156	1838	1.6	858
9	Republic of Korea	152	1617	1.09	755
10	France	143	1944	0.94	746

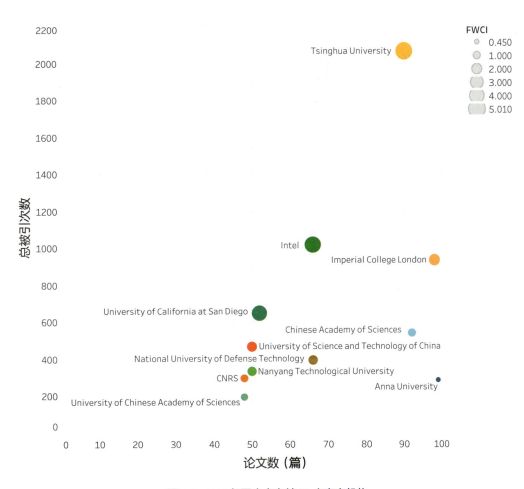

图 2.61 2015 年至今方向前 10 个高产机构

表 2.20 2015 年至今方向高产作者

排名	作者	机构	发文量	点击量	FWCI	被引次数
1	Luk, Wayne W.C.	Imperial College London	53	684	2.16	458
2	Nakahara, Hiroki	Tokyo Institute of Technology	32	358	3.69	345
3	Wang, Chao	University of Science and Technology of China	28	445	1.55	287
4	Mohsenin, Tinoosh	University of Maryland, Baltimore	27	739	2.83	342
5	Zhou, Xuehai	University of Science and Technology of China	26	421	1.66	286
6	Leong, Philip H.W.	University of Sydney	25	321	2.39	183
6	Soudris, Dimitrios J.	National Technical University of Athens	25	331	0.89	88
8	Niu, Xinyu	Shenzhen Corerain Technologies Co., Ltd.	21	206	2.62	160
8	Wang, Yu	Guangdong University of Technology	21	690	12.97	1322
8	Yang, Shuangming	Tianjin University	21	530	2.49	216

3. 未来计算领域发展速览

人工智能已经成为新一轮科技革命和产业变革的核心驱动力，其成功依赖于强大计算硬件包括 CPU、GPU、FPGA、TPU 等，得益于半导体产业按照摩尔定律的快速发展。但近年来冯·诺依曼架构的"内存墙"与"功耗墙"效应日趋严重，摩尔定律效应即将走到尽头，急需新的计算模式解决。未来计算的发展需要一个敏捷、稳定、安全、可用、有能力和可持续的计算生态系统，而这一系统必将集成新兴的和未来的硬件平台和必要的软件、数据和网络专业知识。短期来看，

基于硅基冯·诺依曼架构的现代计算技术（如高性能计算等）仍然是构成未来计算的主体，面向不同应用需求的系统优化成为技术创新重点方向，器件及芯片、系统技术和应用技术等将同步发展。长期而言，因硅基集成电路的物理极限和冯·诺依曼架构的固有瓶颈，量子、神经形态计算（又称类脑计算）等非冯·诺依曼架构计算技术的突破和产业化将是未来计算的研究重点。量子计算、神经形态计算和高性能计算共同构成了通往未来人工智能的三条途径。

3.1 全球未来计算领域发展动态

当前，未来计算领域呈现如下发展趋势：量子计算已成为各国抢占的战略制高点；融合创新将是推进神经形态计算发展的关键；高性能计算与大数据、人工智能融合发展；"雾计算""边缘计算"是近期新兴计算模式。

量子计算的发展现状与挑战。目前量子计算尚处于技术攻关和原型样机研制验证的早期发展阶段，性能超越经典计算的实用量子计算机仍有很长的路要走。美国在量子计算领域已形成产学研多方协同的良好局面，并在技术研究、样机研制和应用探索等方面全面领先。虽然量子计算取

得了诸多突破性进展，但研制和使用量子计算机仍面临若干技术风险，比如量子位不能从本质上隔离噪声；量子纠错技术不成熟，无法实现无误差的量子计算；无法有效将大数据加载到量子计算中；量子算法的设计具有挑战性；量子计算机需要新的软件堆栈。随着逻辑量子比特的集成制造能力达到基础量子计算所需的要求，预计在 2031 年至 2042 年间，将实现量子计算机的商业应用。

神经形态计算发展现状与挑战。神经形态计算经过十多年的小众研究，逐步开始成为热点。

不论是科技巨头还是初创企业，都开始涌入神经形态计算领域，神经形态计算产业链初步形成。预计到 2029 年神经形态计算的市场规模可达到 50 亿美元。虽然神经形态计算和神经网络的硬件实现等领域中已经存在着大量的研究工作，但是如何将新材料、新器件集成到运算系统中，用一种可扩展的方式去验证和实现神经形态系统面临挑战。神经形态计算在机器学习层面未来发展方向是如何开发适合神经形态系统训练和学习的算法；设备层面是如何将新兴技术和材料用于神经形态计算研究；软件工程层面是如何开发支持神经形态计算的软件系统；用户层面是如何开发与用户交流的神经形态系统用例。

高性能计算的发展现状与挑战。近年来，高度异构和内部网络高速互联是现代高性能计算机体系架构的重要发展方向。以数据驱动或数据密集型计算为主要特征的高性能计算应用不断涌现，应用领域遍及生物信息与生命科学领域、智慧城市与城市治理、网络信息安全等。这些应用同时促进了高性能计算技术，包括矩阵并行求解技术、高性能大数据处理技术、智能芯片技术等的技术创新。高性能计算的技术障碍为摩尔定律变缓，并行技术遇到瓶颈，散热和功耗遇到物理极限。高性能计算的未来的发展方向涉及高性能计算、大数据和机器学习不断融合；未来系统的异构性将不断增加；为实现未来计算的无缝生态系统，需要采用新的编程算法、语言编译器、操作系统和运行时系统提供新服务。

3.2 我国未来计算领域战略动向

我国在量子计算基础理论、物理实现体系、软件算法等领域均有研究布局，中科大、清华大学、浙江大学等近年来取得一系列具有国际先进水平的研究成果。阿里巴巴、腾讯、百度和华为等科技公司开始关注和投资量子计算领域，但在产品工程化及应用推动方面与美国科技巨头存在明显差距。我国脑科学与类脑计算基础研究相继开展，总体来看，目前大规模阻变存储器制造工艺相对不成熟，一致性和重现性都较差，仍未有与基于硅技术的类脑芯片规模相当的芯片，距离产业化还有很长时间，这对我国来讲既是机会也是挑战。中国科学院、清华大学、北京大学等高校相继成立脑科学与类脑智能研究中心；在类脑计算相关的神经网络和神经元领域以及忆阻器方面，国内都取得一定进展，推动技术落地。我国超算系统的研制能力已经跻身世界先进水平的行列。在全球超级计算机排名 TOP500（2019.11 公布）中，我国上榜的超算数量（228 台上榜）超过美国（117 台）。目前，我国大型科学计算的应用软件基本上都依靠进口。中科院计算机所、国防科技大学和江南计算所等单位一直从事高性能计算机的研制工作，国内的各大高校都建立了高性能计算中心，比如中国科学技术大学超级计算中心、清华大学高性能计算研究所、北京大学高性能计算平台、中南大学高性能计算平台。

3.3 我国未来计算领域未来发展战略

（1）转换计算概念，将人工智能与量子计算结合

传统的计算概念不足以涵盖所有与智能、认知、思维等有关的过程，尤其像那些和"学习、自适应、进化"有关的过程。考虑将人工智能（人工神经网络）与量子计算结合，可为"类脑"计算和传统计算机之间构筑一座结合各自优点的桥梁。

这将直接改变计算机科学、电子工程、认知神经科学的面貌，创造出模拟人脑神经网络系统运转的既强大又节能的人工处理机器。结合量子计算构筑量子人工神经网络，有可能极大地提升人工神经网络的算力。

（2）紧密结合量子计算与神经形态计算开展学术研究

持续开展神经网络研究。计算神经科学与神经计算科学需要将神经科学、认知科学、人工智能、计算机科学、物理科学、数学等学科联合起来，从而在未来揭示脑的本质。有意义的"类脑计算"过程是某种有意义的集体运动效应。在这一层意义上，建立在量子态叠加性和并行性原理基础上的量子计算网络可从中受到的启发是：一方面学习神经网络微观水平的知识、了解脑模型；另一方面自上而下地寻找计算模型，结合对计算科学、物理科学、数据库模型的认知，探索新的、高性能的计算方式。强化神经科学、计算机科学、机器学习、量子科学的交叉融合。广义的计算是

贯穿神经科学、计算机科学、机器学习、量子科学等一系列相关科学领域的重要观念。随着它们之间的交叉融合，计算概念必然会得到新的发展。只要摆脱"串行数字计算机"概念的约束，就可以直接把一个神经网络系统的功能当作某种计算机，其在某些算法与相联系的物理变量之间存在适当的映射。探寻神经网络模型和量子物理模型之间的映射，可以把两个相对较成熟领域的成果结合起来，发现新的数据存储和人工计算模式。在融合发展的过程中，既要注意吸收已有成果，更要注重发展原创思想、制定自主的科技标准。

（3）加强量子计算机工程化及与"类脑"计算相关的跨学科教育和研究

将量子科技教育作为工程教育重要内容。根据国际发展趋势，我国亟须在已有量子比特芯片的基础上集成更多的量子比特并实现调控、纠缠等操控，构建量子计算与模拟原型机，完成现有的超级计算机不能完成的科学与工程问题。因此，我们建议在国家层面上协调生物、计算机、信息、数学、物理等学科（涉及神经科学、认知科学、人工智能、计算机科学、信息科学、物理科学、数学科学等）制定面向量子计算机工程和神经形态计算工程的跨学科的本科和研究生一体化培养方案。

前瞻布局人工智能、量子计算、神经网络计

算交叉与融合。建议加强前沿科技领域的跨学科研究布局，加大对关键核心领域的研发支持，完善产学研协同创新机制，采取积极政策提供资金支持。前瞻布局在人工智能（人工神经网络）与量子计算相结合方向的学科建设，培养一批本土的高端技术人才队伍，通过政策导向集聚全世界最优秀的相关专家。积极支持科研人员与相关企业通过长期战略合作方式深化合作，成立人工神经网络与量子计算联盟，共同开展"类脑"计算中关键共性技术的研究。

三、人工合成生物领域
重大交叉前沿方向

1. 人工合成生物领域十大交叉前沿方向

1.1 **通过自下而上的化学和材料的设计和合成构建类生命细胞的合成细胞**

不同于常见的基因工程修饰或者重新布线生物细胞及有机体，合成细胞通过一种自下而上化学合成的方式，从底层（分子）的设计、合成和组装出发，利用非生命物质，通过微区化反应等方式，在不同的拓扑、功能和层次复杂性水平上发展超和多分子系统，模仿和重建实现细胞高级结构及功能，其以一种能够自我维持、自我繁殖和潜在进化的人工细胞系统的形式存在。一个原始细胞需要整合三个主要成分，即包含、代谢和信息。这一利用非生命物质创造生命研究，将对生命起源的探究，基础科学如生物化学、生物物理、复杂性科学等的研究，以及纳米药物、生物传感器、微纳机器人，杂化的合成—自然系统的开发具有重要指导意义。

乳胶液滴系统因其封装、小型化和分隔的能力，成为很好的合成细胞候选体系。通过双水相分离或凝聚，可以获得无膜合成细胞。此外，通过在液滴表面组装超分子或纳米尺度的构件，已经形成了膜结合的合成细胞。这些细胞模拟实体体现了关于自我维持和适应性的最低限度的生命特性，为细胞生物学和生物物理学的基本理解开

创了新的可能性，包括信号传导和级联反应、细胞膜动力学和细胞骨架介导的力学。此外，随着微流控技术和 3D 打印技术等制造方法的共同进步，可以以高通量的方式生成具有相同功能的标准化合成细胞。这些合成细胞可以促进大规模的生物合成，并作为来源充足、可持续的细胞／组织替代品。随着合成细胞种类的增多，构建具有复杂生物学功能的合成组织（或原生组织）将成为一个新的研究热点。这可以通过空间编程装配成液滴对和 2D/3D 液滴网络，以及通过精确排序结构的 3D 打印来实现。此外，创建模块化组件并将它们组合在一起是构建具有复杂性和完整性的合成生命形式的必要途径。在这种情况下，通过封装遗传回路并结合液滴操作，包括液滴聚合、分裂、排序、装配、微注射或大规模生产，期望构建一个可扩展的、高阶网络，承担复杂和协调的任务，例如进化和机器人功能。

随着基础和技术的进步，合成细胞可望具有细胞天然的优良特性和额外的功能。目前合成细胞与活细胞之间仍有很大的差距。其中一个突出的问题是，目前的大部分工作仅限于简单的模

本领域咨询专家：方群、刘平伟、许迎科、连佳长。

型，十分缺乏重建复杂的系统与生理相关的设置，合成细胞还远不能像真正的细胞那样发挥作用。未来，一方面，应该开展包括细胞生物学、分子生物学、生物化学和生物物理学等方面的多学科研究，以培养对复杂而智能的细胞行为的全面理解。另一方面，从技术的角度来看，可以通过模仿生物系统的方式，努力调整液滴的属性，以实现信号传递、交互作用和逻辑编程的目标。

1.2 实现合成细胞或微纳机器人间的群体智能

从设计和合成个体的、不相互作用的合成细胞（或微纳机器人）的研究，逐步过渡到可相互作用的合成细胞（或微纳机器人）群体的研究，并结合信息科学技术及先进的控制理论，将对仿生智能材料、二维三维合成组织以及人工器官等的开发带来巨大的突破。

类似于生物电子学和软机器人之间的协同作用，合成生物学为分子机器人提供控制电路。通过在合成电路中编码感知—行动模块，分子机器可以超越重复任务、整合复杂行为。如果分子机器人采用基于合成生物学的工具作为它们的感知—行动模块，它们的运动和功能将不再局限于特定的反应标准。无细胞系统将合成生物学从实验室环境中解放出来。同样，无细胞平台可以帮助分子机器人在未来走出实验室。2019 年，明尼苏达大学 Jonathan Garamella 等研究人员通过机械敏感通道 MscL 响应渗透压变化的方式将外部刺激与诱导基因表达相结合，重建了细胞间和细胞外的相互作用，构建了一个合成细胞，并配备了一个诱导遗传电路。这项实验提供了有关如何将多种生物学机制整合到涉及膜特性和可诱导基因表达的合成细胞系统中的信息。

随着生物计算、合成遗传电路的发展，分子机器人行为的复杂性将不断提高。将来，合成电路可以赋予智能，成为自主分子机器人的控制系统。研究设想的下一代具有高级自主能力的分子机器人将是生物混合机器人，包含编码在 DNA 分子内的基于合成生物学的感知—行动模块。基于合成生物学的感知—行动模块将提供现成的传感器模块和复杂的分子算法。无细胞平台将提供转录和翻译机制，以为合成生物感知—行动模块提供动力，并执行设计的行为。

1.3 实现合成细胞（或微纳机器人）及其与生物细胞间的分子通信

潜在的生物技术和生物医学应用广泛而多样：从人工膜输送底盘保护的细胞治疗，到光合作用驱动的化学微系统，到利用生物合成途径再生建筑模块的自愈材料，再到混合化学/生物反应器，上述这些功能的实现，都依赖于合成细胞（或微纳机器人）及其与生物细胞间的分子通信。通过操控合成细胞的化学信号释放、化学反应网络、分子的传质扩散等，开展电化学生物传感、分子通信等方面的研究，发展在纳米和微尺度上基于化学和生化系统的全新的计算、通信和信息处理方法，开发基于生物化学信号的新型信息和通信技术，实现合成细胞与合成细胞、天然细胞、电子器件间的通信，这对复杂形态模式及集群智能的形成、可编程纳米医学器件的开发、生物与非生物交互等方向的研究具有重要意义。

2019 年，布里斯托尔大学 Stephen Mann 教授的研究团队开发出一种新方法 BIO-PC（Biomolecular Implementation of Protocell communication，原型细胞的生物分子实现通信）。BIO-PC 能够在生物相关环境中可靠地执行基于 DNA 的分布式分子程序，为 DNA 计算和最小细胞技术开辟了新的方向。这项技术利用 DNA 逻辑代码在智能人工细胞之间进行化学通信的能力，为非传统计算和类似生命的微型系统之间的接口开辟了新的可能，将使分子控制线路更接近实际使用，并为了解具有信息处理能力的原型细胞在生命起源时是如何运作的提供新的见解。2018 年，拉奎拉大学研究人员用经典和量子力学方法（包括量子信息）突出了细菌的集体行为，并对设置了微生物细胞间通信过程主干的各种关键机制展开介绍，为进一步开展量子合成生物学的概念和细胞量子图灵测试的相关研究开辟了新思路。

用于高通量制造细胞大小的囊泡和其他分区结构的微流控设备，以及在膜胶囊中高效封装生物大分子的新方法，新的光学捕获技术允许操作细胞大小的物体和组装用户定义的仿生结构，目前已被证实的基于激光的、具有良好时空分辨率的类组织材料空间模式的方法，不断增强电子和活细胞系统之间的协同作用，DNA 纳米技术和蛋白质工程的快速发展（将进一步扩展可用于连接合成细胞和活细胞的构建模块），以上技术相关的理论研究与实践进展为开展合成细胞（或微纳机器人）及其与生物细胞间的分子通信研究奠定了很好的基础。

1.4 器官和胚胎的人工构建

人工构建器官的替代物无疑是解决多种人类疾病的终极方法之一。器官和动物胚胎的人工构建，代表着对生命体组织和构建的基本规律的完全掌握。其在生命科学领域的基础科学意义在于代表着从认识规律向利用规律的转变，其转化应用意义在于疾病治疗方式的革命性转变。

"类器官"（Organoid）被 Nature Methods 杂志评为 2017 年 "Method of the year"。"类胚胎"（Embryoid）近年也已经逐渐受到人们的关注。类胚胎和类器官，均以胚胎干细胞（或诱导多能干细胞）为原料，以发育生物学和干细胞生物学的原理为基础，利用组织工程等方法，制造器官和胚胎的类似物，是一个需要多学科、多领域高度交叉的研究方向。

目前该领域世界上的大多数研究集中在单一细胞类型或单一组织，构建多细胞类型和多组织、具有正确结构和功能器官的研究还较少见。浙江大学在构建复杂器官如神经管类器官等、构建脊椎动物早期胚胎方面已经有了很好的基础，相关研究方向已经获得国家自然科学基金的"原创探索项目"支持。围绕人工构建器官和胚胎这一面向未来生物医学的关键问题，利用浙江大学医学、生物、工程、信息等的多学科交叉优势，中短期内可以在器官移植和再生、新研究和疾病模型的建立、遗传和发育新原理的发现等方面取得较大的突破。

1.5 复杂基因线路设计及可编程细胞智能

合成生物学的目标是通过把基因"零件"组装成"线路"，在活细胞内部执行逻辑操作，造出有特殊功能的细胞，解决医药、能源和环境领域的关键问题。合成基因线路的设计与构建作为合成生物学的重要研究方向，借鉴了电子电路的相关理念，将生物元器件标准化、模块化地组装，在宿主细胞中实现特定功能。研究合成基因电路不仅提高了我们对细胞调控的理解，而且为生物学家提供了一个可以针对自然系统精确地操纵网络结构的工具。

2018 年，麻省理工学院的 Caleb J. Bashor 团队概述了利用基因电路的过程来推进生物发现的研究，发现使用电路工程来预测重组、重新布线和重构细胞调控是测试和理解细胞表型如何从系统级网络功能中产生的最终手段。2019 年，剑桥大学 Tom Hiscock 采用机器学习算法揭秘基因电路，利用机器学习中的梯度下降优化算法对基因电路进行快速筛选和设计。通过这种方法，可以快速设计出能够执行一系列不同功能的电路，包括：再现重要的体内现象，如振荡器；执行合成生物学的复杂任务，如计数有噪声的生物事件。

人工基因回路的构建，能够对天然调控回路进行简单化处理和重新编程，或引入自然界不存在的人造法则，设计符合目标需求的人造生命体，可以为医药健康、农业环境和工业发酵等领域提供全新的解决方案。2020 年，麻省理工学院的 Christopher A. Voigt 团队在 *Nature Microbiology* 上发表文章，在发展酿酒酵母转录调控元件定量设计的基础上，首次实现了真核生物中基因回路的自动化设计，并实现了大规模基因回路长时间（包含 11 个转录因子，大于两周时间）的稳定状态切换和动态过程预测。2020 年 11 月，英国爱丁堡大学王宝俊研究团队首次证明了人工合成核酸海绵可系统地调节基因线路中的基因表达，从而精确改变该线路中的基因表达泄漏、输出幅度和诱导倍数、对小分子的响应灵敏度，并改善宿主细胞的生长速度。该基因调节方法简单、有效，可广泛用于多种应用领域相关的人工合成基因线路设计。2020 年，意大利特伦托大学 Sheref Mansy 团队最新开发出一种新型的人造智能细胞，它可以原位合成和按需释放化学信号，从而引发真核细胞（包括神经元分化）所期望的表型变化。它可以与体内其他细胞进行交流，这将在智能药物领域具有广阔的应用前景，可在细胞水平上有针对性地治疗疾病。同年，美国佛蒙特大学 Josh Bongard 团队利用从青蛙胚胎中提取的活细胞，创造出第一个毫米级"活体可编程机器人"。这款"活体机器人"是由 100% 青蛙细胞所创造出的新生命个体——非金属非机械结构、非单细胞生物体，是一种新的活体可编程生物。这种机器人拥有两个"短腿"，能依靠自主力量朝目标移动，最关键的是其自身被损坏或撕裂后，能自行复制和修复。接下来，研究团队将测试从计算机转移到现实中，进一步发掘更多细胞的神秘潜能。

1.6 人工多细胞体系和人工微生物组

人工多细胞体系在组织工程和再生医学领域越来越重要。多细胞性使复杂生命得以生长，因为它允许细胞类型的特殊化、分化和大规模的空间组织。因此，合成多细胞系统的模块化结构也需让动态仿生材料能够以复杂的方式对其环境作出反应。为了实现这一目标，人工细胞通信和发育程序仍需建立，在体外重建复杂的组织结构仍需要有能够控制和高通量制造复杂多细胞结构的方法。

开发基于正交通信信道的分子通信平台是实现人工多细胞系统的关键一步。2019 年，德国慕尼黑工业大学的 Friedrich Simmel 团队创造了几何控制的空间排列乳化人造细胞室，包含由脂质双层膜分隔的体外基因电路。定量确定了通过专用组织细胞的扩散建立的膜孔相关电路对人工形态梯度的响应。利用体外基因电路中不同类型的前馈和反馈，实现了人工信号传递和分化过程，展示了在人工多细胞系统中实现复杂时空动力学的潜力。2020 年，德国卡尔斯鲁厄理工学院 Pavel Levkin 团队基于可调液滴融合技术开发了一种允许将多个细胞球体编程组装成复杂的多细胞结构的简单高通量的方法，为微型化、高通量构建复杂的三维多细胞结构提供了思路，可用于研究各种生物过程，包括细胞信号传导、癌症侵袭、胚胎发生和神经发育。

利用人工微生物组，可以从简单的诊疗向预防医学和个人医学转变，该项技术具有以下几个特性：一是预测性，研究认为，在发病或病情发展之前的几个月甚至是几年内，人类的微生物组都有可能发生变化。但饮食、压力、锻炼和其他因素也可以改变微生物组；二是预防性，研究者正在寻找填充人体系统及其活动的微生物类型，以找到抵御糖尿病、癌症和痴呆症等疾病的建议。研究者希望将基因数据与微生物组数据相结合，以提供预防性护理；三是个性化，直至今日，基于人体独特生物学特点的"个性化"或"精确"治疗主要依赖家族史和 DNA 分析。研究者希望通过微生物组包含的数据作出更为准确的治疗选择。

2020 年 3 月，加州大学圣地亚哥分校的 Rob Knight 教授团队在 Nature 上发表文章，他们通过人工智能的手段分析了多种不同类型癌症患者体内肿瘤组织以及血液中的微生物 DNA、RNA 等相关标志物特征，通过建立两个彼此交互的微生物检测系统，绘制了迄今为止最全面的癌症相关微生物组数据图谱，系统地测量并最大程度上减小了技术手段带来的差异以及样品污染的影响。并通过设计机器学习的工具，进一步识别并区分了癌症的类型以及微生物特征之间的相关性，为癌症的临床诊断提供重要帮助。

1.7 生命铸造厂（BioFoundry）

生命铸造厂是利用合成生物学技术，以自然界已有的自然物质或合成物质为基础，构建基于生物体的新型制造平台，将生物设计、研发、制造过程变成工程设计问题，通过对自然生物的操纵来获取原创性新材料、新器件、新系统和新平台，实现军用高价值材料和设备的"按需设计与生产"。生物铸造厂是合成生物学和人工智能融合为技术平台的地方，具有大规模创造合成有机体的能力，其最终目标是压缩生物设计、制造、测试周期和成本，实现生物元器件和生物制造平台的模块化标准化设计，推动生物制造平台质的突破，追求在材料（如含氟聚合物、润滑剂、对抗恶劣环境的特殊涂层）、传感（如自我修复和自我再生系统）、制造（包括已知分子和新分子、半导体器件等的生物制造）等领域的转化应用。

生 物 计 算 机 辅 助 设 计 和 制 造（BioCAD/

CAM）工具使用迭代设计—建造—测试—学习（DBTL）循环来促进工程生物系统的设计和建造过程。目前，美国能源部（DOE）联合基因组研究所（JGI）、联合生物能源研究所（JBEI）和敏捷生物 foundry（ABF）已开发和使用了 BioCAD/CAM 工具。2020 年，美国能源部联合基因组研究所 Jan-Fang Cheng 团队已演示出了生物计算机辅助设计和制造（BioCAD/CAM）工具在通用工作流中的使用，以层次的方式设计和构建多基因通路，每个工具都是专门为支持工作流中的一个或多个特定步骤而定制的，可以与其他工具集成到设计和构建工作流中，并可以运用在学术、政府或商业中。

生命铸造厂研究方向主要取得的进展包括：

开发了新的生物合成计算机软件系统，将生物合成设计时间从以往的 1 个月缩短至 1 天，并能实现端到端的监控；构建了大规模基因网络，以该网络为基础初步验证生物制造的正向工程能力；建立了大规模 DNA 组装新方法，将体外准确装配的 DNA 片段数从此前最高 10 个提高到 20 个的水平，将错误率降低到原来的 1/4；实现了将多种新生物制品的设计、工程和生产提速 7.5 倍；实现了对乙酰氨基酚合成途径的设计和制备。生命铸造厂虽已取得多项重要进展，可行性已得到初步验证，但其工程化应用仍存在诸多难点，面临的最大技术挑战包括已知分子结构难以快速改进、某些分子结构无法合成、新分子结构难以设计等，总体上仍处于前沿探索阶段。

1.8 新细胞类型的人工设计与合成

细胞是生命组成的基本单位，是构成人体不同组织和生理功能的元件和载体。人体中存在着 200 余个自然发生的稳定细胞类型，然而基因网络的复杂性和连续性暗示可能有更多的细胞状态存在。通过对细胞命运调控系统的人为干预，我们可以设计和合成出新的细胞类型，或赋予已有的细胞类型新的功能。这将扩大现有的、自然存在的细胞目录：例如利用肠道上皮和胰岛上皮在发育中同源性和调控机制的近似性，可以对肠道干细胞进行人工诱导并构建出兼具消化和胰岛素分泌功能的新型合成细胞，为体外器官组织的合成以及体内疾病治疗等应用提供更为广泛的细胞原材料和载体。实现精准化、智能化的新细胞类型的人工设计与合成，是我们未来对生命体的生长、发育、衰老以及疾病进行人工干预和构建的根本基础。

然而实现精准细胞命运的设计和改造，离不

开我们对已有的细胞类型建立、形成原理和规律的全面解析。细胞在个体层面具有很强的复杂性、异质性、动态性和不确定性，这给精确掌握细胞命运转化的调控规律带来了巨大挑战。然而大数据—人工智能的发展应用为我们精确掌握细胞命运转化的路径和规律提供了范式：借鉴互联网大数据—AI 技术对个体行为规律进行研究的思路，我们可以对大量单个细胞的分子生物特征进行全程、定量、动态的追踪，同时利用收集的大规模细胞动态数据进行智能分析，挖掘寻找细胞命运选择的根本控制规律，从而绘制出细胞命运转化的精准指导地图。进一步运用这些"地图"，指导设计新的细胞命运诱导方式，合成新的细胞类型或状态。这将整合浙江大学在遗传、生物医学、工程、信息技术等方面的多学科交叉优势，在 5 年内可以在细胞工程、细胞大数据等方面取得较大的突破。

1.9 大规模、高通量自动化筛选系统的开发

目前，合成生物学研究虽然有理论指导大方向，但实际研究中仍然需要进行大量试错实验。这些试错实验工作极其耗费人力、物力与财力，而自动化系统能够在很大程度上加速这一过程。然而，目前商用自动化系统虽然能够完成这一过程，但仪器价格昂贵，样品试剂消耗大，筛选成本高，且筛选通量难以满足不断增长的现实需求。同时，由于不掌握设备开发能力，很容易落后于世界先进水平，出现"引进一代、落后一代"的局面。因此，掌握合成生物学所需大规模、高通量自动化筛选系统的开发能力是极其必要的，也是该方向未来发展的基础。高通量筛选技术在工业生物技术的应用中，构建多样性筛选文库主要基于诱变和进化两个方面，具体包含诱变技术、适应性实验室进化（ALE）、定向进化、随机组装四项技术；应用技术主要有光谱学设备、自动化系统、FACES与微流控技术；检测方法主要有两项：基于光信号的筛选和基于传感器的筛选。

2019年3月，深圳先进院与中粮生物科技（北京）有限公司成立的"合成生物大设施产业应用联合实验室"目前已开展合成生物大设施自动化关键技术开发及其产业应用探索实验，具体包括噬菌体在中粮产业中的应用、高通量化学检测方法的开发及应用、合成菌群研究等。目前正在加速批量研发针对不同真菌毒素的人工降解酶，依托合成生物大设施，针对真菌毒素降解酶在应用场景中面临的真实挑战，应用自动化技术，用机器代替人力，从而实现大规模构建并快速筛选活性、稳定性均满足实际应用的人工降解酶。目前已实现自动化筛选技术的突破，单个样品的测试成本从200元降低到1元以下，实验速度也提高了3倍以上。降解酶的高通量筛选与高通量检测方法的开发，在节约经济成本、保障国家粮食安全和国民健康安全中都具有重要意义。

近年来，多学科交叉技术的汇聚和融合，使得大规模、高通量自动化筛选系统的研究与开发进一步向纵深发展，如目前已可以在微流控芯片上进行DNA片段组装、宿主细胞转化、细胞培养、重组蛋白表达等复杂操作，这一方面大大减少了工作量，更有利于提高实验结果的重现性，提升工作效率。另一方面，研究人员也尝试将其他非标记的检测手段整合到液滴微流控体系中，以进一步扩展筛选体系的通用性，如质谱（mass spectrometry）、表面增强拉曼光谱（SERS）、小角度X射线衍射（SAXS）、荧光偏振（fluorescence anisotropy）、荧光极化（fluorescence polarization）、毛细管电泳（capillary electrophoresis）等，均已在微流控芯片的检测上取得相当大的进展。可以预见，随着这些新技术体系的发展成熟，大规模、高通量自动化筛选系统的开发水平将进一步提高，从而极大地加速生物能源、生物材料、平台化学品、天然产物等重要产品的品种创新与高效制造。

1.10 人工合成生物系统的理论模型和精准设计

目前合成生物学领域很多研究仍然依赖大量试错实验，非常耗费人力、物力和财力。究其根源，是因为缺乏一个理论模型，可以统一不同的生命系统，统一合成细胞和生物细胞，指导更为精准的人工设计。多维度、多尺度的生物医学大数据，结合数学、物理、化学和计算机等交叉领域的方法，已经推动了数据驱动模型和假说驱动模型的相互印证和共同发展。然而，大部分模型只关注基因调控环路中的逻辑操作，虽然能够在一定程度上将少数基因元件进行模块化组装，并在宿主细胞中实现特定功能，但是和生物细胞和生命体相比，距之甚远。

生命（人工合成或自然生物）的维持和繁衍依赖于一系列有序的化学反应，将其摄取的生物资源（如蛋白质、脂肪、核酸和多糖等大分子复合物）进行利用或转变（即代谢）。这些反应都必须遵循物质和能量守恒的基本定律——细胞和生物体必须对其环境中的有限资源进行策略性配置，这是自然选择和适应性进化的驱动力也是结果。这个基本的理论框架，是对合成生物学领域探索和应用"中心法则"的必要补充，更是生命体的人工合成、模拟的唯一出路。

蛋白质是维持细胞结构和功能、生长和增殖的重要分子，其合成相关反应大量的自由能，占用细胞可利用生物资源的比例非常高。但目前合成生物学领域针对基因环路的研究多数单纯考虑转录调控，而往往忽视蛋白质翻译对合成细胞行为的影响。定量研究发现，细菌的增殖速率与核糖体在总蛋白中的比例之间存在线性关系，说明被配置于核糖体蛋白合成的核糖体的部分决定了细胞增殖的快慢，这是生物资源功能性配置的一种重要机制。

多细胞生物，特别是哺乳动物，大多数细胞营养物质的供给是相对恒定的。即使环境中营养物质过量，细胞在生长因子的调控下一般也不会过度摄入，从而避免过度增殖。这体现了正常细胞的命运决定，而肿瘤细胞例外（如 Warburg 效应）。现在研究表明，很多致癌因突变会导致营养的摄入，特别是葡萄糖，以满足或者超越细胞生长和增殖对生物能量的需求。与快速增殖的细胞不同，绝大多数分化的细胞在有氧条件下主要依赖于线粒体中发生的氧化磷酸化为细胞活动提供能量。因此，营养和环境因素与不同类型细胞的命运决定密切相关。将这些因素引入统一模型，是当前合成生物学前沿交叉领域所急需的，为推动人造细胞、人造器官和人造胚胎的精准设计提供理论基础。

2. 人工合成生物领域文献计量分析

聚焦"人工合成生物"领域十大交叉前沿研究方向，选取 Scopus 数据库收录的论文数据，通过相关检索获得各方向相关论文；并结合 SciVal 科研分析平台及可视化工具，对十大交叉前沿方向的研究现状及发展趋势进行文献计量学分析。（文献检索时间为 2021 年 2 月底至 3 月初）

经检索，"人工合成生物"领域十大交叉前沿方向 2015 年至今发表的文献数量在 400 余篇至 4000 余篇之间，其结果如图 3.1 所示。其中，文献数量最多的是方向 6，即生命铸造厂（BioFoundry）；文献数量最少的是方向 2，即实现合成细胞或微纳机器人间的群体智能。

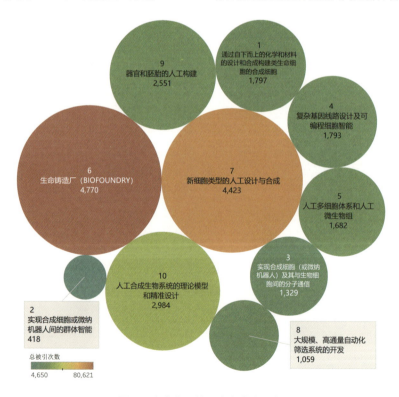

图 3.1 十大交叉前沿方向发文分布

2.1 通过自下而上的化学和材料的设计和合成构建类生命细胞的合成细胞

2.1.1 总体概况

通过 Scopus 数据库检索 2015 年至今发表的"通过自下而上的化学和材料的设计和合成构建类生命细胞的合成细胞"相关论文，并将其导入 SciVal 平台，最终共有文献 1797 篇，整体情况如图 3.2 所示。

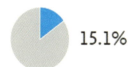

图 3.2 方向文献整体概况

2015 年至今发表的"通过自下而上的化学和材料的设计和合成构建类生命细胞的合成细胞"相关文献的学科分布情况，如图 3.3 所示。在 Scopus 全学科期刊分类系统（ASJC）划分的 27 个学科中，该研究方向文献涉及的学科较为广泛、学科交叉特性较为明显。其中，较多的文献分布于 Biochemistry, Genetics and Molecular Biology（生物化学、遗传学和分子生物学）、Chemistry（化学）、Engineering（工程学）、Materials Science（材料科学）、Chemical Engineering（化学工程）等学科。

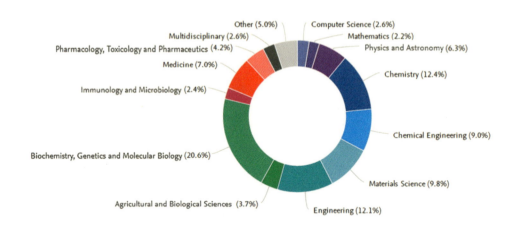

图 3.3 方向文献学科分布

2.1.2 研究热点与前沿

2.1.2.1 高频关键词

2015 年至今发表的"通过自下而上的化学和材料的设计和合成构建类生命细胞的合成细胞"相关文献的前 50 个高频关键词，如图 3.4 所示。其中，Artificial Cell（人工细胞）、Synthetic Biology（合成生物学）、Vesicle（囊泡）、Liposome（脂质体）和 Origin of Life（生命起源）等是该方向出现频率最高的高频词。

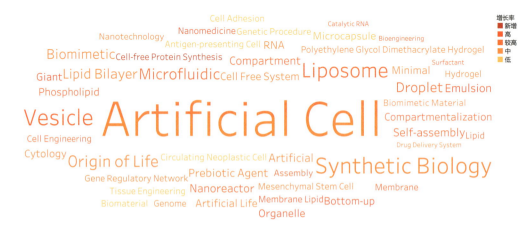

图 3.4 2015 年至今方向前 50 个高频关键词词云图

从 2015 年至今方向前 50 个关键词的增长率情况看（如图 3.5 所示），该方向增长较快的关键词有 Bottom-up（自下而上）、Nanomedicine（纳米医学）、Emulsion（乳剂）、Giant（巨大的）和 Membrane Lipid（膜脂质）等。此外，2015 年以来新增的高频关键词有 Cell-free Protein Synthesis（无细胞蛋白质合成）。

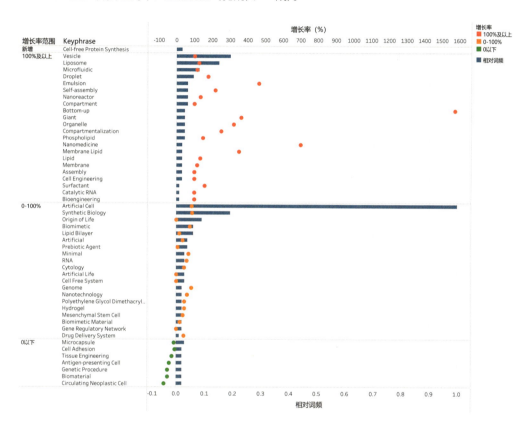

图 3.5 2015 年至今方向前 50 个关键词的增长率分布

2.1.2.2 方向相关热点主题（TOPIC）

从 2015 年至今发表的方向相关文献涉及的研究主题看（如图 3.6 所示），该方向最关注的主题是 T.8545，"Artificial Cells; Vesicles; Liposomes"（人工细胞；囊泡；脂质体），其文献量最大、相关度也最高（方向文献在主题中的占比达到 53.08%）；同时，该主题的显著性百分位达到 98.685，是全球具有较高关注和较快发展势头的研究方向。此外，其他与方向具有相关性的主题方向也均呈现较高的显著性百分位。可以表明，该方向整体上具有较高的全球关注度和较大的研究发展潜力。

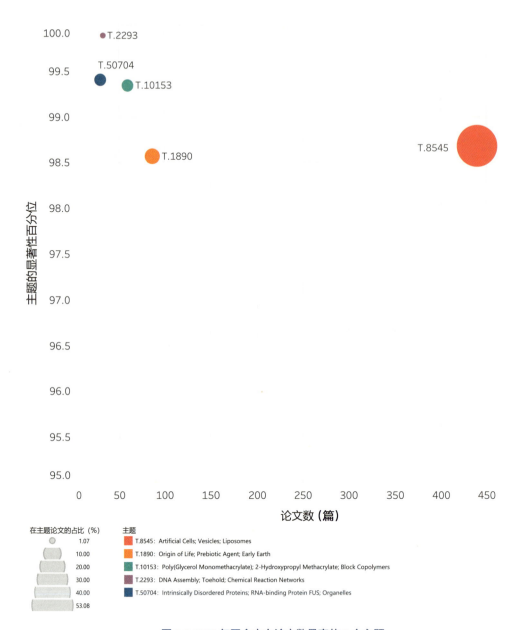

图 3.6 2015 年至今方向论文数最高的 5 个主题

2.1.3 高产国家 / 地区和机构

2015 年至今发表的方向相关文献主要的发文国家 / 地区如表 3.1 所示。该方向最主要的研究国家 / 地区有 United States（美国）、China（中国）、United Kingdom（英国）、Germany（德国）和 Japan（日本）等。从主要机构看（如图 3.7 所示），高产的机构包括：CNRS（法国国家科学研究中心）、The University of Tokyo（东京大学）、Harvard University（哈佛大学）等；2015 年至今方向高产作者见表 3.2。

表 3.1 2015 年至今方向前 10 个高产国家 / 地区

排名	国家 / 地区	发文量	点击量	FWCI	被引次数
1	United States	471	12705	1.94	10106
2	China	234	6023	1.37	3226
3	United Kingdom	208	6805	1.84	4010
4	Germany	202	5040	1.37	2662
5	Japan	186	4160	1.05	1691
6	Netherlands	116	3729	2.33	2595
7	France	94	2811	1.93	1615
8	Italy	93	3004	1.41	955
9	Switzerland	70	2615	1.49	1401
10	Australia	54	2024	1.55	1102

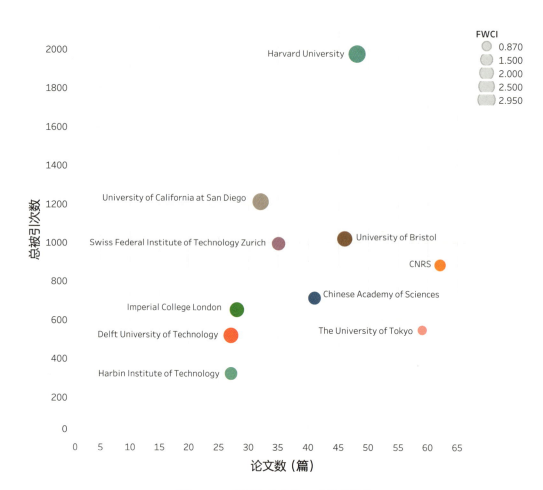

图 3.7 2015 年至今方向前 10 个高产机构

表 3.2 2015 年至今方向高产作者

排名	作者	机构	发文量	点击量	FWCI	被引次数
1	Mann, Stephen	University of Bristol	39	1616	2.58	993
2	Stano, Pasquale	University of Salento	30	893	1.83	271
3	Takeuchi, Shoji	Japan Science and Technology Agency	22	429	0.42	137
4	Szostak, Jack W.	Harvard University	21	520	1.68	491
5	Mavelli, Fabio	University of Bari	20	599	1.65	173
6	Li, Mei	University of Bristol	19	730	2.32	520
6	Schwille, Petra	Max Planck Institute of Biochemistry	19	473	1.55	396
8	Ces, Oscar	Imperial College London	18	770	2.19	436
8	Elani, Yuval	Imperial College London	18	731	2.34	456
8	Osaki, Toshihisa	University of Tokyo	18	358	0.46	104
8	van Hest, Jan C.M.	Eindhoven University of Technology	18	734	2.85	693

2.2 实现合成细胞或微纳机器人间的群体智能

2.2.1 总体概况

通过 Scopus 数据库检索 2015 年至今发表的"实现合成细胞或微纳机器人间的群体智能"相关论文，并将其导入 SciVal 平台，最终计入分析的文献共计 418 篇，整体情况如图 3.8 所示。

图 3.8 方向文献整体概况

2015 年至今发表的"实现合成细胞或微纳机器人间的群体智能"相关文献的学科分布情况，如图 3.9 所示。在 Scopus 全学科期刊分类系统（ASJC）划分的 27 个学科中，该研究方向文献涉及的学科较为广泛、学科交叉特性较为明显。其中，较多的文献分布于 Engineering（工程学）、Computer Science（计算机科学）、Biochemistry, Genetics and Molecular Biology（生物化学、遗传学和分子生物学）、Mathematics（数学）、Material Science（材料科学）等学科。

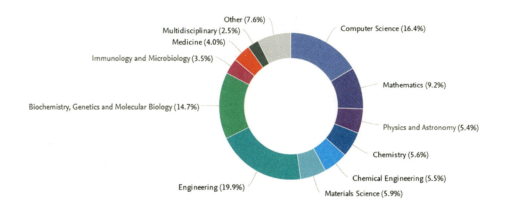

图 3.9 方向文献学科分布

2.2.2 研究热点与前沿

2.2.2.1 高频关键词

2015 年至今发表的"实现合成细胞或微纳机器人间的群体智能"相关文献的前 50 个高频关键词，如图 3.10 所示。其中，Swarm（群体）、Synthetic Biology（合成生物学）、Nanorobot（纳米机器人）、Robot（机器人）和 Artificial Cell（人工细胞）等是该方向出现频率最高的高频词。

图 3.10 2015 年至今方向前 50 个高频关键词词云图

从 2015 年至今发表的方向前 50 个关键词的增长率情况看（如图 3.11 所示），该方向增长较快的关键词有 Emergent Property（涌现性）、Genetic Procedure（遗传程序）、Pheromone（信息素）、Artificial Cell（人工细胞）、Colony（群体）、Intelligent Robot（智能机器人）、Microbial Consortium（微生物联盟）等。此外，2015 年以来新增的高频关键词有 Swarming（群集）、Vesicle（囊泡）、Targeted Drug Delivery（靶向给药）、Routing Protocol（路由协议）、Bacteriophage（噬菌体）、Containment of Biohazard（生物危害控制）、Chlamydomonas Reinhardtii（莱茵衣藻）、Colloid（胶状体）、DNA Assembly（DNA 组装）、Vector Field（矢量场）、Micromanipulator（微操作器）、Biomimetic Material（仿生材料）、Air Navigation（空中导航）。

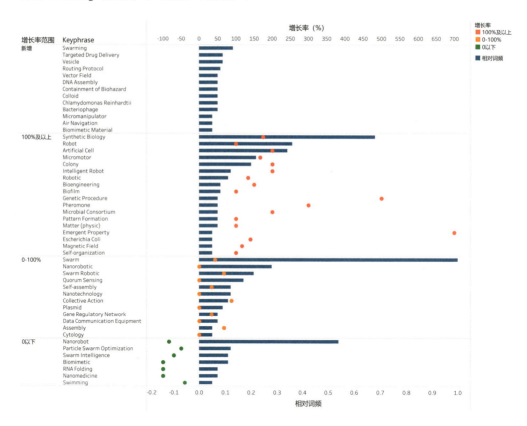

图 3.11　2015 年至今方向前 50 个关键词的增长率分布

2.2.2.2 方向相关热点主题（TOPIC）

从 2015 年至今发表的方向相关文献涉及的研究主题看（如图 3.12 所示），该方向最关注的主题是 T.4775，"Micromotors; Nanorobots; Janus"（微电机；纳米机器人；Janus），其文

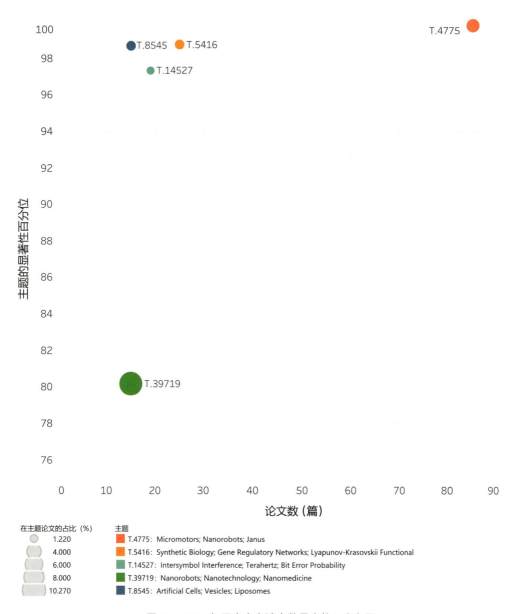

献量最大，显著性百分位达到了 99.806，是全球具有很高关注度和发展势头的研究方向；最相关的主题是 T.39719，即 "Nanorobots; Nanotechnology; Nanomedicine"（纳米机器人；纳米技术；纳米医学），方向文献在主题中的

占比为 10.270%，但该主题显著性百分位不高，仅 80.18，说明其近年的研究关注度不是很高。此外，其他几个具有一定相关性的主题方向的显著性百分位都在 95 以上，都具有较高的全球关注度和研究发展潜力。

在主题论文的占比（%）

1.220
4.000
6.000
8.000
10.270

主题

T.4775: Micromotors; Nanorobots; Janus
T.5416: Synthetic Biology; Gene Regulatory Networks; Lyapunov-Krasovskii Functional
T.14527: Intersymbol Interference; Terahertz; Bit Error Probability
T.39719: Nanorobots; Nanotechnology; Nanomedicine
T.8545: Artificial Cells; Vesicles; Liposomes

图 3.12 2015 年至今方向论文数最高的 5 个主题

2.2.3 高产国家 / 地区和机构

2015 年至今发表的方向相关文献主要的发文国家 / 地区如表 3.3 所示。该方向最主要的研究国家 / 地区有 United States（美国）、United Kingdom（英国）、China（中国）、Germany（德国）和 Japan（日本）等；从主要机构看（如图 3.13 所示），高产的机构包括 Chinese University of Hong Kong（香港中文大学、Harbin Institute of Technology（哈尔滨工业大学）、Harvard University（哈佛大学）等；2015 年至今方向高产作者见表 3.4。

表 3.3 2015 年至今方向前 10 个高产国家 / 地区

排名	国家 / 地区	发文量	点击量	FWCI	被引次数
1	United States	131	2973	1.85	2130
2	United Kingdom	62	1827	2.67	1298
2	China	61	1299	2.02	677
4	Germany	37	955	3.34	491
5	Japan	24	393	1.01	155
6	Chinese Hong Kong	22	445	2.97	359
7	France	15	339	3.33	259
7	Italy	15	555	2.74	161
9	Canada	13	259	2.36	107
10	Republic of Korea	12	466	2.26	266
10	Spain	12	221	2.79	121
10	Switzerland	12	411	2.65	293

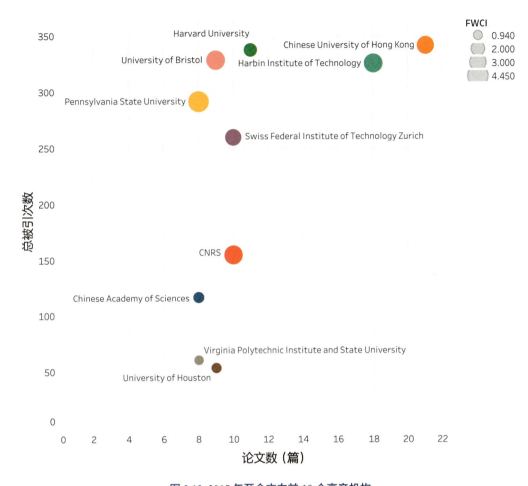

图 3.13　2015 年至今方向前 10 个高产机构

表 3.4 2015 年至今方向高产作者

排名	作者	机构	发文量	点击量	FWCI	被引次数
1	Zhang, Li	Chinese University of Hong Kong	20	423	3.01	340
2	Yu, Jiangfan	Chinese University of Hong Kong	15	363	3.81	330
3	Becker, Aaron T.	University of Houston	8	126	1.14	55
3	Wang, Qianqian	Chinese University of Hong Kong	8	126	3.56	66
3	Yang, Lidong	Chinese University of Hong Kong	8	134	3.31	75
6	Akbarzadeh-T., Mohammad Reza	Ferdowsi University of Mashhad	6	1720	0.91	41
6	Amin, Safaa El Sayed	Ain Shams University	6	391	2.9	9
6	Mann, Stephen	University of Bristol	6	429	4.31	245
6	Nelson, Bradley J.	Swiss Federal Institute of Technology Zurich	6	161	4.36	241
6	Shi, Shaolong	Harbin Institute of Technology	6	70	0.31	17

2.3 实现合成细胞（或微纳机器人）及其与生物细胞间的分子通信

2.3.1 总体概况

通过 Scopus 数据库检索 2015 年至今发表的"实现合成细胞（微纳机器人）及其与生物细胞间的分子通信"相关论文，并将其导入 SciVal 平台后，最终共有文献 1329 篇，整体情况如图 3.14 所示。

图 3.14 方向文献整体概况

2015 年至今发表的"实现合成细胞（或微纳机器人）及其与生物细胞间的分子通信"相关文献的学科分布情况，如图 3.15 所示。在 Scopus 全学科期刊分类系统（ASJC）划分的 27 个学科中，该研究方向文献涉及的学科较为广泛、学科交叉特性较为明显。其中，较多的文献分布于 Biochemistry, Genetics and Molecular Biology（生物化学、遗传学和分子生物学）、Engineering（工程学）、Computer Science（计算机科学）、Chemical Engineering（化学工程）等学科。

Other (6.0%)
Pharmacology, Toxicology and Pharmaceutics (3.4%)
Medicine (6.2%)
Immunology and Microbiology (4.4%)
Biochemistry, Genetics and Molecular Biology (24.2%)
Agricultural and Biological Sciences (2.1%)
Computer Science (10.7%)
Mathematics (4.8%)
Physics and Astronomy (4.0%)
Chemistry (5.8%)
Chemical Engineering (8.3%)
Materials Science (4.2%)
Engineering (15.7%)

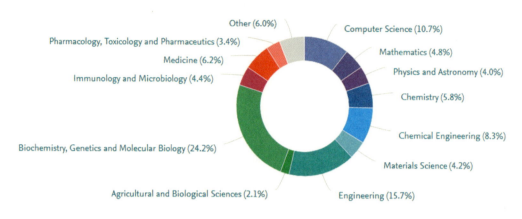

图 3.15 方向文献学科分布

2.3.2 研究热点与前沿

2.3.2.1 高频关键词

2015 年至今发表的“实现合成细胞（或微纳机器人）及其与生物细胞间的分子通信”相关文献的前 50 个高频关键词，如图 3.16 所示。其中，Synthetic Biology（合成生物学）、Artificial Cell（人工细胞）、Communication（通信）、Quorum Sensing（群体感应）、Gene Regulatory Network（基因调控网络）和 Nanotechnology（纳米技术）等是该方向出现频率最高的高频词。

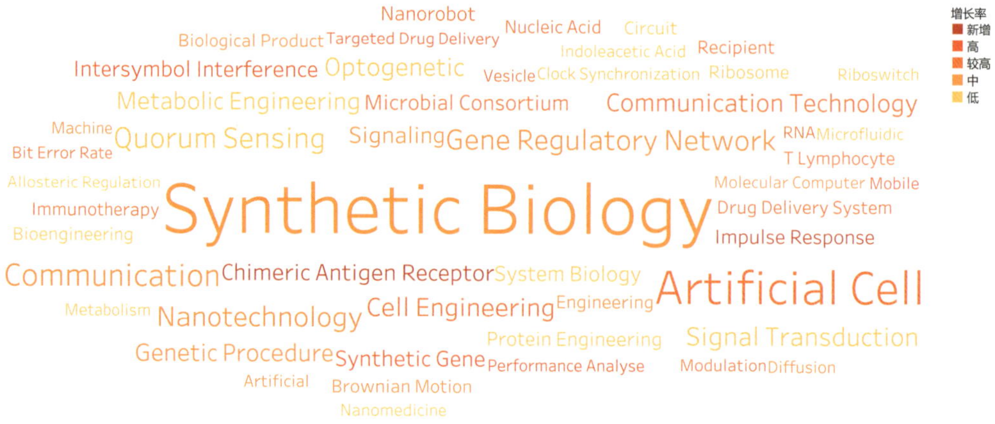

增长率
新增
高
较高
中
低
Nanorobot
Biological Product
Targeted Drug Delivery
Nucleic Acid
Circuit
Indoleacetic Acid
Recipient
Intersymbol Interference
Optogenetic
Vesicle
Clock Synchronization
Ribosome
Riboswitch
Metabolic Engineering
Microbial Consortium
Communication Technology
Machine
Bit Error Rate
Quorum Sensing
Signaling
Gene Regulatory Network
RNA
Microfluidic
T Lymphocyte
Allosteric Regulation
Molecular Computer
Mobile
Immunotherapy
Synthetic Biology
Drug Delivery System
Bioengineering
Impulse Response
Communication
Chimeric Antigen Receptor
System Biology
Artificial Cell
Metabolism
Nanotechnology
Cell Engineering
Engineering
Protein Engineering
Signal Transduction
Genetic Procedure
Synthetic Gene
Performance Analyse
Modulation
Diffusion
Artificial
Brownian Motion
Nanomedicine

图 3.16 2015 年至今方向前 50 个高频关键词词云图

从 2015 年至今方向前 50 个关键词的增长率情况看（如图 3.17 所示），该方向增长较快的关键词有 Targeted Drug Delivery（靶向给药）、Mobile（可移动的）、Intersymbol Interference（码间干扰）、Synthetic Gene（合成基因）和 Performance Analyse（性能分析）等。此外，2015 年以来新增的高频关键词有 Chimeric Antigen Receptor（嵌合抗原受体）和 Impulse Response（脉冲响应）。

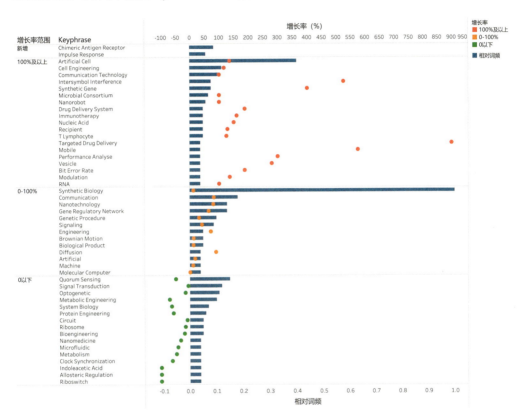

图 3.17 2015 年至今方向前 50 个关键词的增长率分布

2.3.2.2 方向相关热点主题（TOPIC）

从 2015 年至今发表的方向相关文献涉及的研究主题（如图 3.18 所示），该方向最关注的主题是 T.14527，"Intersymbol Interference; Terahertz; Bit Error Probability"（码间干扰；太赫兹；误码率），其文献量最大、相关度也最高（方向文献在主题中的占比达到 19.27%）；同时，该主题的显著性百分位达到 97.325，是全球具有较高关注度和较快发展势头的研究方向。此外，其他与方向具有相关性的主题方向也均呈现较高的显著性百分位。可以表明，该方向整体上具有较高的全球关注度和较大的研究发展潜力。

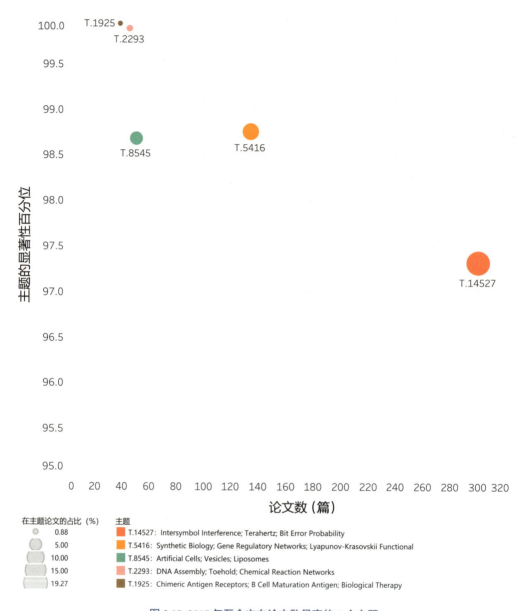

图 3.18 2015 年至今方向论文数最高的 5 个主题

2.3.3 高产国家 / 地区和机构

从 2015 年至今发表的方向相关文献主要的发文国家 / 地区（如表 3.5 所示），该方向最主要的研究国家 / 地区有 United States（美国）、China（中国）、United Kingdom（英国）、Germany（德国）和 Japan（日本）等；从主要机构看（如图 3.19 所示），高产的机构包括：Massachusetts Institute of Technology（美国麻省理工学院）、Swiss Federal Institute of Technology Zurich（瑞士苏黎世联邦理工学院）和 Shanghai Jiao Tong University（上海交通大学）等；2015 年至今方向高产作者见表 3.6。

表 3.5 2015 年至今方向前 10 个高产国家 / 地区

排名	国家 / 地区	发文量	点击量	FWCI	被引次数
1	United States	486	12472	1.49	9343
2	China	220	4545	1.36	2325
3	United Kingdom	151	3541	1.56	2245
4	Germany	135	3553	1.53	1957
5	Japan	86	1326	1.16	896
6	Switzerland	58	2385	1.93	1397
7	India	54	830	0.66	224
8	Italy	48	1499	1.42	739
9	Canada	43	872	1.42	829
10	France	42	1233	1.47	754

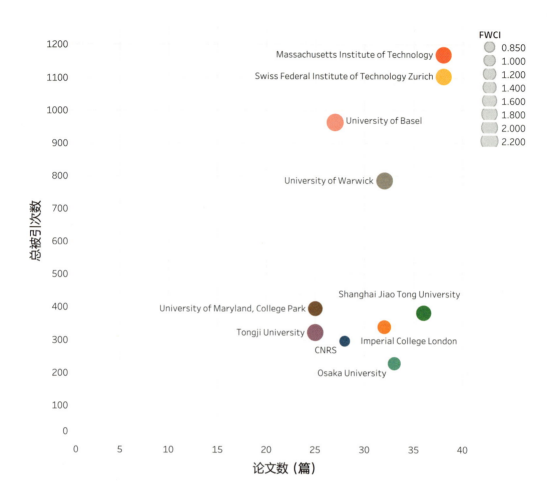

图 3.19　2015 年至今方向前 10 个高产机构

表 3.6 2015 年至今方向高产作者

排名	作者	机构	发文量	点击量	FWCI	被引次数
1	Lin, Lin	Tongji University	29	390	1.87	258
2	Nakano, Tadashi	Osaka University	26	214	1.19	175
3	Fussenegger, Martin	Swiss Federal Institute of Technology Zurich	25	1248	2.27	686
4	Bentley, William E.	University of Maryland, College Park	22	563	1.73	369
5	Yan, Hao	Shanghai Jiao Tong University	21	305	1.93	189
6	Payne, Gregory F.	University of Maryland, College Park	18	432	1.42	239
7	Guo, Weisi	Cranfield University	16	267	2.52	542
7	Okaie, Yutaka	Osaka University	16	115	1.08	83
9	Hara, Takahiro	Osaka University	13	108	1.33	83
10	Liu, Fuqiang	Tongji University	11	132	1.62	73
10	Ma, Maode	Shenyang Institute of Aeronautical Engineering	11	177	2.18	165

2.4 复杂基因线路设计及可编程细胞智能

2.4.1 总体概况

通过 Scopus 数据库检索 2015 年至今发表的"复杂基因线路设计及可编程细胞智能"相关论文,并将其导入 SciVal 平台后,最终共有文献 1793 篇,整体情况如图 3.20 所示。

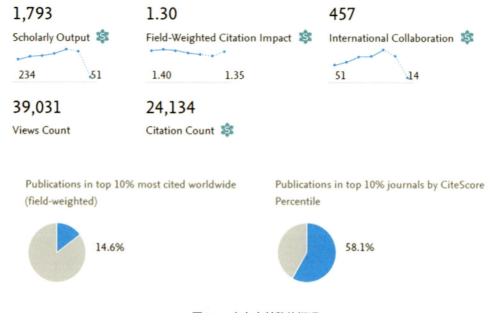

图 3.20 方向文献整体概况

2015 年至今发表的"复杂基因线路设计及可编程细胞智能"相关文献的学科分布情况,如图 3.21 所示。结果显示,在 Scopus 全学科期刊分类系统(ASJC)划分的 27 个学科中,该研究方向文献涉及的学科较为广泛、学科交叉特性较为明显。其中,较多 的 文 献 分 布 于 Biochemistry, Genetics and Molecular Biology(生物化学、遗传学和分子生物学)、Engineering(工程学)、Immunology and Microbiology(免疫学和微生物学)和 Chemical Engineering(化学工程)等学科。

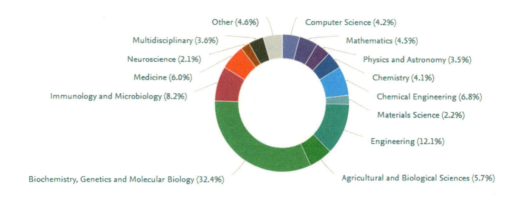

图 3.21 方向文献学科分布

2.4.2 研究热点与前沿

2.4.2.1 高频关键词

2015 年至今发表的"复杂基因线路设计及可编程细胞智能"相关文献的前 50 个高频关键词，如图 3.22 所示。其中，Synthetic Biology（合成生物学）、Gene Regulatory Network（基因调控网络）、Synthetic Gene（合成基因）、Clustered Regularly Interspaced Short Palindromic Repeat（CRISPR，规律成簇间隔短回文重复序列）等是该方向出现频率最高的高频词。

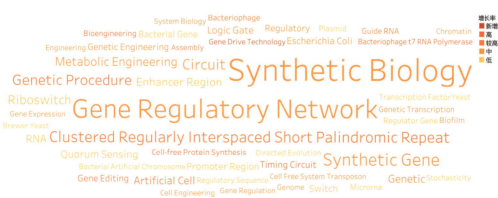

图 3.22 2015 年至今方向前 50 个高频关键词词云图

从 2015 年至今方向前 50 个关键词的增长率情况看（如图 3.23 所示），该方向增长较快的关键词有 Timing Circuit（定时电路）、Cell-free Protein Synthesis（无细胞蛋白质合成）、Bioengineering（生物工程）、Bacteriophage t7 RNA Polymerase（噬菌体 T7RNA 聚合酶）、Clustered Regularly Interspaced Short Palindromic Repeat（CRISPR，规律成簇间隔短回文重复序列）等。此外，2015 年以来新增的高频关键词有 Gene Drive Technology（基因驱动技术）。

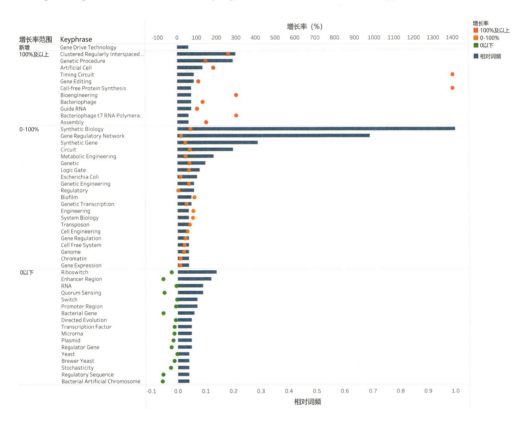

图 3.23　2015 年至今方向前 50 个关键词的增长率分布

2.4.2.2 方向相关热点主题（TOPIC）

从 2015 年至今发表的方向相关文献涉及的研究主题看（如图 3.24 所示），该方向最关注的主题是 T.5416，"Synthetic Biology; Gene Regulatory Networks; Lyapunov-Krasovskii Functional"（合成生物学；基因调控网络；Lyapunov-Krasovskii 功能），其文献量最大、相关度也最高（方向文献在主题中的占比达到 25.77%）；同时，该主题的显著性百分位达到 98.762，是全球具有较高关注度和较快发展势头的研究方向。此外，其他与方向具有相关性的主题方向也均呈现较高的显著性百分位（96 以上）。可以表明，该方向整体上具有较高的全球关注度和较大的研究发展潜力。

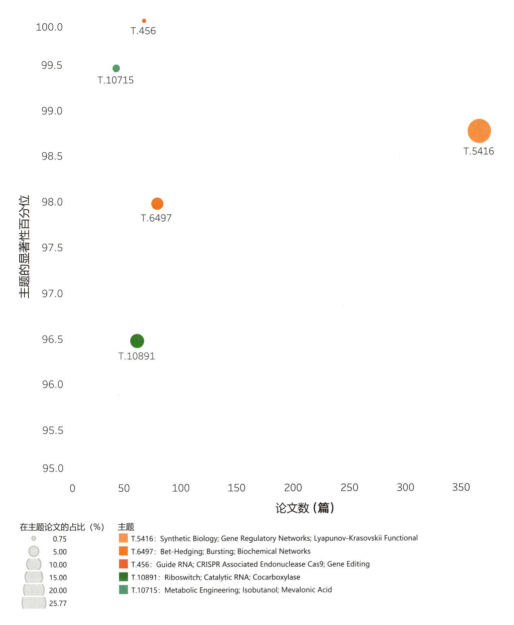

图 3.24　2015 年至今方向论文数最高的 5 个主题

2.4.3 高产国家 / 地区和机构

从 2015 年至今发表的方向相关文献主要的发文国家 / 地区看（如表 3.7 所示），该方向最主要的研究国家 / 地区有 United States（美国）、China（中国）、United Kingdom（英国）、Germany（德国）和 Spain（西班牙）等；从主要机构看（如图 3.25 所示），高产的机构包括：Massachusetts Institute of Technology（麻省理工学院）、Harvard University（哈佛大学）、Imperial College London（帝国理工学院）等；2015 年至今方向高产作者见表 3.8。

表 3.7 2015 年至今方向前 10 个高产国家 / 地区

排名	国家 / 地区	发文量	点击量	FWCI	被引次数
1	United States	797	18432	1.7	15308
2	China	283	5876	1.2	3180
3	United Kingdom	207	5093	1.53	3345
4	Germany	113	2960	1.59	2084
5	Spain	93	2236	1.12	877
6	Switzerland	81	2624	1.86	1825
7	Japan	73	1617	1.17	686
8	France	69	1834	1.7	1238
9	Republic of Korea	61	1408	0.89	602
10	India	59	934	0.76	289

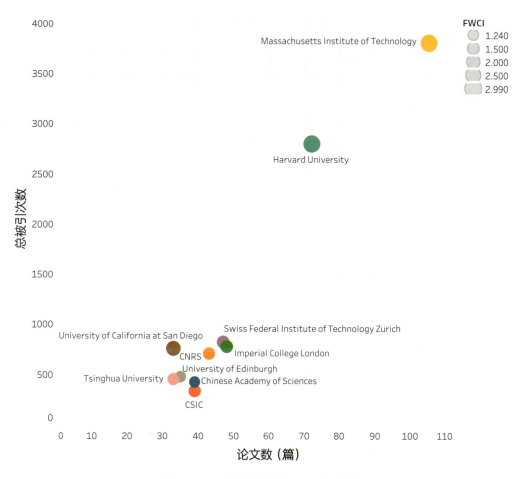

图 3.25 2015 年至今方向前 10 个高产机构

表 3.8 2015 年至今方向高产作者

排名	作者	机构	发文量	点击量	FWCI	被引次数
1	Lu, Timothy	Massachusetts Institute of Technology	26	956	1.49	491
2	Voigt, Christopher A.	Massachusetts Institute of Technology	24	594	2.94	714
3	Fussenegger, Martin	Swiss Federal Institute of Technology Zurich	20	1002	2.14	488
4	del Vecchio, Domitilla	Massachusetts Institute of Technology	14	242	1.95	382
4	Hasty, Jeff	University of California at San Diego	14	373	3.17	369
4	Oyarzún, Diego A.	University of Edinburgh	14	224	1.3	133
7	Noireaux, Vincent	University of Minnesota Twin Cities	13	297	3.28	407
7	Tsimring, Lev Sh	University of California at San Diego	13	305	1.33	136
9	Boada, Yadira	Polytechnic University of Valencia	12	144	0.36	23
9	Myers, Chris J.	University of Utah	12	180	1.04	96
9	Picó, J.	Polytechnic University of Valencia	12	153	0.36	23
9	Vignoni, Alejandro	Polytechnic University of Valencia	12	144	0.36	23
9	Weiss, Ron	Massachusetts Institute of Technology	12	345	2.29	328

2.5 人工多细胞体系和人工微生物组

2.5.1 总体概况

通过 Scopus 数据库检索 2015 年至今发表的"人工多细胞体系和人工微生物组"相关论文，并将其导入 SciVal 平台后，最终共有文献 1682 篇，整体情况如图 3.26 所示。

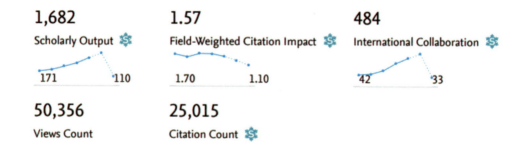

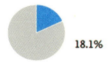

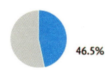

图 3.26 方向文献整体概况

2015 年至今发表的"人工多细胞体系和人工微生物组"相关文献的学科分布情况，如图 3.27 所示。在 Scopus 全学科期刊分类系统（ASJC）划分的 27 个学科中，该研究方向文献涉及的学科较为广泛、学科交叉特性较为明显。其中，较多的文献分布于 Biochemistry, Genetics and Molecular Biology（生物化学、遗传学和分子生物学）、Immunology and Microbiology（免疫学与微生物学）、Agricultural and Biological Sciences（农业与生物科学）、Chemical Engineering（化学工程）、Environmental Science（环境科学）等学科。

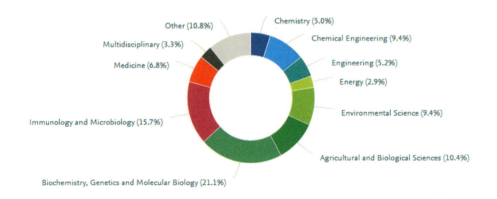

图 3.27 方向文献学科分布

2.5.2 研究热点与前沿

2.5.2.1 高频关键词

2015 年至今发表的"人工多细胞体系和人工微生物组"相关文献的前 50 个高频关键词，如图 3.28 所示。其中，Microbial Community（微生物群落）、Microbial Consortium（微生物菌群）、Coculture（共同培养）、Biosynthesis（生物合成）和 Synthetic Biology（合成生物学）等是该方向出现频率最高的高频词。

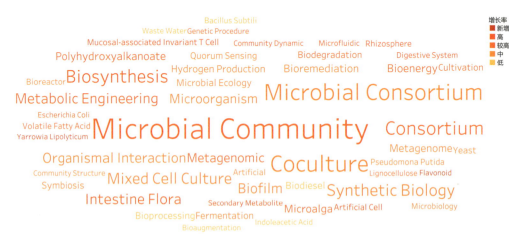

图 3.28 2015 年至今方向前 50 个高频关键词词云图

2015 年至今方向前 50 个关键词的增长率情况如图 3.29 所示。该方向增长较快的关键词有 Rhizosphere（根际）、Microfluidic（微流控）、Artificial Cell（人工细胞）、Mucosal-associated Invariant T Cell（黏膜相关不变 T 细胞）和 Community Dynamic（群落动态）等。此外，2015 年以来新增的高频关键词有 Yarrowia Lipolyticum（溶脂微流控菌）、Flavonoid（类黄酮）。

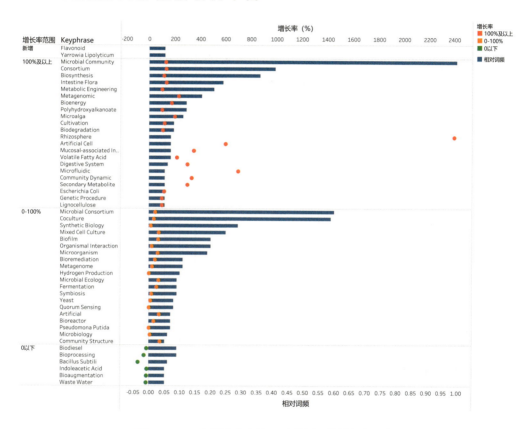

图 3.29 2015 年至今方向前 50 个关键词的增长率分布

2.5.2.2 方向相关热点主题（TOPIC）

从 2015 年至今发表的方向相关文献涉及的研究主题看（如图 3.30 所示），该方向最关注的主题是 T.20095，"Quorum Sensing; Cheating; Amoeba"（群感效应；欺骗；变形虫），其文献量最大，方向文献占该主题文献的百分比为 8.71%，在五个主题具有相对较高的相关度；同时，该主题的显著性百分位达到 97.799，是全球具有较高关注度和较快发展势头的研究方向。此外，其他与方向具有相关性的主题方向也均呈现较高的显著性百分位（均超过 95）。可以表明，该方向整体上具有较高的全球关注度和较大的研究发展潜力。

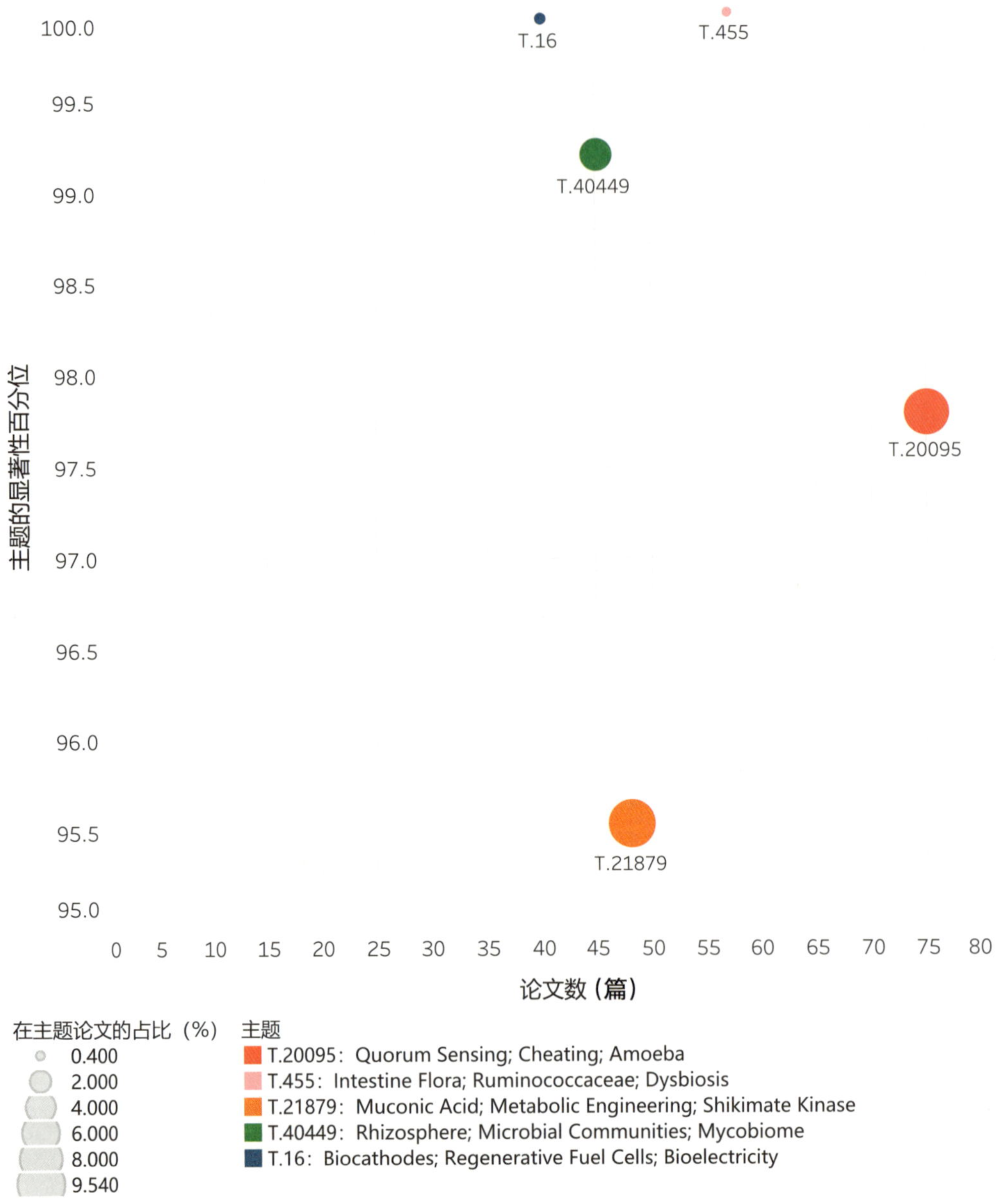

图 3.30 2015 年至今方向论文数最高的 5 个主题

2.5.3 高产国家 / 地区和机构

从 2015 年至今发表的方向相关文献主要的发文国家 / 地区看（如表 3.9 所示），该方向最主要的研究国家 / 地区有 United States（美国）、China（中国）、Germany（德国）、United Kingdom（英国）和 India（印度）等；从主要机构看（如图 3.31 所示），高产的机构包括：Chinese Academy of Sciences（中国科学院）、Harvard University（哈佛大学）、CNRS（法国国家科学研究中心）、CSIC（西班牙国家研究委员会）和 University of Chinese Academy of Sciences（中国科学院大学）等；2015 年至今方向高产作者见表 3.10。

表 3.9 2015 年至今方向前 10 个高产国家 / 地区

排名	国家 / 地区	发文量	点击量	FWCI	被引次数
1	United States	509	16603	2.22	12800
2	China	415	10604	1.44	4383
3	Germany	140	4381	1.82	2429
4	United Kingdom	113	3654	2.17	2565
5	India	111	2910	1.01	860
6	Spain	64	3229	1.89	1469
7	Netherlands	59	2391	1.59	1036
8	Canada	56	1546	1.39	623
9	France	53	1820	1.56	844
9	Republic of Korea	53	1576	1.3	682

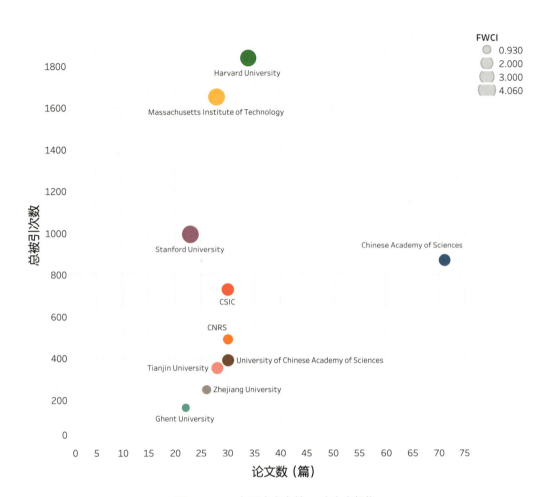

图 3.31　2015 年至今方向前 10 个高产机构

表 3.10 2015 年至今方向高产作者

排名	作者	机构	发文量	点击量	FWCI	被引次数
1	Zhang, Haoran	Rutgers - The State University of New Jersey, New Brunswick	15	417	2.54	433
2	Koffas, Mattheos A.G.	Rensselaer Polytechnic Institute	13	501	3.48	345
3	Yuan, Yingjin	Tianjin University	12	538	1.69	257
4	Boon, Nico	Ghent University	11	305	0.75	53
4	Wang, Xiaonan	Rutgers - The State University of New Jersey, New Brunswick	11	234	2.57	194
6	Jiang, Min	Nanjing Tech University	9	243	1.45	89
6	Li, Zhenghong	Rutgers - The State University of New Jersey, New Brunswick	9	136	2.54	97
6	Xin, Fengxue	Nanjing Tech University	9	243	1.45	89
9	Dong, Weiliang	Nanjing Tech University	8	236	1.63	89
9	Lu, Ting K.	University of Illinois at Urbana-Champaign	8	311	2.18	169
9	Smolke, Christina D.	Stanford University	8	501	3.11	310
9	Zhang, Wenming	Nanjing Tech University	8	235	1.3	84

2.6 生命铸造厂（BioFoundry）

2.6.1 总体概况

通过 Scopus 数据库检索 2015 年至今发表的"生命铸造厂（BioFoundry）"相关论文，并将其导入 SciVal 平台后，最终共有文献 4770 篇，整体情况如图 3.32 所示。

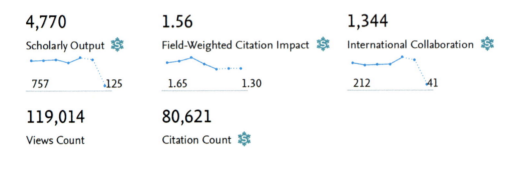

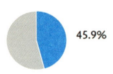

图 3.32 方向文献整体概况

2015 年至今发表的"生命铸造厂（BioFoundry）"相关文献的学科分布情况，如图 3.33 所示。在 Scopus 全学科期刊分类系统（ASJC）划分的 27 个学科中，该研究方向文献涉及的学科较为广泛、学科交叉特性较为明显。其中，较多的文献分布于 Biochemistry, Genetics and Molecular Biology（生物化学、遗传学和分子生物学）学科，以及 Medicine（医学）、Engineering（工程学）、Computer Science（计算机科学）等学科。

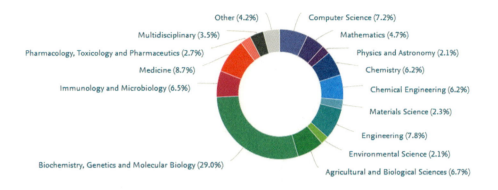

图 3.33 方向文献学科分布

2.6.2 研究热点与前沿

2.6.2.1 高频关键词

2015 年至今发表的"生命铸造厂（BioFoundry）"相关文献的前 50 个高频关键词，如图 3.34 所示。其中，Synthetic Biology（合成生物学）、Microfluidic（微流控）、Sequencing（测序）、Genome（基因组）、High-throughput Nucleotide Sequencing（高通量核苷酸测序）等是该方向出现频率最高的高频词。

图 3.34 2015 年至今方向前 50 个高频关键词词云图

从 2015 年至今方向前 50 个关键词的增长率情况看（如图 3.35 所示），该方向增长较快的关键词有 Clustered Regularly Interspaced Short Palindromic Repeat（CRISPR，规律成簇间隔短回文重复序列）、Gene Editing（基因编辑）、Chassi、Omic、Machine Learning（机器学习）等。

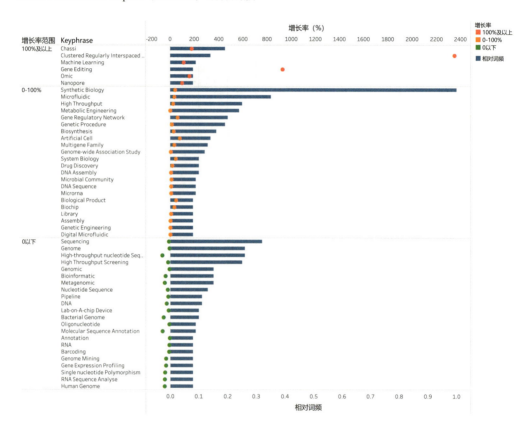

图 3.35 2015 年至今方向前 50 个关键词的增长率分布

2.6.2.2 方向相关热点主题（TOPIC）

从 2015 年至今发表的方向相关文献涉及的研究主题看（如图 3.36 所示），该方向最关注的主题是 T.5416，"Synthetic Biology; Gene Regulatory Networks; Lyapunov-Krasovskii Functional"（合成生物学；基因调控网络；Lyapunov-Krasovskii 功能），其文献量最大且具有一定相关度（方向文献在主题中的占比达到 11.1%）；同时，该主题的显著性百分位达到了 98.762，是全球具有较高关注度和较快发展势头的研究方向。此外，其他与方向具有相关性的主题方向也均呈现较高的显著性百分位（均在 95 以上）。可以表明，该方向整体上具有较高的全球关注度和较大的研究发展潜力。

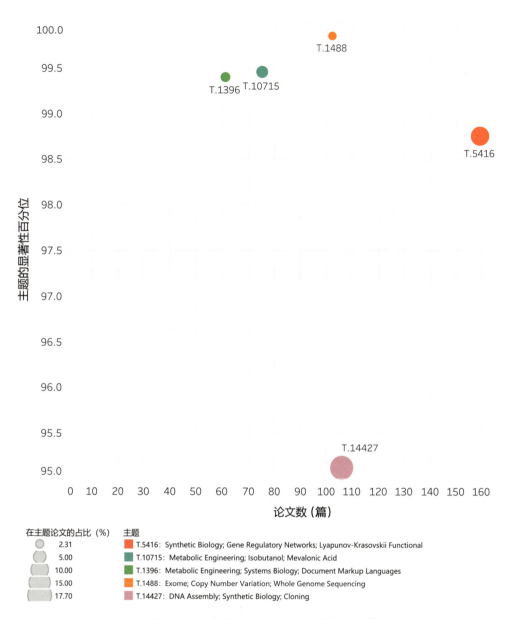

在主题论文的占比（%）　主题

- 2.31　　■ T.5416: Synthetic Biology; Gene Regulatory Networks; Lyapunov-Krasovskii Functional
- 5.00　　■ T.10715: Metabolic Engineering; Isobutanol; Mevalonic Acid
- 10.00　■ T.1396: Metabolic Engineering; Systems Biology; Document Markup Languages
- 15.00　■ T.1488: Exome; Copy Number Variation; Whole Genome Sequencing
- 17.70　■ T.14427: DNA Assembly; Synthetic Biology; Cloning

图 3.36　2015 年至今方向论文数最高的 5 个主题

2.6.3 高产国家 / 地区和机构

从 2015 年至今发表的方向相关文献主要的发文国家 / 地区看（如表 3.11 所示），该方向最主要的研究国家 / 地区有 United States（美国）、China（中国）、United Kingdom（英国）、Germany（德国）和 France（法国）等；从主要机构看（如图 3.37 所示），高产的机构包括：Chinese Academy of Sciences（中国科学院）、CNRS（法国国家科学研究中心）、Harvard University（哈佛大学）等；2015 年至今方向高产作者见表 3.12。

表 3.11 2015 年至今方向前 10 个高产国家 / 地区

排名	国家 / 地区	发文量	点击量	FWCI	被引次数
1	United States	1715	45408	2.08	42101
2	China	811	18840	1.38	9942
3	United Kingdom	518	14805	2.42	12332
4	Germany	420	12868	1.86	8593
5	France	227	6475	1.97	4601
6	India	203	4061	0.73	1279
7	Canada	201	5580	2.3	5511
8	Italy	184	6366	1.39	2863
9	Japan	172	3883	1.43	2730
10	Netherlands	165	5567	2.65	5593
10	Spain	165	4724	1.94	2580

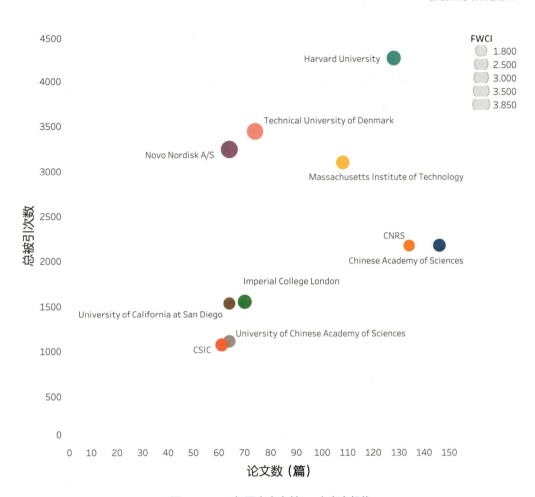

图 3.37 2015 年至今方向前 10 个高产机构

表 3.12 2015 年至今方向高产作者

排名	作者	机构	发文量	点击量	FWCI	被引次数
1	Zhao, Huimin	University of Illinois at Urbana-Champaign	21	992	3.44	555
2	Keasling, Jay D.	University of California at Berkeley	16	885	5.45	851
3	Densmore, Douglas M.	Boston University	15	398	2.68	618
3	Hillson, Nathan J.	United States Department of Energy	15	414	3.95	323
3	Voigt, Christopher A.	Massachusetts Institute of Technology	15	533	3.45	647
6	Ces, Oscar	Imperial College London	14	709	1.79	406
6	Takano, Eriko	University of Manchester	14	722	6.21	1377
8	Freemont, Paul S.	Imperial College London	13	318	5	202
8	Myers, Chris J.	University of Utah	13	208	1.21	147
8	Scrutton, Nigel S.	University of Manchester	13	379	4.75	212

2.7 新细胞类型的人工设计与合成

2.7.1 总体概况

通过 Scopus 数据库检索 2015 年至今发表的 "新细胞类型的人工设计与合成" 相关论文，并将其导入 SciVal 平台后，最终共有文献 4423 篇，整体情况如图 3.38 所示。

图 3.38 方向文献整体概况

2015 年至今发表的 "新细胞类型的人工设计与合成" 相关文献的学科分布情况，如图 3.39 所示。在 Scopus 全学科期刊分类系统（ASJC）划分的 27 个学科中，该研究方向文献涉及的学科较为广泛、学科交叉特性较为明显。其中，较多的文献分布于 Biochemistry, Genetics and Molecular Biology（生物化学、遗传学和分子生物学）学科，以及 Medicine（医学）、Engineering（工程学）等学科。

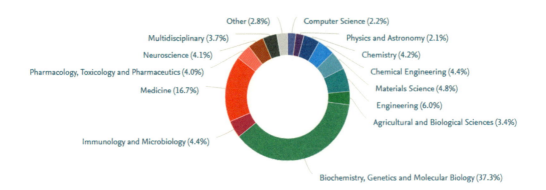

图 3.39 方向文献学科分布

2.7.2 研究热点与前沿

2.7.2.1 高频关键词

2015 年至今发表的"新细胞类型的人工设计与合成"相关文献的前 50 个高频关键词，如图 3.40 所示。其中，Nuclear Reprogramming（核重编程）、Induced Pluripotent Stem Cell（诱导多能干细胞）、Cell Reprogramming Technique（细胞重编程技术）、Stem Cell（干细胞）和 Pluripotent Stem Cell（多能干细胞）等是该方向出现频率最高的高频词。

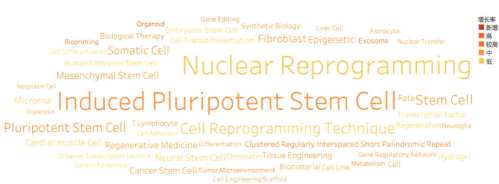

图 3.40 2015 年至今方向前 50 个高频关键词词云图

从 2015 年至今方向前 50 个关键词的增长率情况看（如图 3.41 所示），该方向增长较快的关键词有 Bioprinting（生物打印）、Exosome（外泌体）、Clustered Regularly Interspaced Short Palindromic Repeat（CRISPR，规律成簇间隔短回文重复序列）、Tumor Microenvironment（肿瘤微环境）和 Metabolism（新陈代谢）等。此外，2015 年以来新增的高频关键词有 Organoid（类器官）。

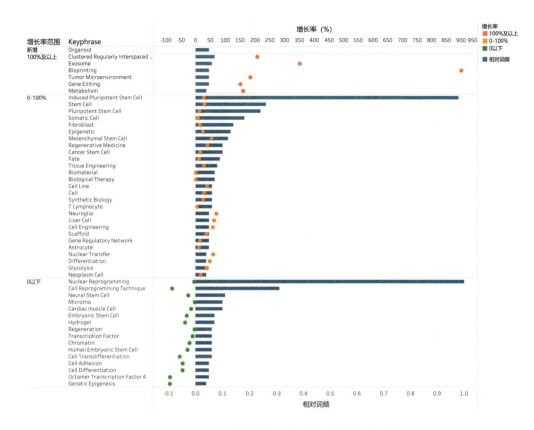

图 3.41 2015 年至今方向前 50 个关键词的增长率分布

2.7.2.2 方向相关热点主题（TOPIC）

从 2015 年至今发表的方向相关文献涉及的研究主题看（如图 3.42 所示），该方向最关注 的 主 题 是 T.997，"Induced Pluripotent Stem Cells; Nuclear Reprogramming; Germ Layers"（诱导多能干细胞；核重编程；胚芽层），其文献量最大、相关度也较高（方向文献在主题中的占比达到 24.98%）；同时，该主题的显著性百分位达到 98.839，是全球具有较高关注度和较快发展势头的研究方向。方向最相关的主题是

T.21639，"Nuclear Reprogramming; Neural Stem Cells; Fibroblasts"（核重编程；神经干细胞；成纤维细胞），其方向文献在主题中的占比达到 25.18%，同时文献量也较大，同时显著性百分位也达到了 97.212，显示出很好的发展势头。此外，其他与方向具有相关性的主题方向也均呈现很高的显著性百分位（均在 99 以上）。可以表明，该方向整体上具有较高的全球关注度和较大的研究发展潜力。

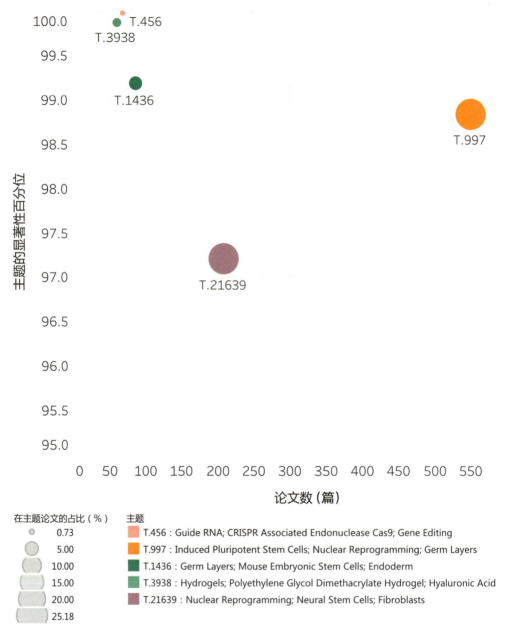

图 3.42 2015 年至今方向论文数最高的 5 个主题

2.7.3 高产国家 / 地区、机构和作者

从 2015 年至今发表的方向相关文献主要的发文国家 / 地区看（如表 3.13 所示），该方向最主要的研究国家 / 地区有 United States（美国）、China（中国）、Germany（德国）、United Kingdom（英国）和 Japan（日本）等；从主要机构看（如图 3.43 所示），高产的机构包括：Harvard University（哈佛大学）、Chinese Academy of Sciences（中国科学院）、Institut national de la santé et de la recherche médicale（法国国家健康与医学研究院）等；2015 年至今方向高产作者见表 3.14。

表 3.13 2015 年至今方向前 10 个高产国家 / 地区

排名	国家 / 地区	发文量	点击量	FWCI	被引次数
1	United States	1660	43421	1.88	37853
2	China	776	16710	1.25	9984
3	Germany	369	10652	1.86	8066
4	United Kingdom	365	10751	1.69	7727
5	Japan	331	8032	1.18	5510
6	Italy	245	8109	1.43	3773
7	Spain	219	6482	1.57	4044
8	France	203	5582	1.58	3561
9	Republic of Korea	189	5246	1.23	2675
10	Canada	157	4037	1.35	2325

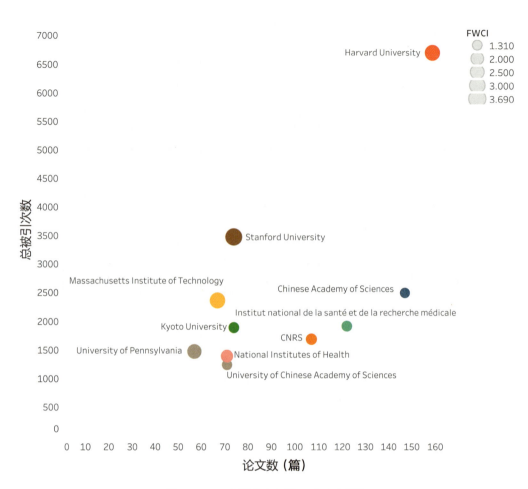

图 3.43 2015 年至今方向前 10 个高产机构

表 3.14 2015 年至今方向高产作者

排名	作者	机构	发文量	点击量	FWCI	被引次数
1	Pei, Duanquing	CAS - Guangzhou Institute of Biomedicine and Health	25	671	1.7	641
2	Gao, Shaorong	Tongji University	18	343	0.86	193
3	Chen, Jiekai	Chinese Academy of Sciences	13	377	1.7	328
3	Hutchins, Andrew Paul	Southern University of Science and Technology	13	430	2.11	443
3	Yamanaka, Shinya	Kyoto University	13	1516	4.25	1176
6	Esteban, Miguel Angel	CAS - Guangzhou Institute of Biomedicine and Health	11	276	1.3	250
6	Pan, Guangjin	Chinese Academy of Sciences	11	258	1.51	218
8	Chen, Jiayu	Tongji University	10	198	1.04	124
8	Graf., Thomas	Centre for Genomic Regulation	10	728	2.87	350
8	Liu, Xingguo	Guangzhou Medical College	10	184	1.24	167
8	Lutolf, Matthias P.	Swiss Federal Institute of Technology Lausanne	10	319	2.61	320

2.8 大规模、高通量自动化筛选系统的开发

2.8.1 总体概况

通过 Scopus 数据库检索 2015 年至今发表的"大规模、高通量自动化筛选系统的开发"相关论文，并将其导入 SciVal 平台后，最终共有文献 1059 篇，整体情况如图 3.44 所示。

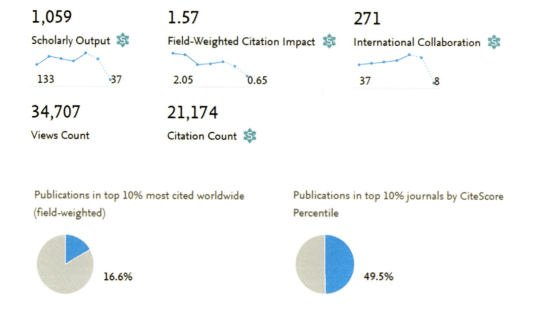

图 3.44 方向文献整体概况

2015 年至今发表的"大规模、高通量自动化筛选系统的开发"相关文献的学科分布情况，如图 3.45 所示。在 Scopus 全学科期刊分类系统（ASJC）划分的 27 个学科中，该研究方向文献涉及的学科较为广泛、学科交叉特性较为明显。其中，较多的文献分布于 Biochemistry, Genetics and Molecular Biology（生物化学、遗传学和分子生物学）学科，以及 Chemistry（化学）、Engineering（工程学）、Chemical Engineering（化学工程）等学科。

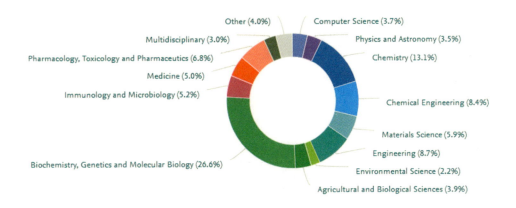

图 3.45 方向文献学科分布

2.8.2 研究热点与前沿

2.8.2.1 高频关键词

2015 年至今发表的"大规模、高通量自动化筛选系统的开发"相关文献的前 50 个高频关键词，如图 3.46 所示。其中，High Throughput Screening（高通量筛选）、Microfluidic（微流控）、High Throughput（高通量）、Synthetic Biology（合成生物学）、Clustered Regularly Interspaced Short Palindromic Repeat（CRISPR，规律成簇间隔短回文重复序列）等是该方向出现频率最高的高频词。

图 3.46 2015 年至今方向前 50 个高频关键词词云图

从 2015 年至今方向前 50 个关键词的增长率情况看（如图 3.47 所示），该方向增长较快的关键词有 Gene Editing（基因编辑）、Protein Engineering（蛋白质工程）、Clustered Regularly Interspaced Short Palindromic Repeat（CRISPR，规律成簇间隔短回文重复序列）等。此外，2015 年以来新增的高频关键词有 Gene Regulatory Network（基因调控网络）、Guide RNA（引导 RNA）、Deep Learning（深度学习）。

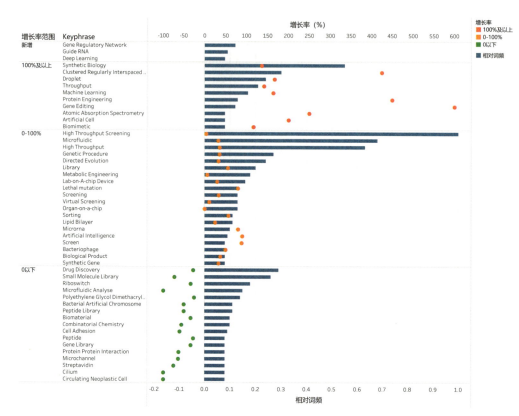

图 3.47 2015 年至今方向前 50 个关键词的增长率分布

2.8.2.2 方向相关热点主题（TOPIC）

从 2015 年至今发表的方向相关文献涉及的研究主题看（如图 3.48 所示），该方向最关注的主题是 T.1584，"Droplets; Microfluidics; Lab-on-a-chip Devices"（液滴；微流体；芯片实验室设备），其文献量最大；同时，该主题的显著性百分位达到 99.533，是全球具有较高关注度和较快发展势头的研究方向。此外，其他与方向具有相关性的主题方向也均呈现较高的显著性百分位（均在 95 以上）。可以表明，该方向整体上具有较高的全球关注度和较大的研究发展潜力。

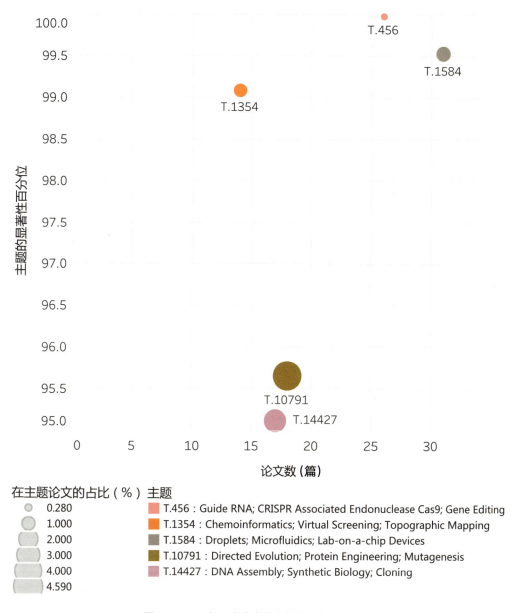

图 3.48 2015 年至今方向论文数最高的 5 个主题

2.8.3 高产国家／地区、机构和作者

从 2015 年至今发表的方向相关文献主要的发文国家／地区看（如表 3.15 所示），该方向最主要的研究国家／地区有 United States（美国）、China（中国）、United Kingdom（英国）、Germany（德国）和 Republic of Korea（韩国）等；从主要机构看（如图 3.49 所示），高产的机构包括：Chinese Academy of Sciences（中国科学院）、Harvard University（哈佛大学）、CNRS（法国国家科学研究中心）等；2015 年至今方向高产作者见表 3.16。

表 3.15 2015 年至今方向前 10 个高产国家／地区

排名	国家／地区	发文量	点击量	FWCI	被引次数
1	United States	444	15782	2.08	13111
2	China	160	5508	1.19	1949
3	United Kingdom	103	3068	1.44	1145
4	Germany	90	3126	1.59	1296
5	Republic of Korea	53	1722	1.27	910
6	Canada	51	1856	1.59	1140
7	Japan	41	1317	1.24	625
8	France	40	1097	1.78	681
9	Australia	37	1442	1.59	809
9	Switzerland	37	1468	2.8	1399

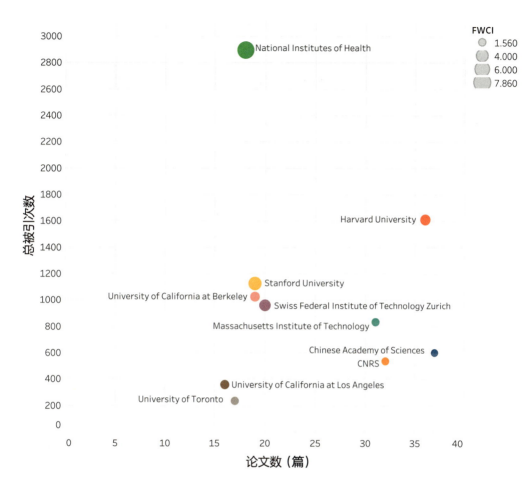

图 3.49 2015 年至今方向前 10 个高产机构

表 3.16 2015 年至今方向高产作者

排名	作者	机构	发文量	点击量	FWCI	被引次数
1	Fontes, Carlos M.G.A.	University of Lisbon	6	146	0.91	49
1	Jang, Sungho	Pohang University of Science and Technology	6	175	1.42	90
1	Jung, Gyoo Yeol	Pohang University of Science and Technology	6	175	1.42	90
4	Alper, Hal S.	University of Texas at Austin	5	191	1.66	122
4	Brás, Joana Luís Armada	University of Lisbon	5	124	0.84	35
4	Sequeira, Ana Filipa	University of Lisbon	5	114	0.99	45
4	Vincentelli, Renaud	CNRS	5	114	0.99	45
8	Aspuru-Guzik, Alan	Canadian Institute for Advanced Research	4	421	4.23	276
8	Guerreiro, Catarina I.P.D.	Unknown institution	4	90	1.09	44
8	Lu, Timothy	Massachusetts Institute of Technology	4	209	1.54	54
8	Ozcan, Aydogan	University of California at Los Angeles	4	139	1.89	86
8	Schwaneberg, Ulrich	RWTH Aachen University	4	133	1.74	55
8	Simeonov, Anton M.	National Institutes of Health	4	82	2.85	62
8	Singh, Anup Kumar	Sandia National Laboratories	4	68	0.45	51
8	Wimley, William C.	Tulane University	4	61	1.97	82
8	Zhao, Huimin	University of Illinois at Urbana-Champaign	4	100	1.78	106

2.9 器官和胚胎的人工构建

2.9.1 总体概况

通过 Scopus 数据库检索 2015 年至今发表的"器官和胚胎的人工构建"相关论文，并将其导入 SciVal 平台后，最终共有文献 2551 篇，整体情况如图 3.50 所示。

图 3.50 方向文献整体概况

2015 年至今发表的"器官和胚胎的人工构建"相关文献的学科分布情况，如图 3.51 所示。在 Scopus 全学科期刊分类系统（ASJC）划分的 27 个学科中，该研究方向文献涉及的学科较为广泛、学科交叉特性较为明显。其中，较多的文献分布于 Engineering（工程学）、Material Science（材料科学）、Medicine（医学）、Biochemistry, Genetics and Molecular Biology（生物化学、遗传学和分子生物学）、Physics and Astronomy（物理学和天文学）等学科。

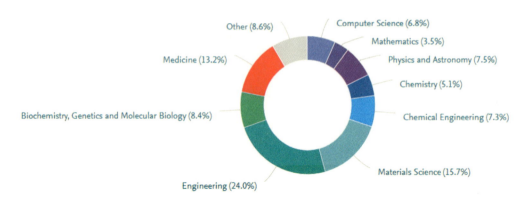

图 3.51 方向文献学科分布

2.9.2 研究热点与前沿

2.9.2.1 高频关键词

2015 年至今发表的"器官和胚胎的人工构建"相关文献的前 50 个高频关键词，如图 3.52 所示。其中，Artificial Organ（人工器官）、Artificial Pancreas（人工胰腺）、Artificial Skin（人造皮肤）、Drug Eluting Stent（药物洗脱支架）和 Artificial（人造的）等是该方向出现频率最高的高频词。

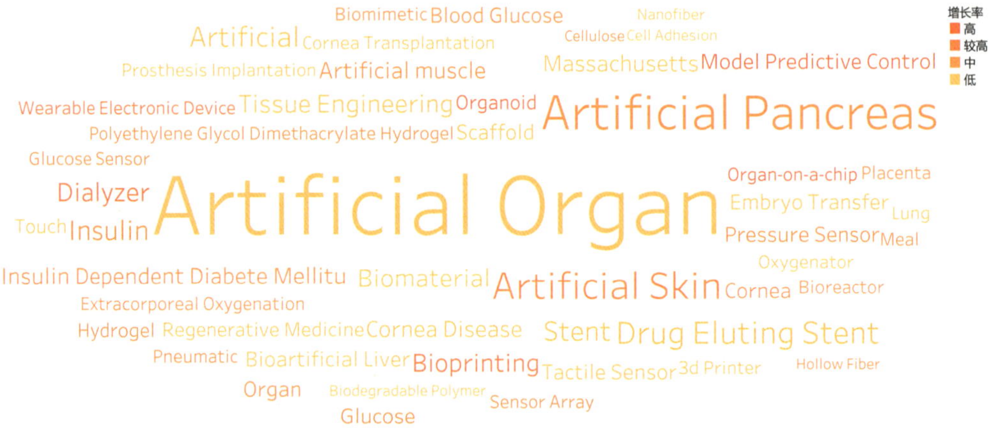

图 3.52 2015 年至今方向前 50 个高频关键词词云图

从 2015 年至今方向前 50 个关键词的增长率情况看（如图 3.53 所示），该方向增长较快的关键词有 Organ-on-a-chip（器官芯片）、Organoid（类器官）、Model Predictive Control（模型预测控制）、Bioprinting（生物打印）和 Wearable Electronic Device（可穿戴电子设备）等。

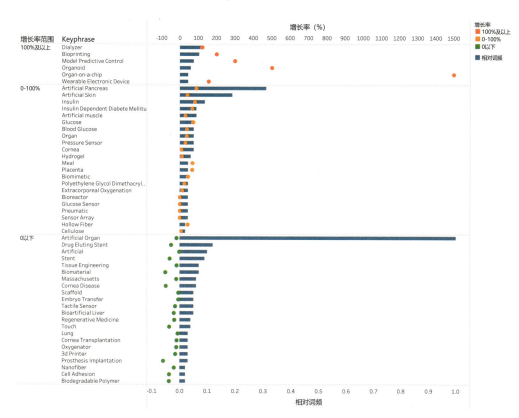

图 3.53　2015 年至今方向前 50 个关键词的增长率分布

2.9.2.2 方向相关热点主题（TOPIC）

从 2015 年至今发表的方向相关文献涉及的研究主题看（如图 3.54 所示），该方向最关注的主题是 T.861，"Artificial Pancreas; Hypoglycemia; Insulin Dependent Diabetes Mellitus"（人工胰腺；低血糖症；1 型糖尿病），其文献量最大、相关度也相对较高（方向文献在主题中的占比为 10.61%）；同时，该主题的显著性百分位达到 99.616，是全球具有很高关注度和较快发展势头的研究方向。此外，其他与方向具有相关性、本方向论文数较大的主题方向中还有三个主题的显著性百分位在 97 以上。可以表明，该方向整体上是具有较高的全球关注度和较大的研究发展潜力的。

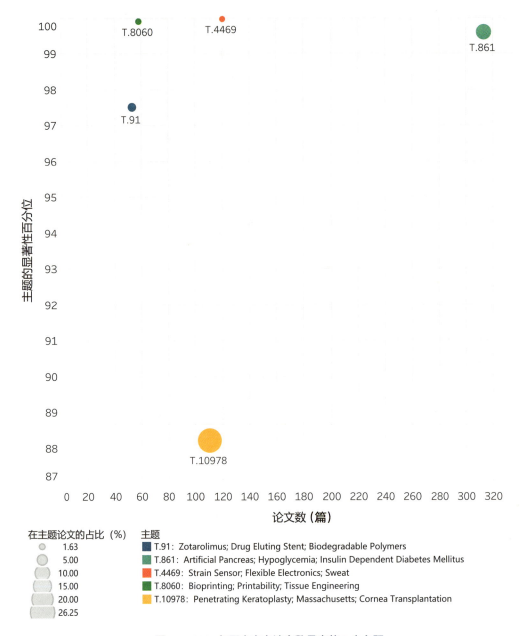

图 3.54 2015 年至今方向论文数最高的 5 个主题

2.9.3 高产国家 / 地区、机构和作者

从 2015 年至今发表的方向相关文献主要的发文国家 / 地区看（如表 3.17 所示），该方向最主要的研究国家 / 地区有 United States（美国）、China（中国）、Japan（日本）、Brazil（巴西）和 United Kingdom（英国）等；从主要机构看（如图 3.55 所示），高产的机构包括：Harvard University（哈佛大学）、Chinese Academy of Sciences（中国科学院）、University of Michigan, Ann Arbor（密歇根大学安娜堡分校）等；2015 年至今方向高产作者见表 3.18。

表 9.1 2015 年至今方向前 10 位高产国家 / 地区

排名	国家 / 地区	发文量	点击量	FWCI	被引次数
1	United States	599	16371	1.53	8867
2	China	455	14973	1.65	6969
3	Japan	213	4445	0.83	1440
4	Brazil	153	4296	0.46	603
5	United Kingdom	147	4684	1.42	1314
6	Germany	143	3079	1.11	1392
6	Italy	143	5372	1.42	1827
8	Republic of Korea	138	5837	1.94	2809
9	India	118	2559	1.46	918
10	France	71	1843	1.24	622

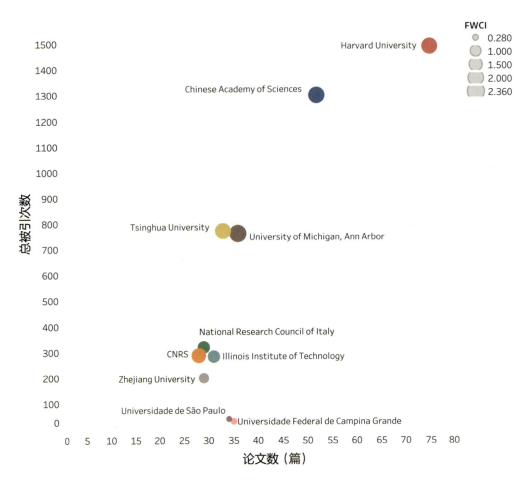

FWCI
- 0.280
- 1.000
- 1.500
- 2.000
- 2.360

总被引次数

论文数（篇）

图 3.55　2015 年至今方向前 10 个高产机构

表 3.18 2015 年至今方向高产作者

排名	作者	机构	发文量	点击量	FWCI	被引次数
1	Çinar, Ali	Illinois Institute of Technology	30	467	1.21	276
2	Dohlman, Claes Henrik	Harvard University	20	300	1.38	187
3	Dassau, Eyal	Harvard University	19	409	2.42	344
4	Bazaev, Nikolay A.	National Research University of Electronic Technology	18	463	0.27	14
4	Doyle, Francis Joseph Iii	Schneider Childrens Medical Center Israel	18	394	2.55	344
4	Hajizadeh, Iman	Illinois Institute of Technology	18	270	1.09	136
7	Chodosh, James C.	Harvard University	17	217	1.55	157
8	Malchesky, Paul S.	Unknown institution	16	421	0.41	21
8	Sevil, Mert	Illinois Institute of Technology	16	260	0.95	117
10	Cheng, Gordon	Technical University of Munich	15	268	2.09	247
10	Cobelli, Claudio	University of Padova	15	403	2.67	300
10	Majlis, B. Y.	Universiti Kebangsaan Malaysia	15	444	1.42	67
10	Rashid, Mudassir M.	Illinois Institute of Technology	15	214	0.81	61

2.10 人工合成生物系统的理论模型和精准设计

2.10.1 总体概况

通过 Scopus 数据库检索 2015 年至今发表的"人工合成生物系统的理论模型和精准设计"相关论文，并将其导入 SciVal 平台后，最终共有文献 2984 篇，整体情况如图 3.56 所示。

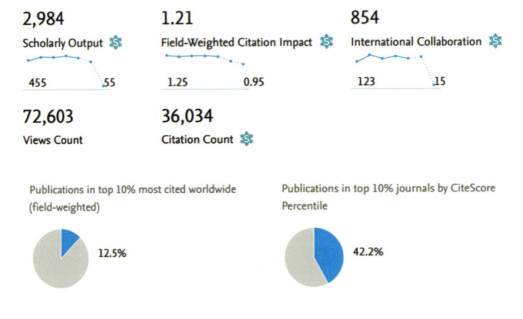

图 3.56 方向文献整体概况

2015 年至今发表的"人工合成生物系统的理论模型和精准设计"相关文献的学科分布情况，如图 3.57 所示。在 Scopus 全学科期刊分类系统（ASJC）划分的 27 个学科中，该研究方向文献涉及的学科较为广泛、学科交叉特性较为明显。其中，较多的文献分布于 Biochemistry, Genetics and Molecular Biology（生物化学、遗传学和分子生物学）、Engineering（工程学）、Medicine（医学）、Chemical Engineering（化学工程）、Material Science（材料科学）等学科。

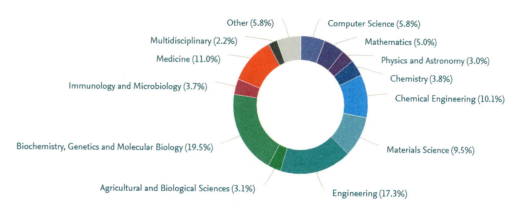

图 3.57 方向文献学科分布

2.10.2 研究热点与前沿

2.10.2.1 高频关键词

　　2015 年至今发表的"人工合成生物系统的理论模型和精准设计"相关文献的前 50 个高频关键词，如图 3.58 所示。其中，Synthetic Biology（合成生物学）、Artificial Organ（人工器官）、Gene Regulatory Network（基因调控网络）、Artificial Pancreas（人工胰脏）和 Artificial Cell（人造细胞）等是该方向出现频率最高的高频词。

图 3.58 2015 年至今方向前 50 个高频关键词词云图

从 2015 年至今方向前 50 个关键词的增长率情况看（如图 3.59 所示），该方向增长较快的关键词有 Clustered Regularly Interspaced Short Palindromic Repeat（CRISPR，规律成簇间隔短回文重复序列）、Predictive Control System（预测控制系统）、Model Predictive Control（模型预测控制）、Vesicle（囊泡）和 Artificial Pancreas（人工胰脏）等。

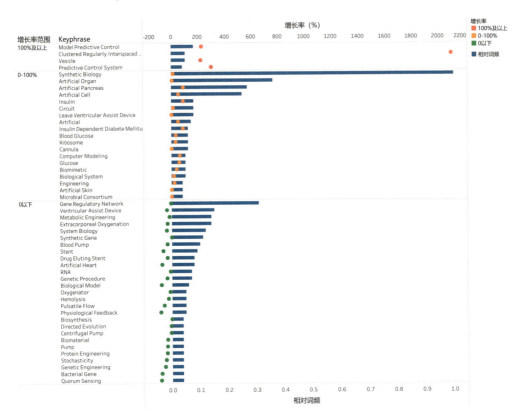

图 3.59 2015 年至今方向前 50 个关键词的增长率分布

2.10.2.2 方向相关热点主题（TOPIC）

从 2015 年至今发表的方向相关文献涉及的研究主题看（如图 3.60 所示），该方向最关注的主题是 T.5416，"Synthetic Biology; Gene Regulatory Networks; Lyapunov-Krasovskii Functional"（合成生物学；基因调控网络；Lyapunov-Krasovskii 功能），其文献量最大、相关度也最高（方向文献在主题中的占比达到 22.19%）；同时，该主题的显著性百分位达到 98.762，是全球具有较高关注度和较快发展势头的研究方向。此外，其他与方向具有相关性的主题方向也均呈现较高的显著性百分位（均在 97 以上）。可以表明，该方向整体上具有较高的全球关注度和较大的研究发展潜力。

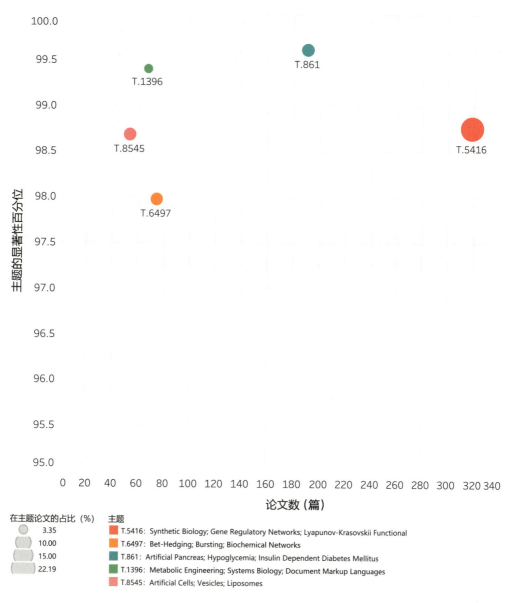

在主题论文的占比 (%)

- 3.35
- 10.00
- 15.00
- 22.19

主题

■ T.5416: Synthetic Biology; Gene Regulatory Networks; Lyapunov-Krasovskii Functional
■ T.6497: Bet-Hedging; Bursting; Biochemical Networks
■ T.861: Artificial Pancreas; Hypoglycemia; Insulin Dependent Diabetes Mellitus
■ T.1396: Metabolic Engineering; Systems Biology; Document Markup Languages
■ T.8545: Artificial Cells; Vesicles; Liposomes

图 3.60 2015 年至今方向论文数最高的五个主题

2.10.3 高产国家 / 地区、机构和作者

从 2015 年至今发表的方向相关文献主要的发文国家 / 地区看（如表 3.19 所示），该方向最主要的研究国家 / 地区有 United States（美国）、United Kingdom（英国）、China（中国）、Germany（德国）和 Japan（日本）等；从主要机构看（如图 3.61 所示），高产的机构包括：Harvard University（哈佛大学）、Imperial College London（帝国理工学院）和 CNRS（法国国家科学研究中心）等；2015 年至今方向高产作者见表 3.20。

表 3.19 2015 年至今方向前 10 个高产国家 / 地区

排名	国家 / 地区	发文量	点击量	FWCI	被引次数
1	United States	599	16371	1.53	8867
2	China	455	14973	1.65	6969
3	Japan	213	4445	0.83	1440
4	Brazil	153	4296	0.46	603
5	United Kingdom	147	4684	1.42	1314
6	Germany	143	3079	1.11	1392
6	Italy	143	5372	1.42	1827
8	Republic of Korea	138	5837	1.94	2809
9	India	118	2559	1.46	918
10	France	71	1843	1.24	622

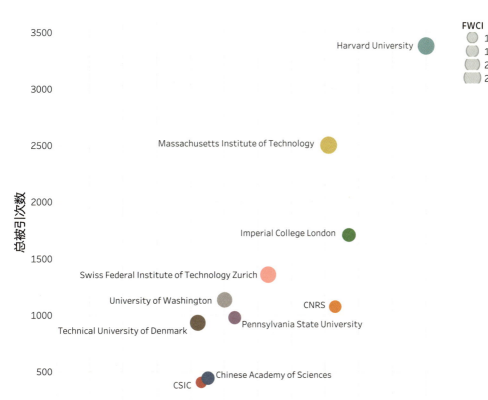

图 3.61 2015 年至今方向前 10 个高产机构

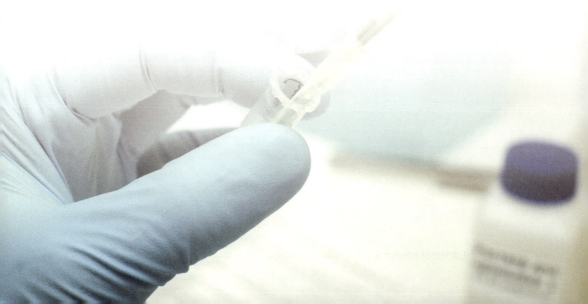

表 3.20 2015 年至今方向高产作者

排名	作者	机构	发文量	点击量	FWCI	被引次数
1	Ündar, Akif	Pennsylvania State University	32	423	0.76	242
2	Kunselman, Allen R.	Pennsylvania State University	30	383	0.74	213
2	Wang, Shigang	University of Maryland, Baltimore	30	383	0.74	213
4	Takewa, Yoshiaki	National Cardiovascular Center Research Institute Japan	20	222	0.44	90
4	Tatsumi, Eisuke	National Cardiovascular Center Research Institute Japan	20	222	0.44	90
6	Bates, Declan G.	University of Warwick	19	206	0.44	62
6	Myers, Chris J.	University of Utah	19	335	1.61	223
8	Wipat, Anil	Newcastle University	18	417	1.57	217
9	Oyarzún, Diego A.	University of Edinburgh	15	440	2.53	412
9	Stan, Guy Bart V.	Imperial College London	15	412	1.62	338

3. 人工合成生物领域发展速览

人工合成生物技术是指在系统生物学基础上，结合工程化设计理念，采用基因合成、编辑、网络调控等新技术，对生物体进行有目标的设计、改造乃至重新合成。人工合成生物研究的发展，推动生命科学研究开启以系统化、定量化和工程化为特征的"多学科会聚"研究新时代。

近年来，人工合成生物领域研究进入了新的快速发展阶段，研究主流从单一生物部件的设计，迅速拓展到对多种基本部件和模块进行整合。人工合成生物研究开发主要依靠三大核心使能技术：基因编辑技术（CRISPR/Cas9 技术）、DNA 组装技术以及体内定向进化技术。

3.1 全球人工合成生物领域发展动态

在当前全球人工合成生物研究网络中，美国、英国、德国、日本是领军者，其中美国更是该研究领域最为重要的创新思想发源地和知识来源地。美国政府主要通过国防高级研究计划局（DARPA）、国家科学基金会（NSF）、国立卫生研究院（NIH）、农业部（USDA）、能源部（DOE）等联邦机构积极支持合成生物学的基础研究和技术研发，这也间接反映出其国家科技战略中对合成生物研究的总布局。2016 年，美国国家科学院（NAS）启动"合成生物学带来的新威胁识别与应对策略研究"项目，为国防部提供关于合成生物学的安全威胁评估与应对措施建议。2018 年 6 月，NAS 发布《合成生物学时代的生物防御》（Biodefense in the Age of Synthetic Biology），该报告对合成生物学可能引发的生物威胁进行了评估，并拟定了相应的防御框架。

人工合成生物科技发展路线图是欧洲国家支持合成生物科技和产业发展的主要前瞻规划形式。近年来，欧洲各国出台系列有关人工合成生物的战略规划，如 2016 年，英国发布《英国合成生物领域战略计划 2016》（UK synthetic biology strategic plan 2016）；2018 年，发布《生物科技领域实施计划 2019》（UK Biotechnology Implementation Plan 2019），发展前沿生物科技，应对战略挑战并夯实技术发展基础等。此外，俄罗斯政府发布《2019—2027 年俄罗斯联邦基因技术发展规划》，加速推动合成生物、基因工程等领域的基础研究和产业发展。2018 年，新加坡国立研究基金会（National Research Foundation）斥资 2500 万元设立合成生物学研究发展计划（National Synthetic Biology Research），整合和确保新加坡在临床应用和工业应用等方面的合成生物研究能力的全面发展。

在国家战略规划和研发经费支持下，人工合

成生物学研究机构相继建立，比较有名的有由哈佛大学、麻省理工学院、加州大学伯克利分校、加州大学旧金山分校共同组建成立的合成生物学工程研究中心(SynBERC)，后来在此基础上建立了工程生物学研究联盟（EBRC），致力于推进建立利用工程生物学解决国家和全球战略性需求的包容性社区；英国涉及合成生物研究的学术机构包括：帝国理工学院合成生物学与创新中心（CSynBI）、布里斯托大学生物设计研究所（BBI）、曼彻斯特大学精细和特种化学合成生物学研究中心（SYNBIOCHEM）、剑桥大学约翰英纳斯中心（John Innes Centre of Cambridge University）等。此外，英国还通过建立博士培训中心（CDT）、创新与知识中心（IKCs）以及国家合成生物学产业转化中心（SynbiCITE），在全国范围内构建了分布式的合成生物学研究网络。

3.2 我国人工合成生物领域战略动向

目前，我国人工合成生物研究呈现多领域齐头并进态势，正在从工业领域，向农业、医药、健康和环境领域不断拓展，在相关支撑技术研究方面并不落后于国际主流水平，如在大规模测序、代谢工程技术、微生物学、酶学、生物信息学等方面均有良好表现。从论文数量看，我国已位居全球第二，但研发质量和技术转化水平与美、英、德、日等世界科技强国还有较大差距，仍处于"起步较晚、跟跑且争取迎头追赶"的状态。

2018年，由科技部牵头的《国家生物技术发展战略纲要》正式进入编制阶段，从国家战略层面统筹加强生物技术领域的顶层设计。2019年11月，科技部发文同意《国家合成生物技术创新中心建设方案》，布局建设国家合成生物技术创新中心。2020年3月，《加强"从0到1"基础研究工作方案》发布，其中把合成生物学作为重大专项和重点研发计划中重点支持的基础研究领域原创方向之一。从973计划、863计划到国家重点研发计划"合成生物学"重点专项，我国立项支持了涵盖多个领域方向的一批重大项目和青年项目，并形成了若干具有实力的交叉研究队伍，实质地推动了颠覆性创新成果涌现。同时，我国先后在深圳和北京建设了国家基因库和国家基因组科学数据中心，它们将与国际数据库共同支持生命科学发展。合成生物领域中也建立了一些专门数据库，如iGEM[1]物元件数据库。该元件库已注册2万多份有文件支持的元件，并分类为元件形式、底盘、功能等。我国相关学术机构也十分重视合成生物学资源库建设，目前最具规模的是天津大学的合成生物学模块库和中科院上海植物生理生态研究所的"合成生物学元件与数据库"。

从知识与技术层面看，我国人工合成生物研究至少面临以下挑战：无法精确描述部分生物组件，实现精准细胞命运的设计和改造；大规模、高通量自动化筛选系统尚未开发建立，无法支撑人工合成生物大量实验需求；目前已合成细胞缺

---

[1] 国际基因工程机器大赛（International Genetically Engineered Machine Competition，iGEM）是合成生物学领域的国际顶级大学生科技赛事，也是涉及生命科学、化学、物理学、数学、计算机等领域交叉合作的跨学科竞赛。

乏重建复杂的系统与生理相关的设置，与活细胞之间仍有很大的差距等等。就我国合成生物技术产业发展而言，关键核心技术研发不足是其产业发展的主要瓶颈，相关激励机制和保障机制均不健全，技术研发成本高、研发周期长，成果难以转化。合成生物制品多为仿制技术，自主专利产品申请品种少，生物技术企业多但是具有独立研发能力的少且不具备规模效应，普遍缺乏国际竞争力。国内研究成果多为探索性技术研究，其合成生物的基础性核心技术均掌握在欧美发达国家公司和研究机构手中。此外，我国对新兴技术产业前景预测不够系统，相关科研成果评估机构缺乏，不能对前沿技术成果持有人和科研企业给予及时评定与知识产权保护，造成科技人员在推动产业化上缺乏动力，极大阻碍了合成生物整体技术的创新进程。

3.3 我国人工合成生物技术未来发展战略

（1）加强顶层设计，制定技术和产业发展路线图

确定战略方向和重点突破点，实现从基础研究到技术创新，从工程平台建设到产品开发、产业转化的多层次、分阶段快速发展。结合国际研究发展趋势，进一步加强基础研究，开展前沿探索与关键技术研发，争取更多原创性成果，形成更多我国在国际合成生物学科技领域的领跑方向，支撑战略性新兴生物产业发展。强化合成生物技术领域新型研发机构、创新平台和数据库建设，建立专业性、集成性、开放共享的基础设施。构建平台化支撑、企业化管理、市场化运行的创新模式，完善以创新研发和成果转化为导向的、适应不同性质创新主体和研究方向的评估体系。鼓励企业利用颠覆性技术，推动研发、资本、产业等要素的融合，促进战略性新兴生物产业发展。

（2）明确规范原则，建立科学、高效的管理体系

对人工合成生物相关技术和产品进行科学合理的分析评估，梳理现有管理政策中存在的问题、漏洞和空白，制定相应的研发、生产、应用各环节以及与其衔接的配套政策和规范体系。加强合成生物学知识产权（包括标准化）保护与管理，促进资源开放共享；组织研究制定技术/科学标准、环境/安全标准、过程可重复的计量标准等，并加强与国际标准机构的交流合作。明确新产品申报与审批路径（责任部门），建立市场准入规范，统一准入标准和审查制度，推动更多新产品进入市场。

（3）加强风险评估和监管，建设科学传播平台

未来，在不断推动人工合成生物技术发展和应用的同时，也要考虑技术发展和应用带来的潜在风险和社会伦理问题，制定安全风险的管理体系和社会伦理评估制度。支持相关技术安全风险的理论、方法研究，健全技术指南和指导性文件，完善安全评估和评审制度。通过专业的传播队伍，建立公众理解与科学传播平台，营造理性的科学文化；通过科学有序的舆论导向，引导社会对人工合成生物技术的认知与理解，促进合成生物学科技及其产业与社会应用的健康发展。

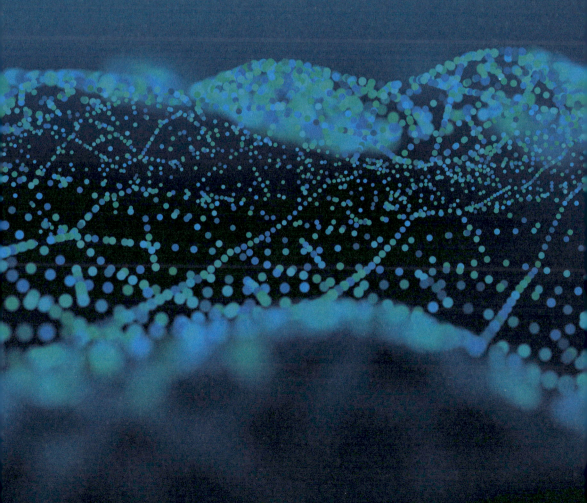

四、AI+ 基因组编辑领域
重大交叉前沿方向

1. AI+ 基因组编辑领域十大交叉前沿方向

1.1 CRISPR-Screen 体系在植物育种中的运用

CRISPR-Screen 是一种基于 CRISPR/Cas9 系统的功能性基因筛选以及高通量深度测序技术解析数据的技术。与 RNA 干扰（RNAi）筛选相比，CRISPR/Cas9 系统不论在功能缺失还是功能获得筛选中，都表现出更高水平的有效性和可靠性。不同于 RNAi 策略，一个 CRISPR/Cas9 文库可以靶定蛋白质编码序列和调控元件，包括启动子、增强子和转录 microRNAs 和长非编码 RNAs 的元件。

CRISPR-Screen 技术已在癌症功能基因筛选、药物靶点挖掘、病毒感染宿主基因鉴定以及非编码 RNA 鉴定和功能分析等方面得到了应用。2018 年，华盛顿大学的 Michael S. Diamond 利用靶向小鼠全部基因组的 GeCKOv2 文库，以 3T3 细胞株为模型，筛选出 Mrax8 受体蛋白是基孔肯雅病毒入侵宿主细胞所必需的宿主受体蛋白。近年来，农业精准育种领域也开始关注 CRISPR-Screen 技术。2020 年，日本烟草公司植物创新中心的 Toshiyuki Komori 团队将植物随机基因组片段引入水稻，采用 CRISPR 高通量筛选的方式识别了新的耐旱基因，他们发现利用随机基因组片段的开放式筛选方法可以发现不同于基于已知途径的基因发现或偏向于编码序列过度表达的特征基因。该研究也表明了 CRISPR 高通量遗传筛选技术为鉴定抗病、抗逆新基因提供了一种更有效的技术手段。

鉴于 CRISPR/Cas9 全基因组功能筛选在 sgRNA 文库和细胞文库搭建的前期耗时较长，CRISPR-Screen 技术在农业精准育种上的研究与应用还处于起步阶段。随着 CRISPR 突变文库的构建和机器学习的发展，基于 CRISPR-Cas9 的基因组工程和高通量筛选技术的发展将加速创新作物育种，为农业可持续发展提供支撑。

1.2 基因组编辑新技术新方法研发

基因编辑目前在多方面取得了令人振奋的进展，然而受限于编辑窗口、非预期突变（unwanted & by-product mutations）、编辑器递送等难点，仍存在脱靶、低效、嵌合等不足，需在

本领域咨询专家：李飞、郭国骥、黄行许、韩晓平。

基因编辑技术开发、机理探讨、创新应用方面进行更深入的探索。

在技术开发方面，一是构建更高效、精准的碱基编辑器。通过多种途径筛选出编辑精度高的异构体酶，通过分析其结构，对催化酶中的氨基酸残基进行规模性突变以获取具有更高精度和编辑效率的突变体；通过 DNA shuffling、易错 PCR 酶等方式，生成带有随机突变的催化酶库，寻找具有更高精度和效率的催化酶，以构建更优的碱基编辑器。二是聚焦高通量基因/碱基编辑策略的研发。考虑到细胞功能相关基因的平行性和多样性，目前的组合筛选只能做到几百个基因的两两随机组合，未来需要引入高效的高通量组合筛选策略（combinatorial screen）。同时，目前的在体筛选只能做到用病毒递送少数 gRNA 到特定组织器官的少量细胞，未来方向是在特定组织器官随机表达大量 gRNA，实现全细胞筛选，进而在组织器官原位（保持空间位置信息）检查基因突变后的细胞转录组变化，展示体内各细胞的 loss-of-function 时空变化。

在机理探讨方面，一方面聚集基因/碱基编辑器作用的分子机制研究。利用电镜等不同结构生物学手段，结合分子模拟，探究各种基因/碱基编辑器蛋白/RNA/DNA 单体和复合体及其突变体的空间结构，揭示其作用机制，为工具优化提供指导方法。另一方面关注基因/碱基编辑脱靶效应的分子机制。利用单分子成像技术、活细胞成像技术、高通量测序以及计算生物学等方法解析碱基错配、染色质高级结构和细胞类型等对基因编辑的影响，为理解基于 CRISPR 的基因编辑脱靶效应的分子机制奠定良好的基础，为更好地利用 CRISPR 技术进行精准的基因治疗提供相应理论依据。

在创新应用方面，一是以基因型确定表型的高通量系统研究。近日，美国国家人类基因组研究中心（NHGRI）重点对基因组数据实施逆向工程，使用"反向表型"（reverse phenotyping）手段以基因型确定表型，进而更准确地根据个体的特定遗传变异预测疾病或其他性状。未来需利用碱基编辑优势，开发高通量、碱基水平的先进基因操作工具包和文库，结合表型筛选和分析体系选择合适的细胞，大规模开展以基因型确定表型的研究。在此基础上建立人类特定生理功能和重大疾病的理想动物模型，深入研究疾病和表型的分子机理。二是基于碱基的智慧药物合成筛选平台。疾病的发生大多是碱基（氨基酸）突变，而不是基因突变（蛋白破坏）导致的。研究和治疗的靶点应该针对碱基（氨基酸）与不同基因突变的药物合成筛选才能真正反映疾病发生和治疗的机制和效果。未来有必要建立碱基水平的药物合成筛选平台，结合 AI 和大数据分析，实现智慧筛选。三是原代细胞的基因编辑标准化。原代细胞的人工改造是基因编辑的最终目的之一。不同原代细胞状态不同，其基因编辑器递送的难易和染色体各异，使得其基因编辑差异显著。未来需建立支持各种原代细胞的体外大规模扩增，且能够维持特定状态和特定功能的培养系统，并通过系统测试，探索建立适用于各种原代细胞的不同基因编辑与递送体系（NIH：Somatic Cell Genome Editing (SCGE) program）及其标准程序，以制备状态和功能稳定的基因编辑原代细胞。

总之，要根据 CRISPR 的技术特点、存在的问题和未来发展方向，通过寻找新工具，深入机理探讨、创新应用等，开发出先进的 CRISPR 基因编辑和碱基编辑技术。

1.3 引导编辑系统及其在植物中的应用

CRISPR-Cas 基因编辑系统利用在植物基因组特定位点产生 DNA 双链断裂，通过错误倾向性的非同源末端连接（NHEJ）机制可修复失活的目标基因。由于 NHEJ 修复介导的碱基插入缺失存在一定的随机性，因此难以实现精确的基因组编辑。尽管借助于同源介导修复（HDR）机制，CRISPR-Cas 系统可在外源 DNA 供体指导下实现精准的碱基替换或片段插入缺失，但是在植物细胞中，由于同源重组频率偏低和 DNA 供体递送困难，CRISPR 介导的 HDR 效率显著受限，往往也难以实现高效的基因组精确编辑。碱基编辑是新近发展的不依赖于 HDR 而介导基因组精确碱基替换的新型基因编辑技术。但是，碱基编辑系统也存在着一定问题和局限性。

2019 年底，美国哈佛大学 David Liu 研究组报道了不同于碱基编辑的基因组精确编辑技术，即引导编辑系统。相对于 CRISPR 介导、依赖于 HDR 的精确编辑，引导编辑的效率更高，副产物更少。在此基础上，中国科学院遗传与发育生物学研究所高彩霞团队构建了适于植物表达的引导编辑工具，并成功地在水稻和小麦中完成了 DNA 精确编辑。这项工作创制了灵活、多用途的植物精确编辑工具，为植物基因组编辑提供了新路径。

尽管植物基因编辑技术已取得了长足进步，但多数编辑案例是通过靶向突变实现的。相对于高效稳定的基因组靶向突变工具，植物精准编辑工具往往在编辑形式或效率上存在明显缺陷。植物引导编辑器在植物中实现了其他编辑工具无法完成的多种精准突变，极大增强了植物基因组编辑能力，使得在植物功能基因组研究和作物定向育种改良广泛应用精准编辑成为可能。目前，植物引导编辑器在部分基因组位点上还存在效率不足等问题，但这些问题可从优化编辑器表达条件、筛选或进化更加适于植物系统的逆转录工具以及适配 pegRNA 结构相对简单的 CRISPR-Cas 系统等角度加以解决。随着编辑条件的持续优化和编辑器系统的反复迭代，植物引导编辑系统将快速实用化，为在植物基因组精确编辑技术的开发和利用打开新局面。

1.4 线粒体基因组编辑技术及临床应用

线粒体作为细胞重要的"能量工厂"，其功能障碍将引起严重的线粒体疾病，主要包括母系遗传 Leigh 综合征、心肌病、线粒体肌病、耳聋等。线粒体疾病的治疗方法主要有提高呼吸链功能、去除有害代谢物、清除呼吸链中泄漏的自由基等。然而上述方法往往只能缓解症状，并不能根除疾病。因此，开发线粒体疾病治疗的新方法，具有重大临床及科学意义。

据报道，在患有线粒体疾病的病人细胞中，突变的线粒体 DNA（mtDNA）常与野生型 mtDNA 共存，异质性程度往往与疾病严重程度相关。由于线粒体不具备真核细胞核所具有的 DNA 修复机制，因此断裂的 mtDNA 会被快速降解。根据这一特点，近期研究报道了以 mitoTALENs 和 mtZFN 为工具编辑 mtDNA 的研究，借助于腺相关病毒的优异感染能力，降低突变的 mtDNA 在总 mtDNA 中的比例。该方法虽然实现了对线粒体基因突变小鼠的 mtDNA 编辑以及疾病表型的逆转,然而直接降解 mtDNA 的方式所存在的安全隐患未知。因此,Liu 等人报道了可以靶向 mtDNA 的碱基突变位点,并实现单碱基修复的线粒体单碱基编辑工具,为 mtDNA 突变所引起的线粒体疾病的治疗带来了可能。但病毒递送载体的安全性一直备受争议。

未来,我们要构建一种安全、高效的线粒体基因组编辑工具递送载体。重点研究如何精准靶向线粒体,并将基因编辑工具递送至线粒体内,修复突变的 mtDNA。例如通过细胞外囊泡(EVs)实现线粒体的高效递送,将单碱基编辑工具递送至病变细胞的线粒体中可以改善疾病表型,兼顾其安全性。

1.5 基因组编辑在动物育种中的应用——以猪基因组编辑为例

猪是重要的生物医学模型,特别适合做人类疾病模型和异种器官移植供体。建立高效的基因编辑猪生产体系对动物育种、生物医学等领域有重要意义。

猪基因组编辑技术主要应用在抗病育种、人类疾病模型和异种器官移植供体方面。在抗病育种方面,目前已经获得抗蓝耳病猪、抗腹泻猪等基因编辑猪,显示出基因编辑技术在动物育种领域的巨大应用潜力。在人类疾病模型方面,已经构建了亨廷顿舞蹈症、心脏病等多个人类重大疾病的猪模型,极大推动了发病机制、药物筛选和

评价及基因治疗等研究。在异种器官移植供体方面,已经获得了去除猪内源性逆转录病毒的基因编辑猪,扫除了猪作为人的器官移植供体的一个重大安全风险。但是目前基因编辑猪生产技术体系的效率还十分低下。

未来,本研究将致力于建立高效的基因编辑猪生产体系,在猪抗病育种、人类疾病模型建立等方面取得开创性和引领性成果。利用体细胞核移植和受精卵注射两种策略生产基因编辑猪,优化卵母细胞成熟、胚胎培养等环节,比较两种策略的效率,满足猪基因组水平多种编辑类型需要。

1.6 RNA 编辑的深度利用

存在于细菌和古菌中的获得性免疫系统 CRISPR-Cas 目前已被广泛应用到生物技术领域,尤其是靶向 DNA 的 CRISPR-Cas9 技术。然而 CRISPR-Cas 系统靶向 RNA 的技术还处于初步应用阶段。RNA 是细胞中最重要的信使分子之一,然而 RNA 快速合成、代谢使得在体内很难靶向、跟踪或编辑,Cas13 系统通过调节 RNA 从而改变目的基因的表达效果,避免了直接操作基因组而产生的损伤。因此它既具有传统 CRISPR 基因编辑方法的大多数优点,而且在时间上、空间上和

效率上比 RNAi 更加安全可控。同时,具有易于设计、结构简单、操作方便、特异性强的特点。

基于 Cas13 蛋白开发的 RNA 工具在疾病研究和临床治疗中的应用将为人类医疗保健的巨大进步作出贡献。截至目前,人类致病突变最多的一类是点突变。基于 CRISPR 的靶向 DNA 的碱基编辑系统 CBEs(C>U)、ABEs(A>U)基本上能够实现 4 种碱基突变(C >T、A > G、T>C、G>A)的修复,但靶向 DNA 具有可遗传性和不可修复性等风险。相反,RNA 编辑系统可以从 RNA

水平上进行修复而不会永久性地遗传。目前基于 CRISPR-Cas13 家族的编辑系统 A>（I REPAIRv1）以及 C>U（RESCUE）基本上能修复致病突变的点突变。通过合理的设计方法，如 gRNA 的优化以及编辑蛋白的定向进化，可以进一步提高系统的特异性和效率。尽管目前基于 RNA 碱基编辑系统的例子非常令人鼓舞，但是将大蛋白递送到特定组织、体内脱靶点突变的潜在生物学后果等相关工作依然具有挑战性。因此，新型 RNA 碱基编辑器传送系统的开发，包括针对特定组织的系统，可能是未来几年的主要重点工作。在该技术中 Cas13 的优化 / 靶点的选择等方面需要机器学习的帮助。

1.7 基因组编辑技术治疗眼病

目前，基因编辑技术在眼病治疗方面已取得一定的进展，主要集中于青光眼及视网膜病变相关疾病治疗。开角性青光眼中，约 4% 患者是由于 MYOC 基因突变引起的。Yuan 及 Ankur 分别运用 SiRNA 干扰技术及 CRISPR/Cas9 系统对 MYOC 基因突变小鼠进行基因编辑，修复基因功能，具有显著病理改善。保护视锥细胞生理功能是目前针对视网膜病变的关键治疗目标。近期研究报道，利用基因编辑技术特异性下调视网膜区域 Nrl 表达，视杆细胞获得性部分视锥细胞功能特征，既保留视杆细胞特异性指标，提升存活力，又降低视锥细胞病变造成的视网膜功能障碍。Bakondi 研究组，运用 CRISPR/Cas9 编辑视网膜色素上皮变性大鼠的视网膜 S334ter-3 基因，有效修复视网膜病变。同时，Eunji 课题组开发出新的 CRISPR/Cas9 基因编辑系统，利用腺病毒递送到小鼠眼部，用于眼底疾病的基因治疗，提高基因编辑效率，也大大提高了眼底基因治疗效果。但，基因治疗的安全性及有效性在临床治疗应用上仍然处于试验阶段，需要更多临床研究积累。"血眼屏障"使得眼睛成为机体相对独立的器官，保障基因编辑技术在眼病治疗应用上的可行性。

探索针对遗传性眼病可行、安全、高效的基因治疗方案。如何找到并精准靶向致病突变位点，并将基因编辑工具递送至目标区域，修复突变的 DNA，是研究的重点。未来，研究计划运用最新 CRISPR/Cas9 系统，对眼部病变组织细胞的致病基因进行编辑，修复基因功能缺陷，改善眼部病理障碍，兼顾其安全性。

1.8 基因组编辑技术治疗罕见病

开发具有自主知识产权的基因组编辑治疗载体设计与制备技术，基因输送技术，基于 mRNA、小 RNA 的基因治疗技术，以及非基因编码区干预、反义基因治疗等新型技术。通过浙江大学罕见病研究中心，系统性收集罕见病及其他遗传疾病家系，针对国际上尚未开展基因治疗的疾病、新靶点设计基因治疗药物的类型、方案，开发具有自主知识产权的基因编辑的新型工具，在体内、体外的模型中开展临床前实验，并针对临床前功效和安全性俱佳的情况，针对病人开展临床研究。

1.9 基因组编辑技术在免疫细胞治疗肿瘤中的应用

免疫细胞治疗通过基因组改造技术对免疫细胞功能进行调控来治疗癌症等疾病，比如给 T 细胞装上一个嵌合抗原受体（CAR），特异性地识别肿瘤细胞。病毒递送外源基因时会随机插入基因组，导致差异性表达和癌变的风险。以 CRISPR/Cas9 为代表的基因编辑技术可以精确控制外源基因的插入位点，并对内源性基因进行编辑。初步研究表明定点插入产生的 CAR-T 细胞比病毒随机插入的细胞有更好的有效性。未来，拟应用基因编辑对多种免疫细胞进行精准的改造，发现提高有效性和安全性的技术路线和靶点以应用于临床治疗。

1.10 CRISPR / Cas 基因编辑在肿瘤治疗中的应用

CRISPR / Cas 基因编辑由于其高精度、高效率和强特异性而展现出优于其他基于核酸酶的基因组编辑工具的巨大优势。鉴于癌症是由过多的突变积累引起，这些突变导致致癌基因的激活和抑癌基因的失活，因此 CRISPR / Cas 系统是肿瘤基因组编辑和治疗的首选疗法。目前，CRISPR 系统在癌症免疫治疗领域已取得了较大的突破，包括免疫系统与肿瘤相互作用的鉴定，通用嵌合抗原受体 T 细胞的产生，免疫检查点抑制剂的抑制和溶瘤病毒疗法等。2020 年，美国宾夕法尼亚大学的 Carl H. June 团队对 3 名难治性癌症患者施行了一种结合基因编辑（CRISPR）技术的新型 T 细胞疗法的治疗，编辑后的 T 细胞体内存活时间长达 9 个月，未出现任何严重不良事件，表明 CRISPR/Cas9 进行 T 细胞编辑治疗癌症的安全性和有效性。同年，以色列特拉维夫大学的 Dan Peer 团队也利用 CRISPR 基因编辑在活体动物（小鼠）内成功治疗癌症，且经治疗的癌细胞永久失活，为治疗癌症开辟了更多新的可能性。

尽管 CRISPR 在鉴定预后和预测性生物标志物、新的信号通路和靶标以及癌症治疗中的新药中有着极大的潜力，CRISPR/Cas 将会为癌症治疗带来福音，但目前在实践过程中仍然存在很多难点：来自金黄色葡萄球菌和化脓性链球菌的 Cas9 可能引起不可避免的传染病；同时，脱靶效应和缺乏安全有效的递送系统也是 CRISPR/Cas 系统用于肿瘤治疗的一大障碍。

2. AI+ 基因组编辑领域文献计量分析

聚焦"AI+ 基因组编辑"领域十大交叉前沿研究方向，选取 Scopus 数据库收录的论文数据，通过相关检索获得各方向相关论文；并结合 SciVal 科研分析平台及可视化工具，对十大交叉前沿方向的研究现状及发展趋势进行文献计量学分析。（文献检索时间为 2021 年 4 月）

经检索，"AI+ 基因组编辑"领域十大交叉前沿方向 2015 年至今发表的文献数量在 100 篇至 8000 篇之间，其结果如图 4.1 所示。其中，文献数量最多的是方向 6，即 RNA 编辑的深度利用；文献数量最少的是方向 3，即引导编辑系统及其在植物中的应用。

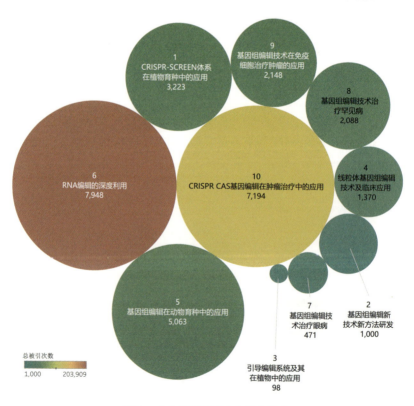

图 4.1 十大交叉前沿方向发文分布

2.1 CRISPR-SCREEN 体系在植物育种中的应用

2.1.1 总体概况

通过 Scopus 数据库检索 2015 年至今发表的 "CRISPR-SCREEN 体系在植物育种中的应用"相关论文，并将其导入 SciVal 平台后，最终共有文献 3223 篇，整体情况如图 4.2 所示。

图 4.2 方向文献整体概况

2015 年至今发表的 "CRISPR-SCREEN 体系在植物育种中的应用"相关文献的学科分布情况，如图 4.3 所示。在 Scopus 全学科期刊分类系统（ASJC）划分的 27 个学科中，该研究方向文献涉及的学科较为广泛、学科交叉特性较为明显。其中，较多的文献分布于 Biochemistry, Genetics and Molecular Biology（生物化学、遗传学和分子生物学）、Agricultural and Biological Sciences（农业与生物科学）、Multidisciplinary（多学科）、Medicine（医学）等学科。

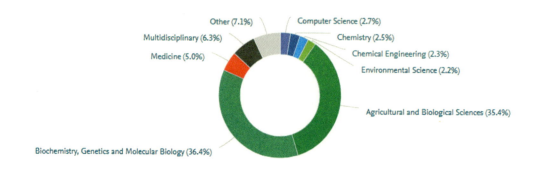

图 4.3 方向文献学科分布

2.1.2 方向研究热点与前沿

2.1.2.1 高频关键词

2015 年至今发表的 "CRISPR-SCREEN 体系在植物育种中的应用" 相关文献的前 50 个高频关键词，如图 4.4 所示。其中，Quantitative Trait Locus（数量性状基因座）、Genotyping by Sequencing（基因分型结果排序）、Rice（水稻）、Plant Breeding（植物育种）、Triticum Turgidum Subsp. Durum（四倍体亚种硬质小麦）等是该方向出现频率最高的高频词。

图 4.4 2015 年至今方向前 50 个高频关键词词云图

从 2015 年至今发表的方向前 50 个关键词的增长率情况看（如图 4.5 所示），方向增长最快的关键词有 Clustered Regularly Interspaced Short Palindromic Repeat（CRISPR，规律成簇间隔短回文重复序列）、Chloroplast Genome（叶绿体基因组）、Gene Editing（基因编辑）、Wheat（小麦）、Sorghum（高粱）等。

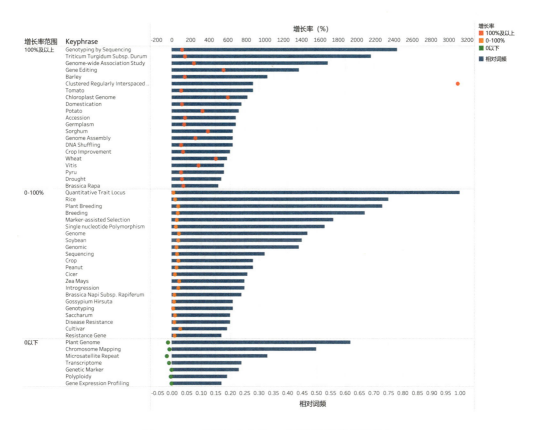

图 4.5 2015 年至今方向前 50 个关键词的增长率分布

2.1.2.2 方向相关热点主题（TOPIC）

从 2015 年至今发表的方向相关文献涉及的研究主题看（如图 4.6 所示），该方向最关注的主题是 T. 1840，"Oryza Rufipogon; Panicles; Quantitative Trait Loci"（普通野生稻；穗数；数量性状基因座），其显著性百分位达到了 98.931，是全球具有较高关注度和较快发展势头的研究方向。本方向论文占比最高的是 T.24487，即 "Hexaploidy; Wheat; Aegilops Tauschii"（六倍性；小麦；节节麦），其发文量虽然只有 75 篇，但占本主题的论文百分比高达 23.66%。此外，其他与方向具有相关性的主题方向的显著性百分位都在 94 以上，表明该方向整体上具有较高的全球关注度和较大的研究发展潜力。

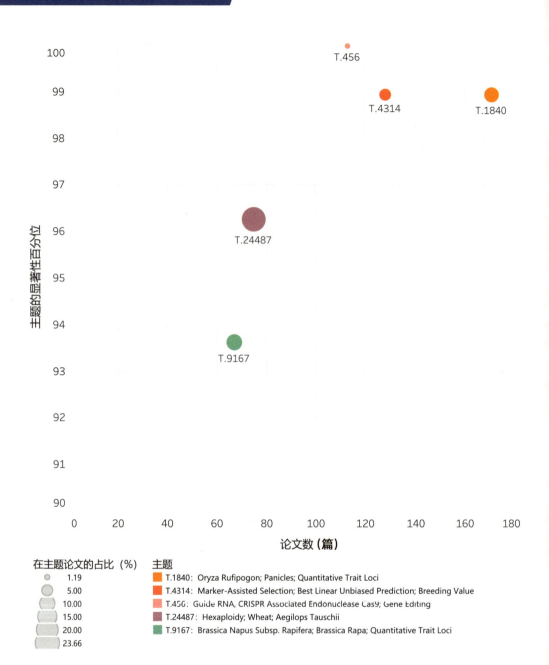

图 4.6 2015 年至今方向论文数最高的 5 个主题

2.1.3 方向高产国家 / 地区和机构

从 2015 年至今发表的方向相关文献主要的发文国家 / 地区看（如表 4.1 所示），该方向最主要的研究国家 / 地区有 China（中国）、United States（美国）、India（印度）、Australia（澳大利亚）、Germany（德国）等；从主要机构看（如图 4.7 所示），高产的机构包括：

Chinese Academy of Agricultural Sciences（中国农业科学院）、美国农业部（United States Department of Agriculture）、Chinese Academy of Sciences（中国科学院）等；2015 年至今方向高产作者见表 4.2。

表 4.1　2015 年至今方向前 10 个高产国家 / 地区

排名	国家 / 地区	发文量	点击量	FWCI	被引次数
1	China	1223	22487	1.41	15210
2	United States	797	21811	2.01	15423
3	India	335	7919	1.08	3886
4	Australia	230	6861	1.91	4367
5	Germany	187	5714	2.31	3518
6	Japan	168	4237	1.27	2285
7	United Kingdom	167	6190	2.72	4407
8	France	157	5273	2.21	3229
9	Republic of Korea	147	3173	0.99	1532
10	Canada	135	3977	1.81	2349

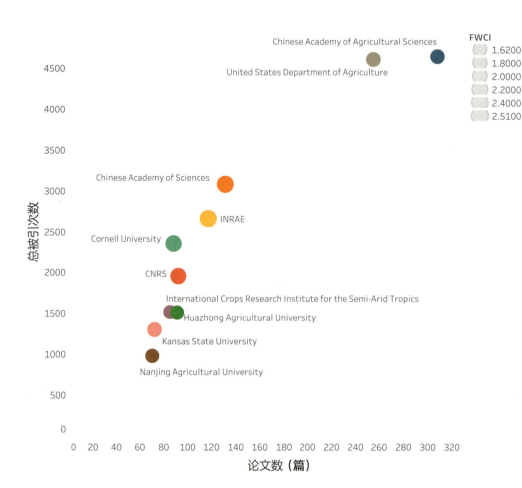

图 4.7 2015 年至今方向前 10 个高产机构

表 4.2 2015 年至今方向高产作者

排名	作者	机构	发文量	点击量	FWCI	被引次数
1	Varshney, Rajeev Kumar	International Crops Research Institute for the Semi-Arid Tropics	59	1345	1.99	1282
2	Poland, Jesse A.	Kansas State University	37	1402	2.55	999
3	Edwards, David	University of Western Australia	22	864	3.26	545
3	Singh, Ravi Prakash	International Maize and Wheat Improvement Center	22	1399	3.49	1003
5	Batley, Jacqueline	University of Western Australia	21	919	3.52	647
6	Crossa, José	Colegio de Postgraduados	19	1237	3.3	893
7	Shirasawa, Kenta	Kazusa DNA Research Institute	17	228	1.06	219
8	Pandey, Manish K.	Bhabha Atomic Research Centre	16	252	1.8	257
9	Belzile, François J.	Université Laval	15	458	3.17	306
9	Nguyen, Henry T.	University of Missouri	15	614	3.34	424
9	Saxena, Rachit Kumar	International Crops Research Institute for the Semi-Arid Tropics	15	297	1.72	288
9	Thudi, Mahendar	International Crops Research Institute for the Semi-Arid Tropics	15	318	2.12	351

2.2 基因组编辑新技术新方法研发

2.2.1 总体概况

通过 Scopus 数据库检索 2015 年至今发表的"基因组编辑新技术新方法研发"相关论文，并将其导入 SciVal 平台后，最终共有文献 5102 篇，整体情况如图 4.8 所示。

图 4.8 方向文献整体概况

2015 年至今发表的"基因组编辑新技术新方法研发"相关文献的学科分布情况，如图 4.9 所示。在 Scopus 全学科期刊分类系统（ASJC）划分的 27 个学科中，该研究方向文献涉及的学科较为广泛、学科交叉特性较为明显。其中，较多的文献分布于 Biochemistry, Genetics and Molecular Biology（生物化学、遗传学和分子生物学）、Medicine（医学）、Agricultural and Biological Sciences（农业与生物科学）、Immunology and Microbiology（免疫学和微生物学）、Multidisciplinary（跨学科）等学科。

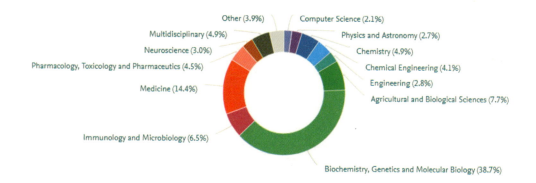

图 4.9 方向文献学科分布

2.2.2 研究热点与前沿

2.2.2.1 高频关键词

2015 年至今发表的"基因组编辑新技术新方法研发"相关文献的前 50 个高频关键词，如图 4.10 所示。其中，Clustered Regularly Interspaced Short Palindromic Repeat（CRISPR，规律成簇间隔短回文重复序列）、Gene Editing（基因编辑）、Editing（编辑）、Guide RNA（向导 RNA）、Induced Pluripotent Stem Cell（诱导多能干细胞）等是该方向出现频率最高的高频词。

图 4.10 2015 年至今方向前 50 个高频关键词词云图

从 2015 年至今方向前 50 个关键词的增长率情况看（如图 4.11 所示），该方向增长较快的关键词有 Editor（编辑器）、Chimeric Antigen Receptor（嵌合抗原受体）、Adenine（腺嘌呤）、Organoid（类器官）、Editing（编辑）等。此外，2015 年以来新增的高频关键词有 Cytosine（胞嘧啶）、Cytidine Deaminase（胞苷脱氨酶）。

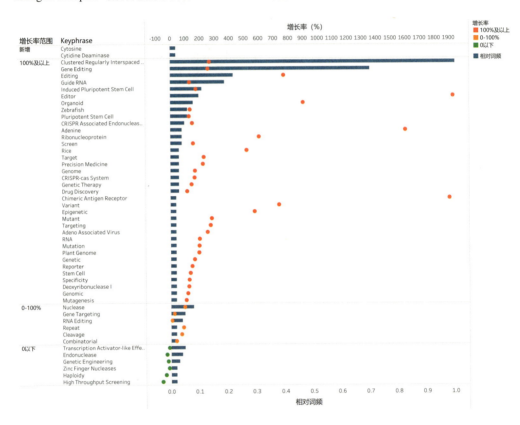

图 4.11 2015 年至今方向前 50 个关键词的增长率分布

2.2.2.2 方向相关热点主题（TOPIC）

从 2015 年至今发表的方向相关文献涉及的研究主题看（如图 4.12 所示），该方向最关注的主题是 T.456，"Guide RNA; CRISPR Associated Endonuclease Cas9; Gene Editing"（向导 RNA；CRISPR 相关核酸内切酶 Cas9；基因编辑），其文献量最大，相关度也最高（方向文献在主题中的占比达到 22.61%），显著性百分位达到了 99.980，是全球具有很高关注度和发展势头的研究方向。此外，其他几个具有一定相关性的主题方向的显著性百分位都在 98 以上，都具有较高的全球关注度和研究发展潜力。

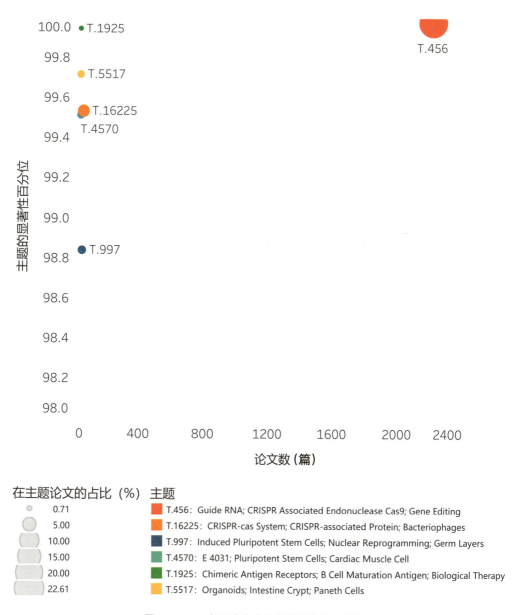

在主题论文的占比（%） 主题

- 0.71
- 5.00
- 10.00
- 15.00
- 20.00
- 22.61

T.456：Guide RNA; CRISPR Associated Endonuclease Cas9; Gene Editing

T.16225：CRISPR-cas System; CRISPR-associated Protein; Bacteriophages

T.997：Induced Pluripotent Stem Cells; Nuclear Reprogramming; Germ Layers

T.4570：E 4031; Pluripotent Stem Cells; Cardiac Muscle Cell

T.1925：Chimeric Antigen Receptors; B Cell Maturation Antigen; Biological Therapy

T.5517：Organoids; Intestine Crypt; Paneth Cells

图 4.12 2015 年至今方向论文数最高的 5 个主题

2.2.3 高产国家 / 地区和机构

从 2015 年至今发表的方向相关文献主要的发文国家 / 地区看（如表 4.3 所示），该方向最主要的研究国家 / 地区有 United States（美国）、China（中国）、United Kingdom（英国）、Germany（德国）和 Japan（日本）等；

从主要机构看（如图 4.13 所示），高产的机构包括：Harvard University（哈佛大学）、Chinese Academy of Sciences（中国科学院）、Massachusetts Institute of Technology（麻省理工学院）等；2015 年至今方向高产作者见表 4.4。

表 4.3 2015 年至今方向前 10 个高产国家 / 地区

排名	国家 / 地区	发文量	点击量	FWCI	被引次数
1	United States	2364	67369	3.1	73885
2	China	1310	34313	2.43	25584
3	United Kingdom	443	12195	3	10436
4	Germany	376	11342	2.96	9921
5	Japan	308	9089	2.1	6530
6	Republic of Korea	196	6009	2.6	5371
7	France	189	6151	3.29	4704
8	Canada	175	5069	2.77	2170
9	Australia	145	5093	2.67	3070
10	Netherlands	143	4430	2.41	3346

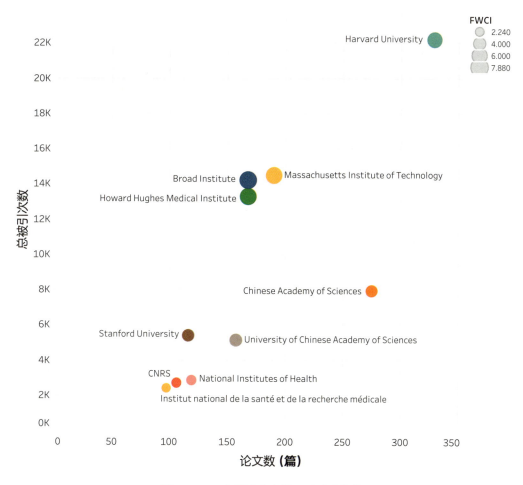

图 4.13 2015 年至今方向前 10 个高产机构

表 4.4 2015 年至今方向高产作者

排名	作者	机构	发文量	点击量	FWCI	被引次数
1	Liu, David R.	Harvard University	50	2710	14.38	6787
2	Kim, Jinsoo	Seoul National University	48	2106	5.48	3536
3	Huang, Xingxu	Chinese Academy of Sciences	38	693	2.34	934
4	Gao, Caixia	University of Chinese Academy of Sciences	33	1406	8.48	2269
4	Lai, Liangxue	CAS - Guangzhou Institute of Biomedicine and Health	33	610	2.34	597
6	Joung, J. Keith	Harvard University	27	1658	18.62	5739
7	Li, Zhanjun	Jilin University	26	499	1.61	341
8	Doudna, Jennifer A.	Howard Hughes Medical Institute	23	1437	8.26	2731
9	Chen, Mao	Jilin University	21	393	1.79	326
10	Yang, Hui	CAS - Shanghai Institute for Biological Sciences	20	1306	4.38	786

2.3 引导编辑系统及其在植物中的应用

2.3.1 总体概况

通过 Scopus 数据库检索 2015 年至今发表的"引导编辑系统及其在植物中的应用"相关论文，并将其导入 SciVal 平台后，最终共有文献 98 篇，整体情况如图 4.14 所示。

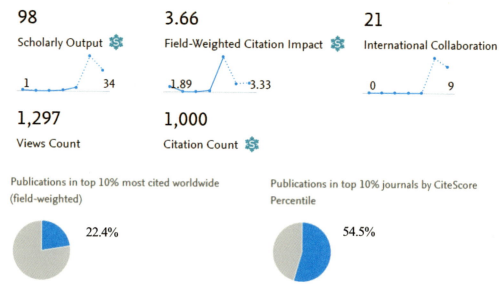

图 4.14 方向文献整体概况

2015 年至今发表的"引导编辑系统及其在植物中的应用"相关文献的学科分布情况，如图 4.15 所示。在 Scopus 全学科期刊分类系统（ASJC）划分的 27 个学科中，该研究方向文献涉及的学科较为广泛、学科交叉特性较为明显。其中，较多的文献分布于 Biochemistry, Genetics and Molecular Biology（生物化学、遗传学和分子生物学）、Agricultural and Biological Sciences（农业与生物科学）、Medicine（医学）、Engineering（工程学）、Chemical Engineering（化学工程）等学科。

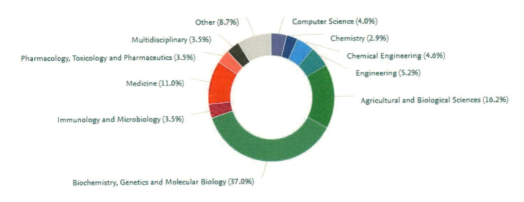

图 4.15 方向文献学科分布

2.3.2 方向研究热点与前沿

2.3.2.1 高频关键词

2015 年至今发表的"引导编辑系统及其在植物中的应用"相关文献的前 50 个高频关键词，如图 4.16 所示。其中，Editing（编辑）、Clustered Regularly Interspaced Short Palindromic Repeat（CRISPR，规律成簇间隔短回文重复序列）、Gene Editing（基因编辑）、Prime（先导）、Editor（编辑器）等是该方向出现频率最高的高频词。

图 4.16 2015 年至今方向前 50 个高频关键词词云图

从 2015 年至今发表的方向前 50 个关键词的增长率情况看（如图 4.17 所示），方向增长最快的关键词有 Editing（编辑）、Prime（先导）等。此外，2015 年以来新增的高频关键词有：Clustered Regularly Interspaced Short Palindromic Repeat（CRISPR，规律成簇间隔短回文重复序列)、Gene Editing(基因编辑)、Editor(编辑器)、Guide RNA(向导 RNA)、Genetic Therapy(遗传治疗)、Nuclease(核酸酶)、Plant Genome(植物基因组)、Rice(水稻)、Herbicide Resistance(除草剂抗性)、Ornamental Plant(观赏植物)、RNA Directed DNA Polymerase(RNA 向导的 DNA 聚合酶)、Primer(引导物)、Biotechnology(生物技术)、Fatty Liver(脂肪肝)、Atrial Fibrillation(心房颤动)、Breeding(育种)、Domestication(驯化)、Beta-thalassemia(β- 地中海贫血)、Cell Component(细胞成分)、Crop Improvement(作物改良)、Cystic Fibrose Transmembrane Conductance Regulator(囊性纤维化跨膜转导调节器)、Plant(植物)、Spinal Cord Injury(脊髓受伤)、Stripe Rust(条锈

病)、Signature(药效价值)、DNA Cleavage(DNA 裂解)、RNA Editing(核糖核酸编辑)、Plant Performance(植物性能)、Advanced Launch System (STS)(先进发射系统)、Oilseed Crop(油料作物)、Nobel Prize(诺贝尔奖)、State Machine(状态机)、CRISPR-Cas System(CRISPR-Cas 系统)、Endonuclease(核酸内切酶)、Neurobiology(神经生物学)、Genomic(基因组的)、Bioengineering(生物工程)、Agriculture(农业)、Hardware Description Language(硬件描述语言)、Enzyme Activity(酶活力)、Oilseed(油料籽实)、Oligonucleotide(寡核苷酸)、Substitution(替代)、Recovery(复原)、Potato(土豆)、Staphylococcus Aureus(金黄色酿脓葡萄球菌)。

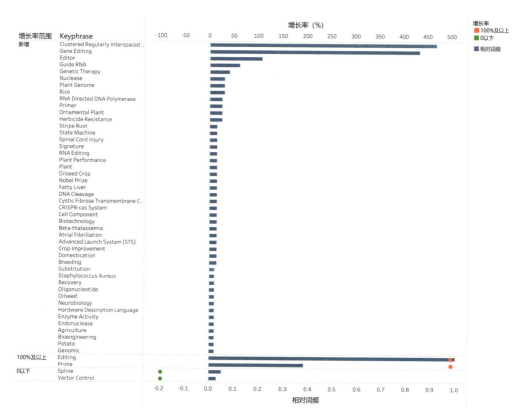

图 4.17 2015 年至今方向前 50 个关键词的增长率分布

2.3.2.2 方向相关热点主题（TOPIC）

从 2015 年至今发表的方向相关文献涉及的研究主题看（如图 4.18 所示），该方向最关注的主题是 T.456，"Guide RNA; CRISPR Associated Endonuclease Cas9; Gene Editing"（向导 RNA；CRISPR 相关内切酶 Cas9；基因编辑），其属于本主题的论文数为 83 篇，占据该方向主题总论文数的 83.8%，且 FWCI 值高达 4.24，显著性百分位达到了 99.980，是全球最具关注度和发展势头的研究方向。此外，其余主题的论文数仅有 1 篇，代表性不强，因此不作描述。

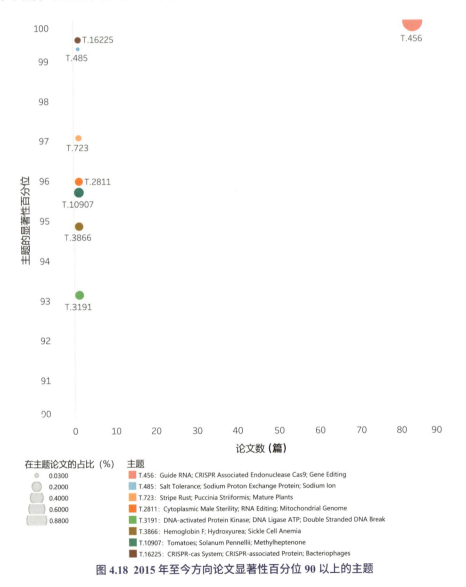

图 4.18　2015 年至今方向论文显著性百分位 90 以上的主题

2.3.3 方向高产国家 / 地区和机构

从 2015 年至今发表的方向相关文献主要的发文国家 / 地区看（如表 4.5 所示），该方向最主要的研究国家 / 地区有 United States（美国）、China（中国）、Germany（德国）、Republic of Korea（韩国）、United Kingdom（英国）等；从主要机构看（如图 4.19 所示），高产的机构包括：Chinese Academy of Sciences（中国科学院）、University of Chinese Academy of Sciences（中国科学院大学）、Harvard University（哈佛大学）、Massachusetts Institute of Technology（麻省理工学院）等；2015 年至今方向高产作者见表 4.6。

表 4.5 2015 年至今方向前 10 个高产国家 / 地区

排名	国家 / 地区	发文量	点击量	FWCI	被引次数
1	United States	26	442	8.38	790
2	China	23	421	6.15	246
3	Germany	10	123	2.24	27
3	Republic of Korea	10	53	5.97	17
5	United Kingdom	5	45	1.19	20
6	France	4	53	0.72	9
6	Netherlands	4	31	1.09	13
6	Russian Federation	4	59	0.08	1
9	Australia	3	12	1.13	1
9	Canada	3	62	0.52	6
9	Czech Republic	3	56	4.74	14
9	India	3	12	2.23	2
9	Poland	3	53	3.61	13
9	Saudi Arabia	3	37	4.31	27

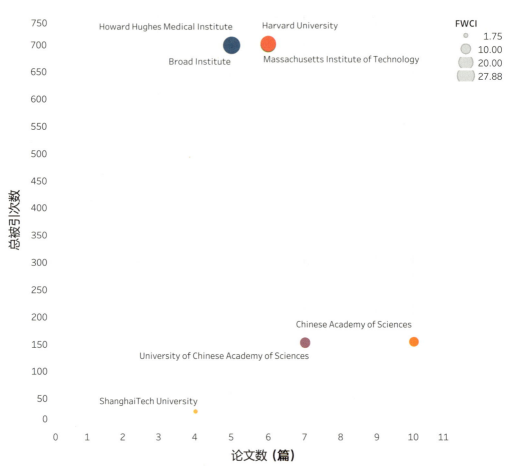

图 4.19 2015 年至今方向高产机构

表 4.6 2015 年至今方向高产作者

排名	作者	机构	发文量	点击量	FWCI	被引次数
1	Liu, David R.	Harvard University	5	238	27.88	699
2	Anzalone, Andrew V.	Harvard University	4	238	34.86	699
3	Gao, Caixia	University of Chinese Academy of Sciences	3	131	18.7	113
3	Hensel, Goetz	Palacký University Olomouc	3	56	4.74	14
5	Chen, Jia	Chinese Academy of Sciences	2	31	1.17	5

续表

排名	作者	机构	发文量	点击量	FWCI	被引次数
5	Chen, Yulin	Northwest Agriculture and Forestry University	2	46	2.34	22
5	Gonçalves, Manuel A.F.V.	Leiden University	2	15	0.47	4
5	Huang, Xingxu	Chinese Academy of Sciences	2	46	2.34	22
5	Kim, Yongsam	University of Science and Technology UST	2	16	0.8	3
5	Ko, Jeongheon	Korea Research Institute of Bioscience and Biotechnology	2	16	0.8	3
5	Koblan, Luke W.	Harvard University	2	195	45.05	610
5	Lin, Qiupeng	University of Chinese Academy of Sciences	2	59	25.85	93
5	Lu, Yuming	Chinese Academy of Sciences	2	8	6.41	2
5	Marzec, Marek	University of Silesia in Katowice	2	47	5.42	13
5	Newby, Gregory A.	Harvard University	2	149	34.1	519
5	Puchta, Holger	Karlsruhe Institute of Technology	2	14	0	0
5	Qi, Yiping	University of Maryland, College Park	2	21	18.93	31
5	Raguram, Aditya	Harvard University	2	192	58.76	608
5	Smirnikhina, S. A.	Russian Academy of Medical Sciences	2	18	0	0
5	Sretenovic, Simon	University of Maryland, College Park	2	21	18.93	31
5	Veillet, Florian	Unknown Institution	2	14	1.16	7
5	Wang, Xiaolong	Chinese Academy of Agricultural Sciences	2	46	2.34	22
5	Yang, Li	University of Chinese Academy of Sciences	2	31	1.17	5
5	Yin, Desuo	Chinese Academy of Agricultural Sciences	2	21	18.93	31
5	Zhu, Jiankang	Chinese Academy of Sciences	2	15	11.61	16

2.4 线粒体基因组编辑技术及临床应用

2.4.1 总体概况

通过 Scopus 数据库检索 2015 年至今发表的"线粒体基因组编辑技术及临床应用"相关论文，并将其导入 SciVal 平台后，最终共有文献 1370 篇，整体情况如图 4.20 所示。

图 4.20 方向文献整体概况

2015 年至今发表的"线粒体基因组编辑技术及临床应用"相关文献的学科分布情况，如图 4.21 所示。在 Scopus 全学科期刊分类系统（ASJC）划分的 27 个学科中，该研究方向文献涉及的学科较为广泛、学科交叉特性较为明显。其中，较多的文献分布于 Biochemistry, Genetics and Molecular Biology（生物化学、遗传学和分子生物学）、Medicine（医学）、Immunology and Microbiology（免疫学与微生物学）、Neuroscience（神经生物学）、Multidisciplinary（多学科）等学科。

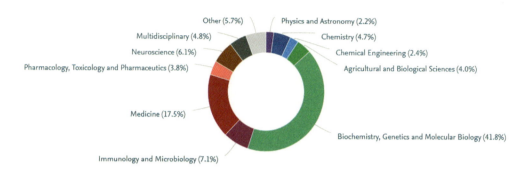

图 4.21 方向文献学科分布

2.4.2 方向研究热点与前沿

2.4.2.1 高频关键词

2015 年至今发表的"线粒体基因组编辑技术及临床应用"相关文献的前 50 个高频关键词，如图 4.22 所示。其中，Clustered Regularly Interspaced Short Palindromic Repeat（CRISPR，规律成簇间隔短回文重复序列）、

Gene Editing（基因编辑）、Mitochondrial DNA（线粒体 DNA）、Mitochondria（线粒体）、Mitochondrial Disease（线粒体疾病）等是该方向出现频率最高的高频词。

图 4.22 2015 年至今方向前 50 个高频关键词词云图

从 2015 年至今方向前 50 个关键词的增长率情况看（如图 4.23 所示），该方向增长较快的关键词有 Induced Pluripotent Stem Cell（诱导多能干细胞）、Neurodegenerative Disease（神经退行性疾病）、Mitophagy（线粒体自噬）、Myoblast（成肌细胞）、Editing（编辑）等。此外，2015 年以来新增的高频关键词有 Mitochondrial Dynamic（线粒体动力学）、Mitochondrial Ribosome（线粒体核糖体）、Inflammasome（炎性体）、Transfer RNA（转移核糖核酸）、Amyotrophic Lateral Sclerose（肌萎缩性脊髓侧索硬化）、Lysosome（溶酶体）、Calcium Ion（钙离子）、Long Noncoding RNA（长非编码 RNA）、Cardiolipin（心磷脂）、Venetoclax（维奈托克）、Cytochrome C Oxidase（细胞色素 C 氧化酶）。

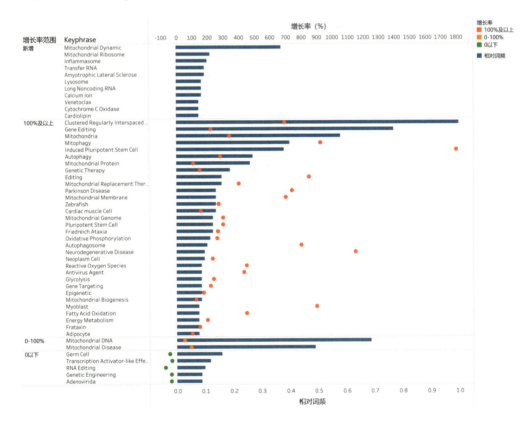

图 4.23 2015 年至今方向前 50 个关键词的增长率分布

2.4.2.2 方向相关热点主题（TOPIC）

从 2015 年至今发表的方向相关文献涉及的研究主题看（如图 4.24 所示），该方向最关注的主题是 T.456，"Guide RNA；CRISPR Associated Endonuclease Cas9; Gene Editing"（向导 RNA；CRISPR 相关核酸内切酶 Cas9；基因编辑），其文献量最大、显著性百分位也最高，达到了 99.980，是全球具有较高关注度和发展势头的研究方向。本方向论文占比最高的是 T.13032，即"Mitochondrial Replacement Therapy; Mitochondrial DNA; Oocytes"（线粒体替代疗法；线粒体 DNA；卵母细胞），其发文量虽然只有 58 篇，但占本主题的论文百分比高达 7.98%。此外，其他与方向具有相关性的主题方向也均呈现较高的显著性百分位（99 以上）。可以表明，该方向整体上具有较高的全球关注度和较大的研究发展潜力。

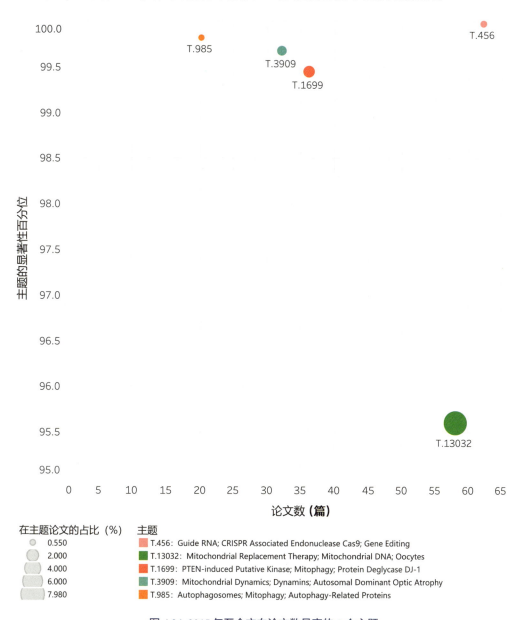

在主题论文的占比（%）
0.550
2.000
4.000
6.000
7.980

主题
T.456: Guide RNA; CRISPR Associated Endonuclease Cas9; Gene Editing
T.13032: Mitochondrial Replacement Therapy; Mitochondrial DNA; Oocytes
T.1699: PTEN-induced Putative Kinase; Mitophagy; Protein Deglycase DJ-1
T.3909: Mitochondrial Dynamics; Dynamins; Autosomal Dominant Optic Atrophy
T.985: Autophagosomes; Mitophagy; Autophagy-Related Proteins

图 4.24 2015 年至今方向论文数最高的 5 个主题

2.4.3 方向高产国家 / 地区和机构

从 2015 年至今发表的方向相关文献主要的发文国家 / 地区看（如表 4.7 所示），该方向最主要的研究国家 / 地区有 United States（美国）、China（中国）、United Kingdom（英国）、Germany（德国）和 Japan（日本）等；从主要机构看（如图 4.25 所示），高产的机构包括：Harvard University（哈佛大学）、Chinese Academy of Sciences（中国科学院）、Institut national de la santé et de la recherche médicale（法国国家健康与医学研究院）等；2015 年至今方向高产作者见表 4.8。

表 4.7 2015 年至今方向前 10 个高产国家 / 地区

排名	国家 / 地区	发文量	点击量	FWCI	被引次数
1	United States	610	12581	2.44	13311
2	China	322	5836	1.42	3868
3	United Kingdom	136	3567	2.27	2703
4	Germany	119	2981	2.85	2923
5	Japan	90	1915	1.71	1588
6	Canada	78	1958	3.08	2047
7	France	75	1604	1.59	1043
8	Italy	64	1921	1.79	912
9	Spain	45	1325	2.1	916
10	Netherlands	40	1214	2.41	918
10	Switzerland	40	821	2.11	617

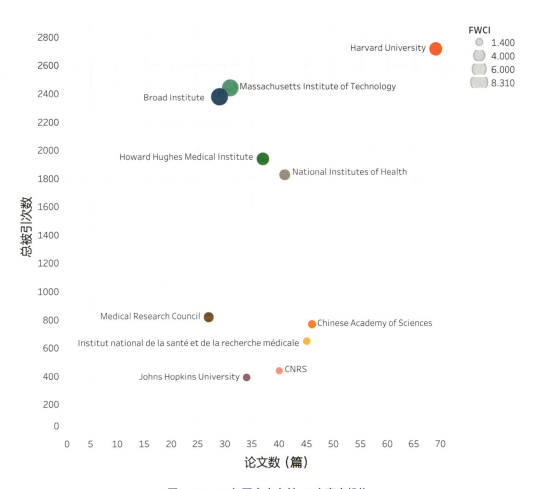

图 4.25 2015 年至今方向前 10 个高产机构

表 4.8 2015 年至今方向高产作者

排名	作者	机构	发文量	点击量	FWCI	被引次数
1	Moraes, Carlos Torres	University of Miami	11	270	3.47	433
2	Doench, John Gerard	Broad Institute	9	365	4.69	301
3	Bacman, Sandra R.	University of Miami	8	225	3.8	337
4	Chiurillo, Miguel Ángel	University of Georgia	7	69	2.44	127
4	Docampo, Roberto	University of Georgia	7	69	2.44	127
4	Lander, Noelia Marina	University of Georgia	7	69	2.44	127
4	Ryan, Michael T.	Monash University	7	314	3.66	429
8	Adashi, Eli Y.	Brown University	6	105	1.01	29
8	Barrientos, Antoni	University of Miami	6	59	1.61	105
8	Harper, J. Wade	Harvard University	6	203	4.12	254
8	Minczuk, Michal	Medical Research Council	6	183	4.04	228
8	Sabatini, David M.	Howard Hughes Medical Institute	6	210	7.52	817
8	Stroud, David A.	University of Melbourne	6	306	3.71	391
8	Vercesi, Aníbal Eugênio	Universidade Estadual de Campinas	6	63	2.14	124
8	Youle, Richard J.	National Institutes of Health	6	393	10.35	1205

2.5 基因组编辑在动物育种中的应用

2.5.1 总体概况

通过 Scopus 数据库检索 2015 年至今发表的"基因组编辑在动物育种中的应用"相关论文，并将其导入 SciVal 平台后，最终共有文献 5063 篇，整体情况如图 4.26 所示。

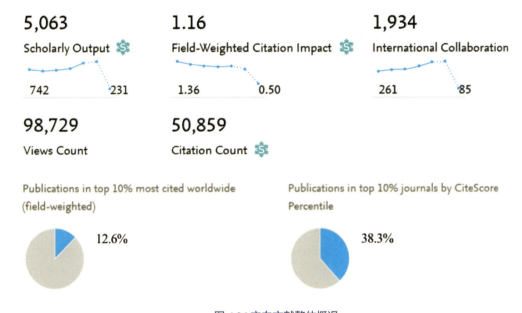

图 4.26 方向文献整体概况

2015 年至今发表的"基因组编辑在动物育种中的应用"相关文献的学科分布情况，如图 4.27 所示。在 Scopus 全学科期刊分类系统（ASJC）划分的 27 个学科中，该研究方向文献涉及的学科较为广泛、学科交叉特性较为明显。其中，较多的文献分布于 Biochemistry, Genetics and Molecular Biology（生物化学、遗传学和分子生物学）、Agricultural and Biological Sciences（农业与生物科学）、Medicine（医学）、Veterinary（病毒学）、Multidisciplinary（多学科）等学科。

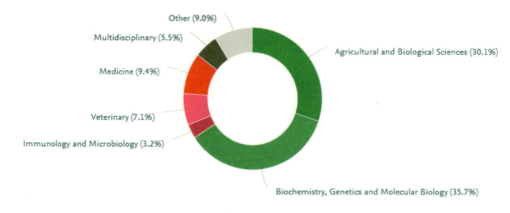

图 4.27 方向文献学科分布

2.5.2 方向研究热点与前沿

2.5.2.1 高频关键词

2015 年至今发表的"基因组编辑在动物育种中的应用"相关文献的前 50 个高频关键词，如图 4.28 所示。其中，Marker-assisted Selection（标记辅助选择）、Genomic（基因组的）、Genome-wide Association Study（全基因组关联研究）、Breed（品种）、Quantitative Trait Locus（数量性状基因座）等是该方向出现频率最高的高频词。

从 2015 年至今方向前 50 个关键词的增长率情况看（如图 4.29 所示），该方向增长较快的关键词有 Clustered Regularly Interspaced Short Palindromic Repeat（CRISPR，规律成簇间隔短回文重复序列）、Gene Editing（基因编辑）、Whole Genome Sequencing（全基因组测序）、Growth Trait（生长性状）、Goat（山羊）等。

增长率
■ 高
■ 较高
■ 中
■ 低

Genome Natural Selection
Domestication Genetic Improvement Imputation Livestock Buffalo
Heritable Quantitative Trait Gene Editing Beef Cattle Breeding Litter Size Domestic pig
Inbreeding Cattle Breed Breeding Value Nellore Selective Breeding Microsatellite Repeat
Quantitative Trait Locus Dairy Cattle Marker-assisted Selection
Genomic Genome-wide Association Study Copy number Variation
Gene Linkage Disequilibrium Clustered Regularly Interspaced Short Palindromic Repeat Swine Bull
Goat Holstein-friesian Cattle Homozygosity Single nucleotide Polymorphism Dog
Chicken Best Linear Unbiased Prediction Whole Genome Sequencing Cattle Breeding Breed Trait
Haplotype Mitochondrial Genome Chromosome Mapping Growth Trait Sheep
Pedigree Przewalski Horse Crossbreed Cattle
Genetic Cross

图 4.28 2015 年至今方向前 50 个高频关键词词云图

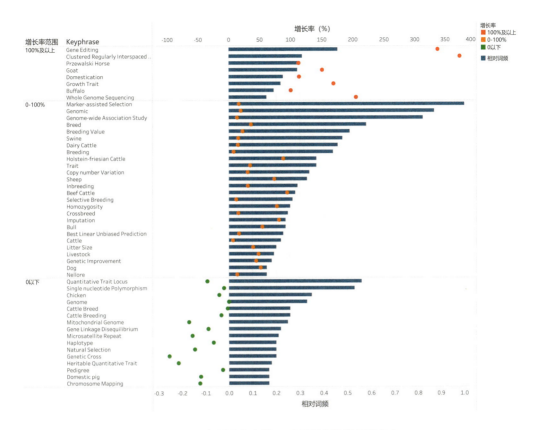

图 4.29 2015 年至今方向前 50 个关键词的增长率分布

2.5.2.2 方向相关热点主题（TOPIC）

　　从 2015 年至今发表的方向相关文献涉及的研究主题看（如图 4.30 所示），该方向文献量最大的且占本主题总论文数比例最高的是 T.4314，"Marker-Assisted Selection; Best Linear Unbiased Prediction; Breeding Value"（标记辅助选择；最佳线性无偏预测；育种价值），其显著性百分位达到了 98.935，是全球具有很高关注度和发展势头的研究方向。此外，其他与方向具有相关性的主题方向也均呈现较高的显著性百分位（均超过 84）。可以表明，该方向整体上具有较高的全球关注度和较大的研究发展潜力。

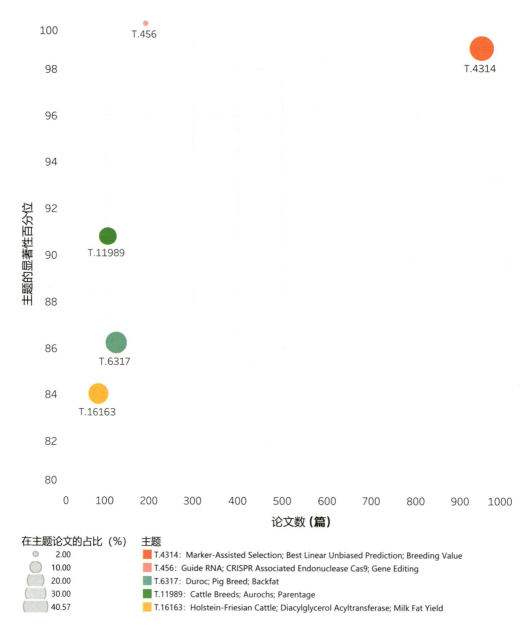

图 4.30 2015 年至今方向论文数最高的 5 个主题

2.5.3 方向高产国家 / 地区和机构

从 2015 年至今发表的方向相关文献主要的发文国家 / 地区看（如表 4.9 所示），该方向最主要的研究国家 / 地区有 United States（美国）、China（中国）、United Kingdom（英国）、Australia（澳大利亚）和 Germany（德国）等；从主要机构看（如图 4.31 所示），高产的机构包括：INRAE（法国国家农业食品与环境研究院）、Chinese Academy of Agricultural Sciences（中国农业科学院）、United States Department of Agriculture（美国农业部）、University of Edinburgh（爱丁堡大学）、Wageningen University & Research（瓦格宁根大学与研究中心）等；2015 年至今方向高产作者见表 4.10。

表 4.9 2015 年至今方向前 10 个高产国家 / 地区

排名	国家 / 地区	发文量	点击量	FWCI	被引次数
1	United States	1368	29755	1.47	18816
2	China	1235	18814	0.97	10176
3	United Kingdom	420	11637	1.87	7971
4	Australia	375	8822	1.52	4932
5	Germany	372	8688	1.26	4737
6	Brazil	308	5521	1.18	2682
7	France	305	7969	1.7	4767
8	Canada	258	5992	1.65	3821
9	Netherlands	241	6308	1.52	3335
10	Denmark	233	5366	1.5	3192

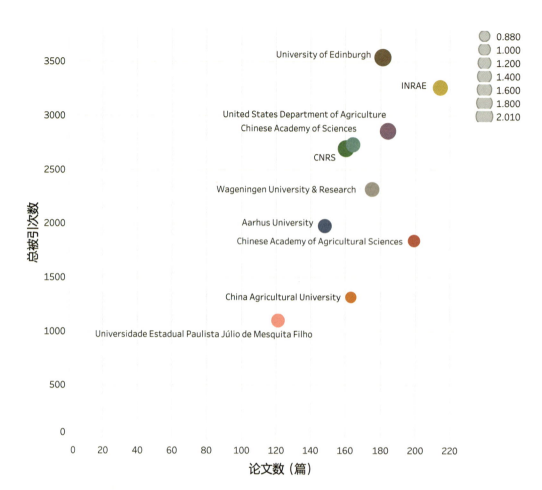

图 4.31 2015 年至今方向前 10 个高产机构

表 4.10 2015 年至今方向高产作者

排名	作者	机构	发文量	点击量	FWCI	被引次数
1	Lourenço, Daniela Andressa Lino	University of Georgia	55	814	1.82	604
2	Lund, Mogens Sandø	Aarhus University	53	854	1.4	805
3	Misztal, Ignacy	University of Georgia	52	764	1.94	741
4	Calus, Mario P.L.	Wageningen University & Research	50	848	1.34	587
4	Hayes, Ben J.	University of Queensland	50	1255	2.08	1000
6	Schenkel, Flávio Schramm	University of Guelph	49	854	1.58	457
7	Brito, Luiz Fernando	Purdue University	48	747	1.94	435
8	Guldbrandtsen, Bernt	University of Bonn	39	743	1.41	603
9	Leeb, Tosso	University of Bern	37	694	1.44	450
9	Sahana, Goutam	Aarhus University	37	623	1.26	553

2.6 RNA 编辑的深度利用

2.6.1 总体概况

通过 Scopus 数据库检索 2015 年至今发表的"RNA 编辑的深度利用"相关论文，并将其导入 SciVal 平台后，最终共有文献 7948 篇，整体情况如图 4.32 所示。

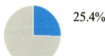

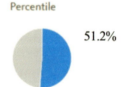

图 4.32 方向文献整体概况

2015 年至今发表的"RNA 编辑的深度利用"相关文献的学科分布情况，如图 4.33 所示。在 Scopus 全学科期刊分类系统（ASJC）划分的 27 个学科中，该研究方向文献涉及的学科较为广泛、学科交叉特性较为明显。其中，较多的文献分布于 Biochemistry, Genetics and Molecular Biology（生物化学、遗传学和分子生物学）学科、Medicine（医学）、Agricultural and Biological Sciences（农业与生物科学）、Immunology and Microbiology（免疫学与微生物学）、Multidisciplinary（多学科）等学科。

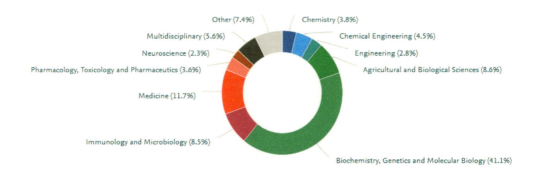

图 4.33 方向文献学科分布

2.6.2 方向研究热点与前沿

2.6.2.1 高频关键词

　　2015 年至今发表的 "RNA 编辑的深度利用"相关文献的前 50 个高频关键词，如图 4.34所示。其中，Clustered Regularly Interspaced Short Palindromic Repeat（CRISPR，规律成簇间隔短回文重复序列）、Gene Editing（基因编辑）、Guide RNA（向导 RNA）、RNA Editing（核糖核酸编辑）、RNA（核糖核酸）等是该方向出现频率最高的高频词。

图 4.34 2015 年至今方向前 50 个高频关键词词云图

从 2015 年至今方向前 50 个关键词的增长率情况看（如图 4.35 所示），该方向增长较快的关键词有 Ribonucleoprotein（核糖核蛋白）、Chloroplast Genome（叶绿体基因组）、Editing（编辑）、Electroporation（电穿孔）、Screen（筛选）等。此外，2015 年以来新增的高频关键词有 Editor（编辑器）、SARS Virus（SARS 病毒）。

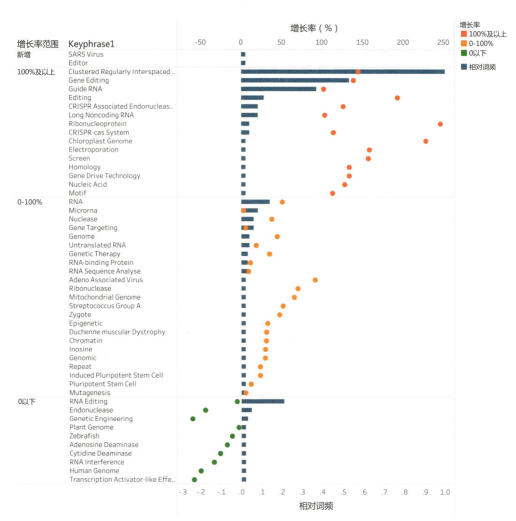

图 4.35 2015 年至今方向前 50 个关键词的增长率分布

2.6.2.2 方向相关热点主题（TOPIC）

从 2015 年至今发表的方向相关文献涉及的研究主题（如图 4.36 所示），该方向文献量最大的主题是 T. 456，"Guide RNA; CRISPR Associated Endonuclease Cas9; Gene Editing"

（向导 RNA；CRISPR 相关内切酶 Cas9；基因编辑），其显著性百分位达到了 99.980，是全球具有很高关注度和发展势头的研究方向。本方向论文占比最高的是 T.12215，即"RNA Editing; Inosine; Adenosine Deaminase"（核糖核酸编辑；肌苷；腺甙脱氨酶），其发文量虽然

远低于 T.456 主题，但占本主题的论文百分比高达 36.71%。此外，其他与方向具有相关性的主题方向也均呈现较高的显著性百分位（均在 96 以上）。可以表明，该方向整体上具有较高的全球关注度和较大的研究发展潜力。

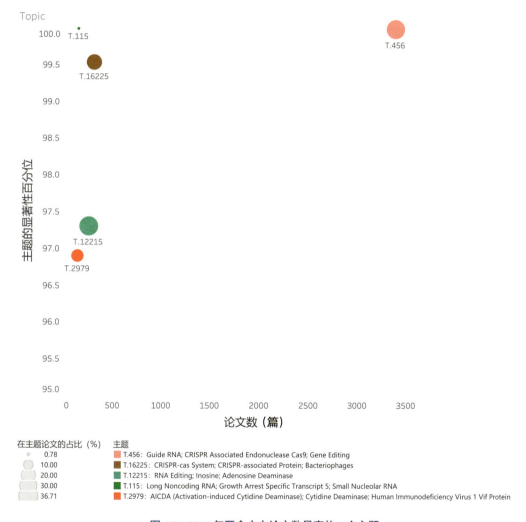

Topic

在主题论文的占比（%）　主题
- 0.78　　T.456: Guide RNA; CRISPR Associated Endonuclease Cas9; Gene Editing
- 10.00　　T.16225: CRISPR-cas System; CRISPR-associated Protein; Bacteriophages
- 20.00　　T.12215: RNA Editing; Inosine; Adenosine Deaminase
- 30.00　　T.115: Long Noncoding RNA; Growth Arrest Specific Transcript 5; Small Nucleolar RNA
- 36.71　　T.2979: AICDA (Activation-induced Cytidine Deaminase); Cytidine Deaminase; Human Immunodeficiency Virus 1 Vif Protein

图 4.36　2015 年至今方向论文数最高的 5 个主题

2.6.3 方向高产国家／地区和机构

从 2015 年至今发表的方向相关文献主要的发文国家／地区看（如表 4.11 所示），该方向最主要的研究国家／地区有 United States（美国）、China（中国）、Germany（德国）、United Kingdom（英国）和 Japan（日本）等；从主要机构看（如图 4.37 所示），高产的机构包括：Harvard University（哈佛大学）、Chinese Academy of Sciences（中国科学院）、Howard Hughes Medical Institute（美国霍华德·休斯医学研究所）、Massachusetts Institute of Technology（麻省理工学院）、University of Chinese Academy of Sciences（中国科学院大学）等；2015 年至今方向高产作者见表 4.12。

表 4.11 2015 年至今方向前 10 个高产国家／地区

排名	国家／地区	发文量	点击量	FWCI	被引次数
1	United States	3438	102254	3.27	131312
2	China	1866	44445	2.21	37776
3	Germany	579	15615	2.63	17423
4	United Kingdom	562	14634	2.28	13076
5	Japan	485	14240	2.19	13174
6	Republic of Korea	308	8734	2.49	7654
7	France	296	7408	1.98	5553
8	Canada	274	6900	2.33	6536
9	India	213	4981	1.02	1948
10	Italy	201	5444	2.07	4001
10	Netherlands	201	6101	2.93	6788

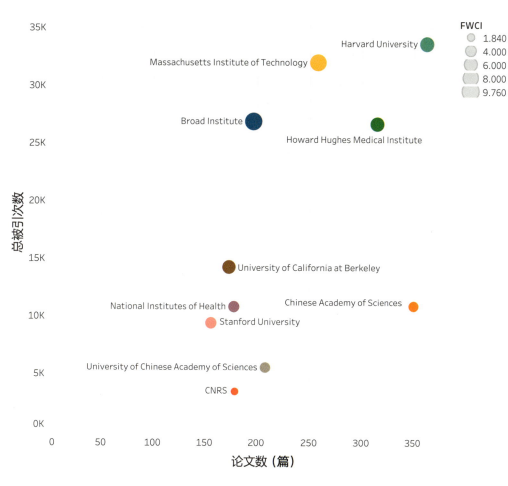

图 4.37 2015 年至今方向前 10 个高产机构

表 4.12 2015 年至今方向高产作者

排名	作者	机构	发文量	点击量	FWCI	被引次数
1	Doudna, Jennifer A.	Howard Hughes Medical Institute	65	4717	7.06	6750
2	Zhang, Feng	Massachusetts Institute of Technology	63	6954	13.26	16012
3	Kim, Jinsoo	Seoul National University	54	2925	5.41	4102
4	Liu, David R.	Harvard University	32	2227	16.61	5414
5	Huang, Xingxu	Chinese Academy of Sciences	30	616	2.09	811
6	Koonin, Eugene V.	National Institutes of Health	29	2754	12.93	6950
7	Church, George M.	Harvard University	26	1106	4.83	2094
7	Joung, J. Keith	Harvard University	26	1442	18.22	4809
9	Makarova, Kira S.	National Institutes of Health	24	2351	14.08	6202
10	Bae, Sangsu	Hanyang University	23	747	2.85	1046
10	Gao, Caixia	University of Chinese Academy of Sciences	23	989	9.32	1653
10	Gootenberg, Jonathan S.	Massachusetts Institute of Technology	23	3329	17.45	8489
10	Marraffini, Luciano A.	Howard Hughes Medical Institute	23	791	4.06	1502

2.7 基因组编辑技术治疗眼病

2.7.1 总体概况

通过 Scopus 数据库检索 2015 年至今发表的 "基因组编辑技术治疗眼病" 相关论文，并将其导入 SciVal 平台后，最终共有文献 471 篇，整体情况如图 4.38 所示。

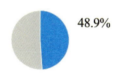

图 4.38 方向文献整体概况

2015 年至今发表的 "基因组编辑技术治疗眼病" 相关文献的学科分布情况，如图 4.39 所示。在 Scopus 全学科期刊分类系统（ASJC）划分的 27 个学科中，该研究方向文献涉及的学科较为广泛、学科交叉特性较为明显。其中，较多的文献分布于 Biochemistry, Genetics and Molecular Biology（生物化学、遗传学和分子生物学）、Medicine（医学）、Pharmacology, Toxicology and Pharmaceutics（药理学、毒理学和药剂学）、Neuroscience（神经科学）、Multidisciplinary（多学科）等学科。

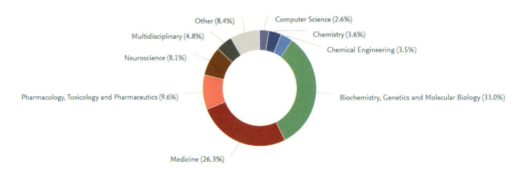

图 4.39 方向文献学科分布

2.7.2 方向研究热点与前沿

2.7.2.1 高频关键词

2015 年至今发表的"基因组编辑技术治疗眼病"相关文献的前 50 个高频关键词，如图 4.40 所示。其中，Clustered Regularly Interspaced Short Palindromic Repeat（CRISPR，规律成簇间隔短回文重复序列）、Gene Editing（基因编辑）、Retiniti Pigmentosa（视网膜色素变性）、Genetic Therapy（基因治疗）、Retina Disease（视网膜疾病）等是该方向出现频率最高的高频词。

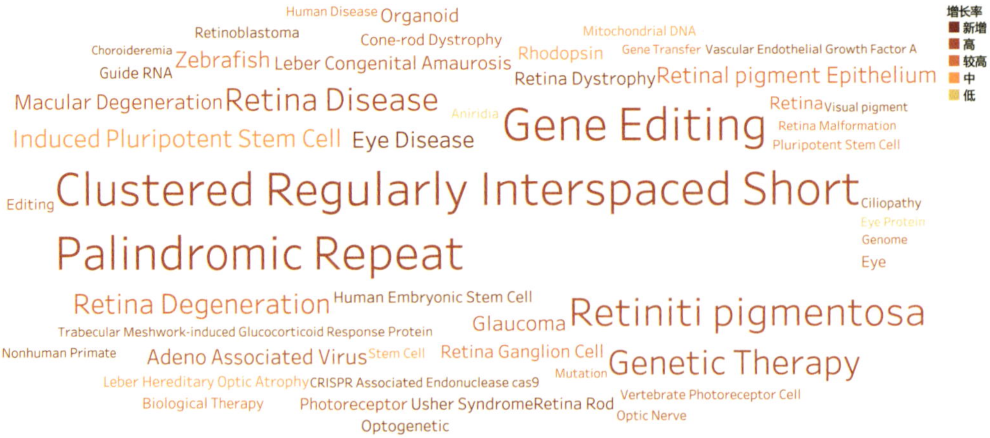

Human Disease Organoid
Retinoblastoma Cone-rod Dystrophy Mitochondrial DNA
Choroideremia Rhodopsin Gene Transfer Vascular Endothelial Growth Factor A
Guide RNA Zebrafish Leber Congenital Amaurosis Retina Dystrophy Retinal pigment Epithelium
Macular Degeneration Retina Disease Retina Visual pigment
Induced Pluripotent Stem Cell Eye Disease Aniridia Gene Editing Retina Malformation
Pluripotent Stem Cell
Editing Clustered Regularly Interspaced Short Ciliopathy
Eye Protein
Genome
Palindromic Repeat Eye
Retina Degeneration Human Embryonic Stem Cell
Trabecular Meshwork-induced Glucocorticoid Response Protein Glaucoma Retiniti pigmentosa
Nonhuman Primate Adeno Associated Virus Stem Cell Retina Ganglion Cell Genetic Therapy
Leber Hereditary Optic Atrophy CRISPR Associated Endonuclease cas9 Mutation Vertebrate Photoreceptor Cell
Biological Therapy Photoreceptor Usher Syndrome Retina Rod Optic Nerve
Optogenetic

增长率
新增
高
较高
中
低

图 4.40 2015 年至今方向前 50 个高频关键词词云图

从 2015 年至今方向前 50 个关键词的增长率情况看（如图 4.41 所示），该方向增长较快的关键词有 Adeno Associated Virus（腺相关病毒）、Retina Disease（视网膜疾病）、Editing（编辑）、Optic Nerve（视神经）、Leber Congenital Amaurosis（Leber 先天性黑蒙）等。此外，2015

年以来新增的高频关键词有 Eye Disease（眼病）、Retina Dystrophy（视网膜营养不良）、Retina Rod（视网膜圆柱细胞）、Usher Syndrome（亚瑟综合征）、Optogenetic（光遗传学）、Guide RNA（导向 RNA）、Human Embryonic Stem Cell（人类胚胎干细胞）、Retinoblastoma（视网膜母细胞瘤）、Nonhuman Primate（非人灵长类动物）、Trabecular Meshwork-induced Glucocorticoid Response Protein（小梁网糖皮质激素诱导反应蛋白）、Ciliopathy（纤毛类疾病）、CRISPR Associated Endonuclease Cas9（CRISPR 内切酶 Cas9）、Choroideremia（无脉络膜）、Vascular Endothelial Growth Factor A（血管内皮生长因子 A）、Visual pigment（视色素）。

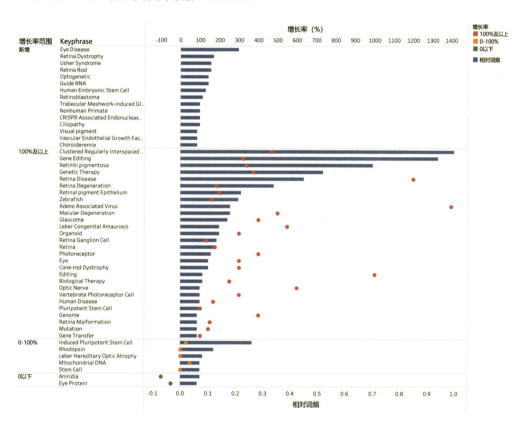

图 4.41 2015 年至今方向前 50 个关键词的增长率分布

2.7.2.2 方向相关热点主题（TOPIC）

从 2015 年至今发表的方向相关文献涉及的研究主题看（如图 4.42 所示），该方向最关注的主题是 T.456，"Guide RNA; CRISPR Associated Endonuclease Cas9; Gene Editing"（向导 RNA；CRISPR 相关核酸内切酶 Cas9；基因编辑），不仅发文量最大，而且显著性百分位也最高，达到了 99.980，是全球具有较高关注度和发展势头的研究方向。本方向论文占比最高的是 T.14110，即"Leber Congenital Amaurosis; Genetic Therapy; Adeno Associated Virus"（Leber 先天性黑蒙；基因治疗；腺相关病毒），其发文量虽然只有 37 篇，但占本主题的论文百分比达 6.53%。此外，其他与方向具有相关性的主题方向也均呈现较高的显著性百分位（均在 94 以上）。可以表明，该方向整体上具有较高的全球关注度和较大的研究发展潜力。

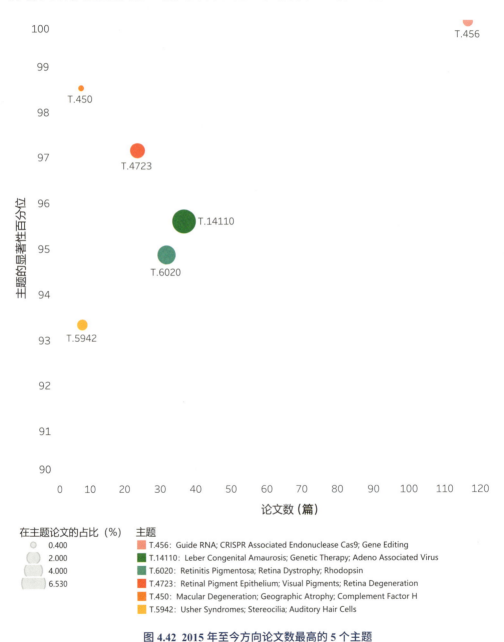

图 4.42 2015 年至今方向论文数最高的 5 个主题

2.7.3 方向高产国家 / 地区和机构

从 2015 年至今发表的方向相关文献主要的发文国家 / 地区看（如表 4.13 所示），该方向最主要的研究国家 / 地区有 United States（美国）、China（中国）、United Kingdom（英国）、Germany（德国）和 Japan（日本）等；从主要机构看（如图 4.43 所示），高产的机构包括：Harvard University（哈佛大学）、University College London（伦敦大学学院）、Columbia University（哥伦比亚大学）、Yeshiva University（叶史瓦大学）等；2015 年至今方向高产作者见表 4.14。

表 4.13 2015 年至今方向前 10 个高产国家 / 地区

排名	国家 / 地区	发文量	点击量	FWCI	被引次数
1	United States	214	7493	2.56	6192
2	China	84	2346	1.92	1483
3	United Kingdom	57	1573	2.05	929
4	Germany	27	659	1.94	301
5	Japan	25	1297	3.52	1708
6	Australia	24	695	2.05	406
6	Spain	24	731	2.54	771
8	France	23	529	1.62	432
9	Italy	20	697	2.77	400
10	Netherlands	17	384	1.08	205

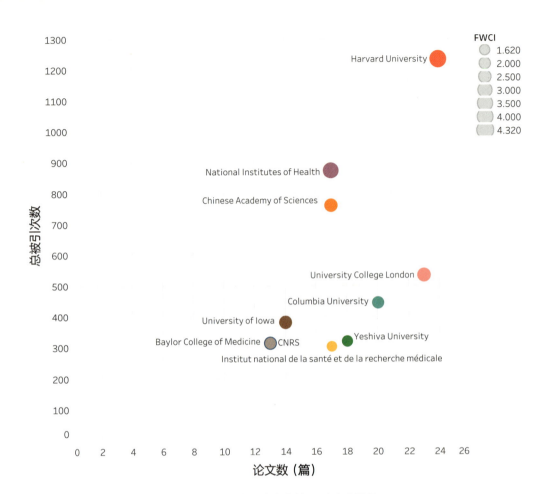

图 4.43 2015 年至今方向前 10 个高产机构

表 4.14 2015 年至今方向高产作者

排名	作者	机构	发文量	点击量	FWCI	被引次数
1	Tsang, Stephen	Columbia University	17	876	2.41	409
2	Justus, Sally	Harvard University	9	217	2.3	186
3	Chen, Rui	Baylor College of Medicine	7	147	2.69	201
3	Mahajan, Vinit B.	Stanford University	7	193	2.33	213
3	Sengillo, Jesse D.	University of Miami	7	145	0.98	92
6	Cheetham, Michael E.	University College London	6	150	4.53	213
6	Pierce, Eric A.	Harvard University	6	148	1.47	82
8	Bassuk, Alexander G.	University of Iowa	5	126	2.24	160
8	Dalkara, Deniz	CNRS	5	156	2.44	208
8	Kim, Jeong-hun	Seoul National University	5	189	4.99	351
8	Liu, Mugen	Huazhong University of Science and Technology	5	70	1.01	62
8	Semina, Elena V.	Medical College of Wisconsin	5	102	1.37	90
8	Tsai, Yiting	Columbia University	5	143	3.52	140
8	Zhang, Kang	Macau University of Science and Technology	5	320	5.98	556

2.8 基因组编辑技术治疗罕见病

2.8.1 总体概况

通过 Scopus 数据库检索 2015 年至今发表的"基因组编辑技术治疗罕见病"相关论文，并将其导入 SciVal 平台后，最终共有文献 2088 篇，整体情况如图 4.44 所示。

2,088
Scholarly Output
87 · · · 131

1.75
Field-Weighted Citation Impact
2.56 · · · 2.31

641
International Collaboration
22 · · · 49

46,137
Views Count

32,280
Citation Count

Publications in top 10% most cited worldwide (field-weighted)
19.4%

Publications in top 10% journals by CiteScore Percentile
47.2%

图 4.44 方向文献整体概况

2015 年至今发表的"基因组编辑技术治疗罕见病"相关文献的学科分布情况，如图 4.45 所示。在 Scopus 全学科期刊分类系统（ASJC）划分的 27 个学科中，该研究方向文献涉及的学科较为广泛、学科交叉特性较为明显。其中，较多的文献分布于 Biochemistry, Genetics and Molecular Biology（生物化学、遗传学和分子生物学）学科，以及 Medicine（医学）、Neuroscience（神经生物学）、Pharmacology, Toxicology and Pharmaceutics（药理学、毒理学和药剂学）等学科。

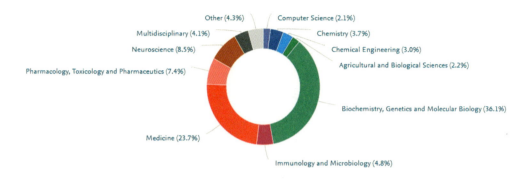

图 4.45 方向文献学科分布

2.8.2 方向研究热点与前沿

2.8.2.1 高频关键词

2015 年至今发表的"基因组编辑技术治疗罕见病"相关文献的前 50 个高频关键词，如图 4.46 所示。其中，Gene Editing（基因编辑）、Clustered Regularly Interspaced Short Palindromic Repeat（CRISPR，规律成簇间隔短回文重复序列）、Genetic Therapy（基因治疗）、Induced Pluripotent Stem Cell（诱导多能干细胞）、Sickle Cell Anemia（镰状细胞性贫血）等是该方向出现频率最高的高频词。

图 4.46 2015 年至今方向前 50 个高频关键词词云图

从 2015 年至今方向前 50 个关键词的增长率情况看（如图 4.47 所示），该方向增长较快的关键词有 Variant（变异体）、Dopaminergic Nerve Cell（多巴胺能神经细胞）、Organoid（类器官）、CRISPR Associated Endonuclease Cas9（CRISPR 相关内切酶 Cas9）、Neuromuscular Disease（神经肌肉疾病）等。此外，2015 年以来新增的高频关键词有 Retina Disease（视网膜疾病）。

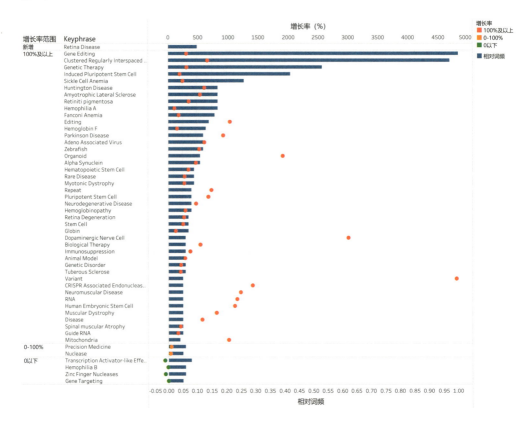

图 4.47 2015 年至今方向前 50 个关键词的增长率分布

2.8.2.2 方向相关热点主题（TOPIC）

从 2015 年至今发表的方向相关文献涉及的研究主题看（如图 4.48 所示），该方向最关注的主题是 T.456，"Guide RNA; CRISPR Associated Endonuclease Cas9; Gene Editing"（向导 RNA；CRISPR 相关内切酶 Cas9；基因编辑），其除了文献量最大，该主题的显著性百分位还达到 99.980，是全球具有较高关注度和较快发展势头的研究方向。此外，其他与方向具有相关性的主题方向也均呈现较高的显著性百分位（均在 98.5 以上），都具有不错的全球关注度和研究发展潜力。

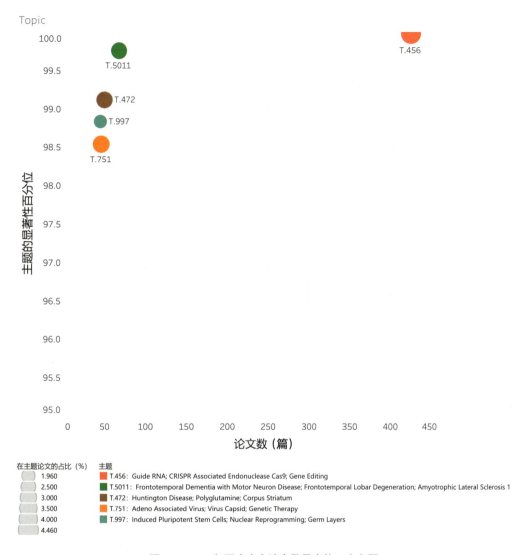

图 4.48 2015 年至今方向论文数最高的 5 个主题

2.8.3 方向高产国家 / 地区和机构

从 2015 年至今发表的方向相关文献主要的发文国家 / 地区看（如表 4.15 所示），该方向最主要的研究国家 / 地区有 United States（美国）、China（中国）、United Kingdom（英国）、Germany（德国）和 France（法国）等；从主要机构看（如图 4.49 所示），高产的机构包括：Harvard University（哈佛大学）、Institut national de la santé et de la recherche médicale（法国国家健康与医学研究院）和 National Institutes of Health（美国国家卫生研究院）等；2015 年至今方向高产作者见表 4.16。

表 4.15 2015 年至今方向前 10 个高产国家 / 地区

排名	国家 / 地区	发文量	点击量	FWCI	被引次数
1	United States	1004	24620	2.37	21535
2	China	291	6961	1.99	5239
3	United Kingdom	225	5374	2.65	4159
4	Germany	159	3491	2.4	2091
5	France	121	2563	2.88	1930
6	Japan	112	2849	1.97	2735
7	Italy	111	2606	2.93	1453
8	Canada	99	1772	2.94	958
9	Spain	88	1859	1.47	1530
10	Netherlands	79	1666	1.99	1353

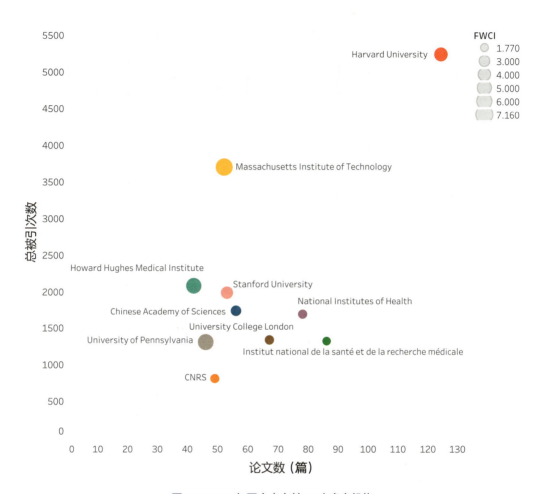

图 4.49 2015 年至今方向前 10 个高产机构

表 4.16 2015 年至今方向高产作者

排名	作者	机构	发文量	点击量	FWCI	被引次数
1	Bauer, Daniel E.	Dana-Farber Cancer Institute	17	545	3.57	573
2	Porteus, Matthew H.	Stanford University	15	540	5.82	990
2	Tsang, Stephen	Columbia University	15	392	2.16	378
4	Kohn, Donald B.	University of California at Los Angeles	14	1091	5.37	971
5	Lai, Liangxue	CAS - Guangzhou Institute of Biomedicine and Health	13	381	3.26	423
6	Baldo, Guilherme	Universidade Federal do Rio Grande do Sul	12	309	1.36	99
6	Tisdale, John F.	National Institutes of Health	12	188	2.5	97
8	Li, Xiaojiang	Jinan University	11	598	3.45	378
9	Cavazzana, Marina	Université de Paris	10	253	3	296
9	Giugliani, Roberto	Universidade Federal do Rio Grande do Sul	10	280	1.38	89
9	Miccio, Annarita	Institut national de la santé et de la recherche médicale	10	255	3.17	298

2.9 基因组编辑技术在免疫细胞治疗肿瘤中的应用

2.9.1 总体概况

通过 Scopus 数据库检索 2015 年至今发表的"基因组编辑技术在免疫细胞治疗肿瘤的应用"相关论文，并将其导入 SciVal 平台后，最终共有文献 2148 篇，整体情况如图 4.50 所示。

图 4.50 方向文献整体概况

2015 年至今发表的"基因组编辑技术在免疫细胞治疗肿瘤的应用"相关文献的学科分布情况，如图 4.51 所示。在 Scopus 全学科期刊分类系统（ASJC）划分的 27 个学科中，该研究方向文献涉及的学科较为广泛、学科交叉特性较为明显。其中，较多的文献分布于 Biochemistry, Genetics and Molecular Biology（生物化学、遗传学和分子生物学）、Immunology and Microbiology（免疫学与微生物学）、Pharmacology, Toxicology and Pharmaceutics（药理学、毒理学和药剂学）、Chemistry（化学）等学科。

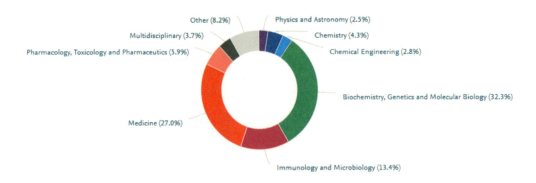

图 4.51 方向文献学科分布

2.9.2 方向研究热点与前沿

2.9.2.1 高频关键词

2015 年至今发表的"基因组编辑技术在免疫细胞治疗肿瘤的应用"相关文献的前 50 个高频关键词，如图 4.52 所示。其中，Clustered Regularly Interspaced Short Palindromic Repeat（CRISPR，规律成簇间隔短回文重复序列）、Chimeric Antigen Receptor（嵌合抗原受体）、Gene Editing（基因编辑）、T Lymphocyte（T 淋巴细胞）、Immunotherapy（免疫疗法）等是该方向出现频率最高的高频词。

图 4.52 2015 年至今方向前 50 个高频关键词词云图

从 2015 年至今方向前 50 个关键词的增长率情况看（如图 4.53 所示），该方向增长较快的关键词有 Oncology（肿瘤学）、Tumor Microenvironment（肿瘤微环境）、Epigenetic（外遗传）、Chimeric Antigen Receptor（嵌合抗原受体）、Checkpoint（关卡）等。此外，2015 年以来新增的高频关键词有 Organoid（类器官）、Long Noncoding RNA（长非编码 RNA）、Ovarian Neoplasm（卵巢肿瘤）、Immune Evasion（免疫逃逸）、Acute Myeloid Leukemia（急性髓性白血病）、Cancer Research（癌症研究）、Cell Component（细胞成分）、Pancreatic Neoplasm（胰腺肿瘤）、Hematologic Neoplasm（血液肿瘤）。

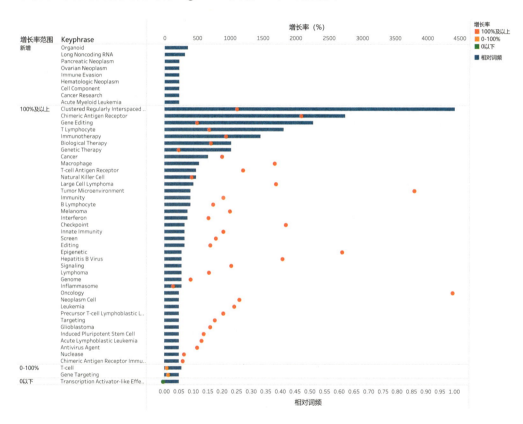

图 4.53　2015 年至今方向前 50 个关键词的增长率分布

2.9.2.2 方向相关热点主题（TOPIC）

从 2015 年至今发表的方向相关文献涉及的研究主题看（如图 4.54 所示），该方向最关注的主题是 T.456，"Guide RNA; CRISPR Associated Endonuclease Cas9; Gene Editing"（向导 RNA；CRISPR 相关核酸内切酶 Cas9；基因编辑），其文献量最大，显著性百分位也最高，达到 99.980，是全球具有很高关注度和发展势头的研究方向。此外，余下几个具有一定相关性的主题方向的显著性百分位都在 99 以上，都具有不错的全球关注度和研究发展潜力。

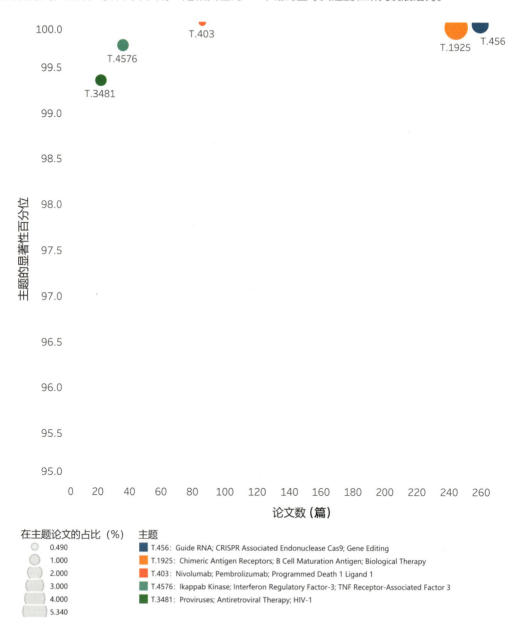

图 4.54 2015 年至今方向论文数最高的 5 个主题

2.9.3 方向高产国家 / 地区和机构

从 2015 年至今发表的方向相关文献主要的发文国家 / 地区看（如表 4.17 所示），该方向最主要的研究国家 / 地区有 United States（美国）、China（中国）、Germany（德国）、United Kingdom（英国）、Japan（日本）等；从主要机构看（如图 4.55 所示），高产的机构包括：Harvard University（哈佛大学）、National Institutes of Health（美国国家卫生研究院）、Dana-Farber Cancer Institute（丹娜法伯癌症研究院）、Institut national de la santé et de la recherche médicale（法国国家健康与医学研究院）、University of Pennsylvania（宾夕法尼亚大学）等；2015 年至今方向高产作者见表 4.18。

表 4.17 2015 年至今方向前 10 个高产国家 / 地区

排名	国家 / 地区	发文量	点击量	FWCI	被引次数
1	United States	1005	24033	2.84	24395
2	China	467	9319	2.23	7216
3	Germany	183	3734	2.59	2959
4	United Kingdom	159	4658	2.7	3845
5	Japan	107	2570	2.08	2509
6	France	96	2023	3.11	1403
7	Australia	80	2322	3.89	1920
8	Spain	76	2070	2.86	2112
9	Canada	75	1688	4.53	1532
10	Italy	71	1844	3.58	1497

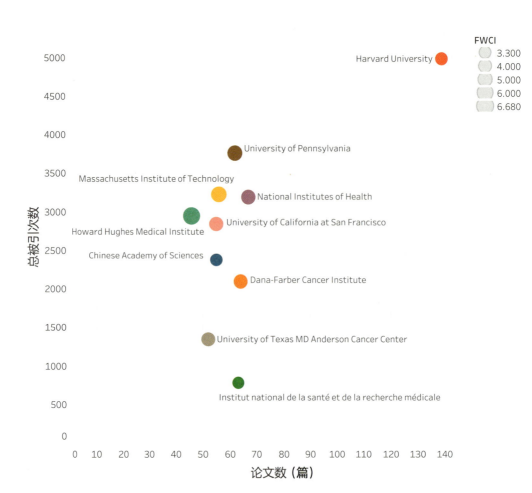

图 4.55 2015 年至今方向前 10 个高产机构

表 4.18 2015 年至今方向高产作者

排名	作者	机构	发文量	点击量	FWCI	被引次数
1	Doench, John Gerard	Broad Institute	12	683	7.01	926
2	June, Carl H.	University of Pennsylvania	10	798	13.3	1374
2	Marson, Alexander	Gladstone Institutes	10	695	7.14	1064
4	Maus, Marcela V.	Harvard University	9	324	3.62	269
5	Gewurz, Benjamin E.	Harvard University	8	156	2.44	176
5	Schambach, Axel	Hannover Medical School	8	146	0.89	92
7	Cathomen, Toni	University of Freiburg	7	105	2.47	36
7	Chen, Sidi	Yale University	7	167	2.88	141
7	Qasim, Waseem	University College London	7	327	8.64	414
7	Verhoeyen, Els X.	École normale supérieure de Lyon	7	309	1.24	59
7	Zhao, Bo	Harvard University	7	141	2.49	136

2.10 CRISPR / Cas 基因编辑在肿瘤治疗中的应用

2.10.1 总体概况

通过 Scopus 数据库检索 2015 年至今发表的 "CRISPR / Cas 基因编辑在肿瘤治疗中的应用" 相关论文, 并将其导入 SciVal 平台后, 最终共有文献 7194 篇, 整体情况如图 4.56 所示。

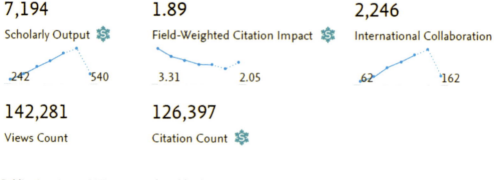

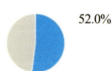

图 4.56 方向文献整体概况

2015 年至今发表的 "CRISPR / Cas 基因编辑在肿瘤治疗中的应用" 相关文献的学科分布情况, 如图 4.57 所示。在 Scopus 全学科期刊分类系统 (ASJC) 划分的 27 个学科中, 该研究方向文献涉及的学科较为广泛、学科交叉特性较为明显。其中, 较多的文献分布于 Biochemistry, Genetics and Molecular Biology (生物化学、遗传学和分子生物学)、Medicine (医学)、Immunology and Microbiology (免疫学与微生物学)、Chemistry (化学)、Multidisciplinary (多学科) 等学科。

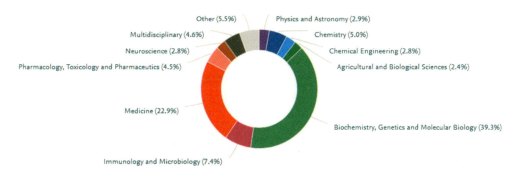

图 4.57 方向文献学科分布

2.10.2 方向研究热点与前沿

2.10.2.1 高频关键词

2015 年至今发表的"CRISPR / Cas 基因编辑在肿瘤治疗中的应用"相关文献的前 50 个高频关键词，如图 4.58 所示。其中 Clustered Regularly Interspaced Short Palindromic Repeat（CRISPR，规律成簇间隔短回文重复序列）、Gene Editing（基因编辑）、Long Noncoding RNA（长非编码 RNA）、Chimeric Antigen Receptor（嵌合抗原受体）、Organoid（类器官）等是该方向出现频率最高的高频词。

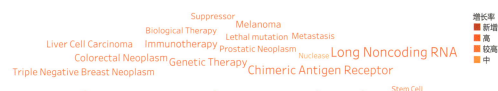

图 4.58 2015 年至今方向前 50 个高频关键词词云图

从 2015 年至今方向前 50 个关键词的增长率情况看（如图 4.59 所示），该方向增长较快的关键词有 Chimeric Antigen Receptor（嵌合抗原受体）、Breast Neoplasm（乳腺癌）、Immunotherapy（免疫治疗）、Lung Neoplasm（肺癌）、DNA Damage（DNA 损伤）等。此外，2015 年以来新增的高频关键词有 Glioma（胶质瘤）、Exosome（外泌体）。

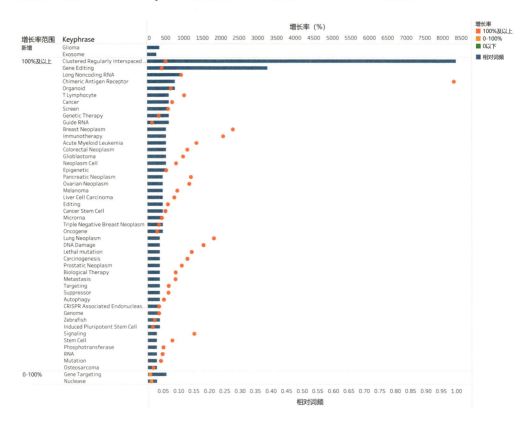

图 4.59 2015 年至今方向前 50 个关键词的增长率分布

2.10.2.2 方向相关热点主题（TOPIC）

从 2015 年至今发表的方向相关文献涉及的研究主题看（如图 4.60 所示），该方向最关注的主题是 T. 456，"Guide RNA; CRISPR Associated Endonuclease Cas9; Gene Editing"（向导 RNA；CRISPR 相关内切酶 Cas9；基因编辑），其文献量最大，显著性百分位达到了 99.980，是全球具有很高关注度和发展势头的研究方向。主题 T.403，即"Nivolumab; Pembrolizumab; Programmed Death 1 Ligand 1"（纳武利尤单抗；派姆单抗；程序性死亡 1 配

体1），其发文量虽然仅74篇，但其FWCI在
前五主题中最高，达到3.25。此外，余下几个
具有一定相关性的主题方向的显著性百分位都
在99.7以上。可以表明，该方向整体上具有较
高的全球关注度和较大的研究发展潜力。

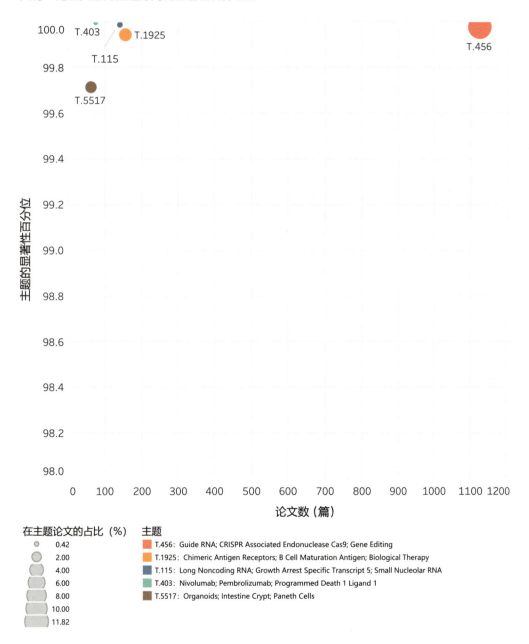

图4.60 2015年至今方向论文数最高的5个主题

2.10.3 方向高产国家 / 地区和机构

从 2015 年至今发表的方向相关文献主要的发文国家 / 地区看（如表 4.19 所示），该方向最主要的研究国家 / 地区有 United States（美国）、China（中国）、Germany（德国）、United Kingdom（英国）和 Japan（日本）等；从主要机构看（如图 4.61 所示），高产的机构包括：Harvard University（哈佛大学）、Dana-Farber Cancer Institute（丹娜法伯癌症研究院）和 Massachusetts Institute of Technology（麻省理工学院）等；2015 年至今方向高产作者见表 4.20。

表 4.19 2015 年至今方向前 10 个高产国家 / 地区

排名	国家 / 地区	发文量	点击量	FWCI	被引次数
1	United States	3297	72296	2.47	80388
2	China	1786	34262	1.72	24064
3	Germany	599	11935	2.14	11488
4	United Kingdom	570	13407	2.26	12494
5	Japan	464	9789	1.84	8796
6	Canada	308	6421	2.3	6429
7	Netherlands	232	5643	2.76	6413
8	France	213	4219	2.03	3295
9	Australia	211	5439	2.23	4386
10	Spain	205	5018	2.78	5044

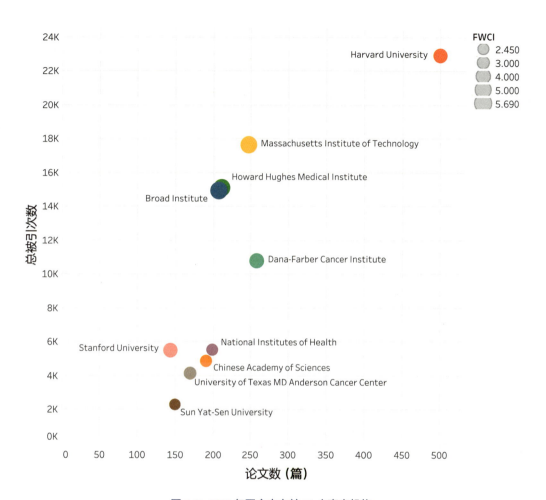

图 4.61 2015 年至今方向前 10 个高产机构

表 4.20 2015 年至今方向高产作者

排名	作者	机构	发文量	点击量	FWCI	被引次数
1	Doench, John Gerard	Broad Institute	38	1503	7.68	2820
2	Root, David Edward	Massachusetts Institute of Technology	36	1309	6.88	3085
3	Hahn, William Chun	Dana-Farber Cancer Institute	35	927	5.4	1910
4	Vázquez, Francisca	Dana-Farber Cancer Institute	31	795	5.66	1687
5	Tsherniak, Aviad	Massachusetts Institute of Technology	30	759	5.72	1656
6	Hart, Traver	University of Texas Health Science Center at Houston	21	614	4.86	1398
7	Bradner, James E.	Novartis USA	19	690	3.95	941
7	Golub, Todd A.	Dana-Farber Cancer Institute	19	446	8.06	1389
7	Jacks, Tyler E.	Howard Hughes Medical Institute	19	833	6.13	1679
7	Moffat, Jason	University of Toronto	19	637	4.63	1382

3. AI+ 基因组编辑领域发展速览

基因组编辑是一种能够精准对生物体基因组特定目标基因进行修饰的一项基因工程技术和过程，该技术通过对特定基因组定点突变、插入或敲除以达到改变目标基因序列的目的。目前，以 CRISPR-Cas9 为代表的基因编辑技术日趋成熟，但由于动植物基因组量级庞大、构成复杂，基因编辑在应用层面仍存在靶点的结合、识别和切割序列、切割位点编辑等不精准的问题，大大限制了基因编辑技术的发展。解决基因编辑过程中上述问题是未来人工智能的重大任务。利用计算机模型识别、判断与预测大数据的能力，人工智能和机器学习技术有望进一步帮助提升基因编辑活动的精准度和效率，让基因编辑具备更好配合人类应用目的的能力，以继续推动基因编辑在医疗健康、农业发展等领域更广泛、更便捷的应用。

3.1 全球 AI+ 基因组编辑领域发展动态

基因组编辑与人工智能的融合发展尚处在起步阶段，与主流基因编辑领域相比，在研究热度与文献体量上尚存在较大差距。但不可否认，人工智能是基因编辑技术发展的重要助力，二者的结合能够极大促进基因编辑在现实生活中广泛、便捷的应用。

在农业技术领域，人工智能的加入有助于挖掘基因编辑在动植物育种方面的潜力。近期，农业领域开始关注 CRISPR-Screen 这一基于 CRISPR-Cas9 系统的功能性基因筛选以及高通量深度测序技术解析数据的技术。2020 年，日本科学家已采用这种 CRISPR 高通量筛选的方式识别了新的耐旱基因，他们发现利用随机基因组片段的开放式筛选方法可以发现不同于基于已知途径的基因发现或偏向于编码序列过度表达的特征基因。CRISPR-Screen 为鉴定抗病、抗逆新基因提供了更有效的技术手段。为了扩大作物定向育种改良的应用，农业技术领域将引入与 AI 技术结合的"引导编辑器"技术，并继续提高现阶段引导编辑器在基因组位点的编辑效率，加强对植物基因的精准编辑。动物基因编辑方面，未来将会更深入推进动物模型的基因编辑生产体系，为攻克人类重大疾病提供参照。

医疗健康领域，借助人工智能手段，科学家能够更精准地识别、靶向致病基因的位点，进而将基因编辑工具递送至目标区域，修复 DNA，治愈更多种类的遗传性疾病。肿瘤治疗方面，未来也需借助更高效的靶点选择技术与更安全的递送系统，实现对多种免疫细胞的精准改造，让治愈癌症成为可能。

作为工具的基因组编辑技术，在未来也能借助 AI、机器学习等手段实现自身的优化与迭代。在靶向过程中调节 RNA 优化基因表达效果方面，由于 RNA 合成代谢的速度过快，现阶段的技术仍无法实现对其精准靶向。新型 RNA 碱基编辑器传送系统开发是未来几年的重点开发目标，其中 Cas13 的优化与靶点选择需要借助机器学习的帮助。

在当前全球基因组编辑研究网络中，美国、欧洲诸国、以色列等发达国家在研发进展与政策规划上走在前列。其中，美国作为基因编辑技术的起源国，通过国立卫生研究院（NIH）、国防高级研究计划局（DARPA）等机构积极支持基因编辑的研发工作。2018 年，NIH 制定了六年计划，投入 1.9 亿美元用于研究基因编辑疗法。近十年间，NIH 对相关项目的资金支持从 2011 年的 500 万美元提升到 2018 年超过 10 亿美元，总资助金额已超过 30 亿美元，其资助项目与资助金额多，且增长速度快，体现出美国在此领域的重视程度。同时，为确保基因编辑技术开发的可控性和安全性，美国国防高级研究计划局（DARPA）于 2017 年公布了"安全基因项目（Safe Genes Program）"，DARPA 在四年中为安全基因项目投资了 6500 万美元，用于解决基因编辑技术这一快速发展领域的潜在风险，避免或限制经过工程改造的基因发生扩散，为基因编辑的安全合理使用保驾护航。当前，全球最具规模和价值的基因编辑公司基本集中在美国，以 CRISPR Therapeutics 与 Intellia Therapeutics 为代表的基因编辑公司已吸引数百亿美元的民间资本投资，有力的商业支撑促进了基因编辑技术应用层面的标准化，为美国在该领域的产业化发展提供了很大帮助。

以色列在基因组编辑技术的战略部署上走在亚洲前列。2020 年，以色列创新署（IIA）批准成立以色列基因编辑技术联盟 CRISPR-IL，该联盟将开发用于基因组编辑的高级计算工具，以提供基于人工智能端到端的基因组编辑解决方案，资金总投入 3600 万新谢克尔（约合 1036 万美元）。CRISPR-IL 联盟成员包括以色列生物技术、制药、农业、生物信息学、渔业领域的企业以及巴伊兰大学、特拉维夫大学为代表的顶尖科研与医疗机构的科学家及科研团队。CRISPR-IL 技术联盟通过聚集以色列顶尖科学家开展创新科研，将使以色列在全球基因组编辑技术领域位居世界前列。

3.2 我国 AI+ 基因组编辑领域战略动向

我国已将基因组编辑的研发与应用纳入重大战略布局。"十三五"规划国家科技重大专项中涉及基因编辑的有三项：转基因生物新品种培育专项，重大新药创制专项，艾滋病和病毒性肝炎等重大传染病防治专项。

在国家战略布局下，我国在基因组编辑领域已取得了一系列具有国际影响力的成果，例如我国科学家率先利用 CRISPR 技术建立大鼠、猪等重要模式和经济动物的基因修饰模型，中山大学和广州医科大学团队首次将 CRISPR 技术应用于人类胚胎的基因编辑等。现阶段，我国在论文数量上已处于世界领先地位，但与英美等发达国家和地区相比，我国基因组编辑整体上仍存在原创缺位的问题，在"产学研用"等环节也缺乏具有自主知识产权的原始创新成果，尤其在基因编辑关键技术上，原创性技术和相关专利都远少于发达国家，此外基于基因编辑技术的农业育种、医疗方法及产品研发水平也应进一步加强。

在国家科研项目支持方面，我国对基因组编辑研究科研项目扶植力度较弱，与美国等发达国家相比仍存在一定差距。2019 年，国家自然科学基金委员会批准涉及基因编辑项目共 57 项，项目资助金额总额 2500 余万元。2018 年，国家自然科学基金委批准 CRISPR 相关项目近百项。

在技术产业化层面，基因组编辑技术的快速发展带动了技术的产业化和价值链的形成。除了传统的基因和生物技术公司，近年来专注基因编辑应用的初创型科技企业也相继成立，大大推动了基因编辑技术在疾病治疗中的快速发展。目前，我国已有近百家基因编辑领域的商业化公司，但在规模与研发能力上仍落后于美国、欧洲等国家的科技企业，且缺乏原创研发能力和技术产业化能力。

3.3 我国 AI+ 基因组编辑技术未来发展战略

（1）建设更加完善的基因组编辑政策体系与监管机制

未来应尽快制定和完善符合我国国情并有利于规范基因编辑研究的相关监管政策、监管流程，以促进基因编辑技术产业有序发展。继续完善有利于基因编辑研究成果转化的相关政策，加速推动基因编辑技术用于重大疾病治疗的研究。

建立基因编辑技术的专利审批建立快速通道，制定适合中国国情的基因治疗管理办法，促进和保障基因编辑技术临床转化工作的顺利开展。同时，出台相应的伦理风险评估审查机制，以控制基因编辑技术研究活动中产生的不确定性风险。

（2）加快研发具有自主知识产权的基因组编辑技术

加强对基因组编辑技术的原始创新和专利保护的重视，制定健全的知识产权扶植政策，发展具有自主知识产权的原创性基因编辑技术，助推相关技术与专项人才的发展和培养。基因编辑技术在靶向修饰的精度与效率、降低脱靶效应等方面仍有很大改进与完善的空间，我国应抓住契机，将人工智能与基因编辑的发展有机结合，支持科研人员、科研机构开展源头技术探索，争夺这一领域的主动权和话语权。

（3）推进我国基因组编辑资源共享平台建设

当前，全球范围内针对基因编辑技术的创新与产业化已打造多个大型资源库与技术平台，我国目前的平台建设尚存在综合性弱、规模小、开源性差等缺陷，落后于国际化平台发展脚步。未来需集中力量建设具有世界影响力的资源共享平台，加强综合性和标准化建设，提高信息资源的使用效率，促进基因编辑技术的推广。

（4）推动基因组编辑相关领域的技术产业化

我国细胞与基因治疗产业化正处在刚起步阶段，需加快产学研融合，改善目前我国基因编辑领域技术研究领先、产业化滞后、应用空白的局面。进一步完善基因编辑研究成果的价值链条，促进成果转化走上产业化道路，进一步发挥其在不同领域中的作用，让基因编辑技术在生产活动中创造更多经济价值。

```
mirror
mirror
oper
mirror
mirror

mirror_ob.
modifier_o
bpy.con ex
print(

except:
print(
mirror mod.mirror_object = mirror_ob

_operation == "MIRROR_X":
mirror_mod.use_x = True
mirror_mod.use_y = False
mirror_mod.use_z =      # Mirror Tool
elif operation == "MIRROR_Y":
```

五、脑—意识—人工智能领域

重大交叉前沿方向

1. 脑—意识—人工智能领域十大交叉前沿方向

1.1 脑功能的神经环路解析

解析神经环路的结构与功能是阐明高级脑功能机理的前提和基础。未来脑科学的一个关键点就是在介观层面上弄清大脑的网络结构，即图谱结构。这需要在介观层面对神经环路进行研究，明确构成环路的神经元类型以及在单神经元水平构建跨脑区的环路结构，了解每一个神经细胞如何跟其他不同种类的神经细胞进行连接，如何输送信息，以及在实现各种功能时有什么活动，从而知道大脑的图谱结构，弄清连接图谱、结构图谱，建立起脑认知功能的神经基础。

2013 年美国发起了"创新性神经技术推动的脑研究（BRAIN 计划）"，并将确定神经细胞类型和建立大脑精细结构图作为前两项重点研究的内容，而其他研究均需要以这两项为基础。截至 2017 年，"脑计划"的预算高达 4.34 亿美元，同比提高了 45%。此外，欧盟、日本、韩国、加拿大、澳大利亚等都有脑研究计划。中国科学家经过 4 年讨论，终于在 2018 年正式确定了"中国脑计划"的内容。中国脑计划主体结构就是脑认知功能的神经基础，包括大脑的图谱结构研究及功能解析。

近年来随着观测技术发展迅速，脑区之间有着不同遗传特异性的神经环路可以被更透彻地解析出来，有很多研究致力于寻找目标行为在大脑中完整的神经环路以及其环路上下游在行为中的功能的区别，其中有部分研究探究了三级环路（存在顺序投射关系的三个脑区）在不同行为范式中的信息传递与调控功能。事实上，探究脑区之间在行为中的功能顺序连接投射是了解整个神经网络在行为下功能的基础，但这对于将整个神经环路与不同行为功能进行对应还只是非常小的一步。在各种模式动物中，小鼠局部脑区的介观结构连接图谱已有较多研究，目前也已有多个团队绘制了线虫、果蝇、斑马鱼等的全脑活动图谱，但是，与鼠脑研究相比，高质量的非人灵长类动物模型还十分匮乏。

本领域咨询专家：马欢、吴超、李子青、赵洲、胡伟飞、胡海岚、高志华、黄正行。

1.2 脑科学观测新技术

脑科学研究的关键是要实现对神经元集群活动的实时观察，并通过特定神经环路的结构追踪及其活动操纵，研究其对脑功能的充分性和必要性，进而在全脑尺度上解析神经环路的结构和功能。目前通用的神经电活动观测方法是单通道或多通道微电极，电压敏感分子和纳米荧光探针、超高分辨率光学显微技术、病毒介导的神经环路示踪技术和光遗传学技术等也是重要工具。在此基础之上，研发全脑尺度上的高通量重构技术，实现在全脑尺度上重现大脑多个神经环路的投射结构和精细联结。

目前，这些观测技术仍有许多不足之处。神经信号检测技术上，高时空分辨率、大范围的神经信号检测是目前的主要技术瓶颈之一。显微成像技术上，最新显微成像技术与信息计算技术的融合，产生了包括超高分辨率光学显微和冷冻电镜成像等超微纳米成像技术以及包括光片照明显微等可用于活体神经网络活动研究的高速体成像

方法，突破了传统技术在空间和时间分辨率上的极限，但要做宽视场和高分辨率是核心的难题。神经环路追踪和光遗传学方面，需针对性地加强所涉及病毒与宿主相互作用的机理研究，从而设计出极弱毒力的、侵入位点、传播方向和跨突触级数可控的、高灵敏和灵活的、适于不同物种（尤其是非人灵长类）、兼顾结构示踪与功能研究的、细胞和突触类别特异的、可标识执行特定功能的、不依赖于 cre- 品系的神经环路示踪工具库，并探索可能应用到人体的整体技术的优化和商业开发，同时光遗传技术和多种脑功能解析技术整合的综合研究仪器开发对推动领域的发展具有重要意义。而在重构技术方面，目前初步解决了小鼠全脑数据集的计算问题，而非人灵长类全脑数据集的数据量对计算和存储的体系结构以及软件技术都提出了巨大挑战，利用人工智能技术实现脑内信息的全自动识别将是未来重要的发展方向。

1.3 脑机接口技术

从理论上说，脑机接口技术通过信号采集设备从大脑皮层采集到脑电信号后，再进行放大、滤波、A/D 转换等处理，就可以转换为被计算机识别的信号。通过特定技术对这些信号进行预处理，提取其特征信号，并对这些特征进行模式识别，最后转化为控制外部设备的具体指令信号，从而达到控制外部设备的目的。近几年，脑机接口技术快速发展，成果丰硕。2019 年 7 月 30 日，Facebook 资助的加州大学旧金山分校的脑机接口技术研究团队，首次证明可以从大脑活动中提取人类说出某个词汇的深层含义，并将提取

内容迅速转换成文本；2020 年 8 月末，埃隆·马斯克为脑机接口公司 Neuralink 举行发布会，用"三只小猪"演示了可实际运作的脑机接口芯片和自动植入手术设备，被植入芯片的实验猪，向全世界展示了神经信号的读取和写入，研究人员可以通过芯片传导出来的信息看到猪的脑电图。美国特别是军方十分重视脑机接口的创新研究及医疗、军事应用，DARPA 启动了"可靠神经接口技术（RE-NET）""革命性假肢""基于系统的神经技术新兴疗法（SUBNETS）""手部本体感受和触感界面（HAPTIX）""下一代非手术神经

技术（N3）""智能神经接口（INI）"等几十个相关项目。

但是，要让脑机接口走向实用，仍有很长的路。首先，需要开发更加小型化、对人体伤害更小的信号捕获新型传感元器件。此外，数量庞大且复杂的神经元有待解析、信号识别精度偏低、信号处理和信息转换速度慢、信号采集和处理方法的排除干扰能力亟待改进、脑机芯片的自适应性差、适用的生物材料难以解决、大脑反馈刺激研究没有突破、政策与社会伦理问题等都是脑机

接口技术面临的挑战。

目前，脑机接口作为一项新兴技术已经站在了时代的风口，联合市场研究公司数据显示，2020 年脑机接口的市场规模为 14.6 亿美元。从脑机接口技术延伸到的科技领域来看，市场规模在 5 年内更高达数千亿美元。如果算上脑机融合，以硅基生物和碳基生物相融合，打造超强人脑，以及脑机接口技术进步推动脑电机理、脑认知、脑康复、信号处理、模式识别、芯片技术、计算技术的提升，其市场规模将更加广阔。

1.4 人工智能在脑疾病诊疗中的应用

以情感障碍和退行性疾病为代表的脑疾病，由于其发病机制不明，缺乏有效治疗手段，已成为危害全球健康的重大公共卫生问题。传统脑医学主要采用以症状学为中心的研究与诊疗模式，无法在早期预警疾病发生，并干预疾病进程。如何寻找敏感与特异的疾病标记物，实现疾病的早期预警和诊疗是提升国民健康的重大战略需求。

利用人工智能所具备的知识、搜索、抽象和推理的独特技术特征，结合临床大规模的健康和疾病人脑组织资源库与疾病队列数据库等，有望突破传统的诊疗模式，发挥脑疾病诊疗的独特优势。一方面，脑医学加速完善临床队列、生物样本库和临床海量综合大数据库的建设，但数据库中与疾病相关的生物学特征如遗传致病基因、疾病特征、生物标记物等信息需要结合高效的人工智能、机器学习、深度学习等才能得以深入挖掘和解读。另一方面，基于人工智能技术挖掘的疾病特征，如脑疾病的临床症状、影像学特征、生物标记物、易感分子和神经环路的变化，建立个体脑疾病发生风险和发展进程的综合预测模型，构建无创人工智能诊断技术平台，实现常见脑疾

病如脑血管病、重大脑病如精神分裂症等的早期预警和精准诊断。

建设大型脑疾病患者临床队列数据库，利用人工智能探寻脑疾病发展过程中的可干预因素；精确判断脑疾病特征与预后，为疾病的预防与治疗提供依据；同时，根据多组学分析数据结果，针对个体特异性分子靶点变化，设计、开发个体化综合治疗方案，建立脑疾病临床转化应用大平台，推动脑疾病患者脑功能的重建和康复。

目前人工智能在医学上的应用限于较为初步的影像学诊断和相对简单的手术操作（如达·芬奇手术机器人）。如何利用人工智能技术整合正常脑结构与功能知识，评估脑疾病风险，建立高度灵敏的模型，维护脑功能稳态，在当今精神、心理等脑疾病高发的时代尤为重要。全民脑健康不仅是卫生健康的基础与前提，也是国家安全与发展之本。从脑科学出发（解脑），探索意识形成机制（识脑），发展人工智能（类脑/仿脑），推动公众对大脑的认识，保护脑、爱护脑（护脑），才能更好地推动脑—意识—人工智能的发展。

1.5 基于人机融合技术的混合—增强智能

刻画与人交互、协同的人机混合智能系统的关键技术有四种：人机系统建模、人机系统运动协作、认知人机交互和人在回路的人机系统优化。混合—增强智能主要通过后面两种人机融合技术模拟获得。在大多数人机智能场景下，人类特有的智能使得人在感知、认知和决策等方面优势突出。因此，人在人机协同中更多承担非执行方面的工作，这种突出人的智能优势的人机协同形成了所谓的"人机融合智能"。

目前，这方面已经有了很多前驱性的工作。例如，依托赛博格的概念，有了脑机融合的混合智能（Cyborg Intelligence）。在赛博格中人和机器的功能分野是清楚的：思考决策仅由生物体进行，机器只是增强身体机能。通过设计脑机接口，将机器和生物体的大脑直接相连，充分融合人的思考与机器算法或生物智能和机器智能，以人机混合系统为载体，形成兼具生物智能体的环境感知、记忆、推理、学习能力和机器智能的新型智能，就成了脑机融合的混合智能。另外，从模仿人脑功能的角度出发，也有基于认知计算的混合增强智能，定义为模仿人脑功能的新的软硬件，可提高计算机的感知、推理和决策能力。

人机融合有两种具体形式。一是人在回路的混合增强智能。在这种范式中，人始终是这类智能系统的一部分，当系统中计算机的输出置信度低时，人主动介入调整参数给出合理正确的问题求解，构成提升智能水平的反馈回路。把人的作用引入智能系统的计算回路，可以把人对模糊、不确定问题分析与响应的高级认知机制与机器智能系统紧密耦合，使两者相互适应，协同工作，形成双向的信息交流与控制，使人的感知、认知能力和计算机强大的运算和存储能力相结合，构成"1+1>2"的智能增强智能形态。二是基于认知计算的混合增强智能。这类混合智能是通过模仿生物大脑功能提升计算机的感知、推理和决策能力的智能软件或硬件，以更准确地建立像人脑一样感知、推理和响应激励的智能计算模型，尤其是建立因果模型、直觉推理和联想记忆的新计算框架。脑机接口技术是其中的关键技术之一。

未来，混合—增强智能可望被应用于产业风险管理、在线智能学习、自动驾驶、公共安全和医疗诊断等领域。这样，当人工主体学习如何在新环境中行动时可以从人类的输入中获得帮助，实现机器智能与人类智能互补。

1.6 大数据驱动的因果推断

当前，端到端的智能决策存在着不可解释的黑盒问题，这意味着用户只能看到结果，无法了解作出决策的原因和过程，难以分辨人工智能系统某个具体行动背后的逻辑。这样的人工智能系统难以得到决策者的信任和理解。在数据爆炸的今天，海量增长的大数据渗透在医疗、环境、商业、农业等各个领域，数据分析技术、内存数据库、分布式计算技术等科技的支撑使得研究人员能轻松地收集相关数据。然而，基于相关关系对事件或现象的推论并非完全可靠，相关关系的研究时常陷入困境。运用因果关系和相关关系的整合途径来考察数据系统的功能，揭示整个数据系统的工作原理，有利于实现对数据的规律性的把握。

通常，我们使用"数据驱动法"来设置模型和参数，用数量关系来刻画因果关系，在因与果之间架起数据连接。开展因果推断的两种代表性方法是以唐纳德·鲁宾为代表的结构因果模型和以朱迪亚·珀尔为代表的因果图方法。随着两种模型的不断发展，部分学者尝试利用两类方法的特性设计混合型因果关系发现方法，一定程度上实现了高维扩展性和较强因果发现能力的优势结合，成为实现高维数据因果关系发现的有效方法。此外，开展因果推断的方法还包括统计学领域的多元回归、倾向值匹配、工具变量法、双重差分、断点回归等，另外还有基于时序数据格兰杰因果关系检验及基于结构方程模型的因果关系发现方法。

因果关系的"形式化理论"不仅解决了困扰统计学家多年的一些悖论，更重要的是利用"干预"让人类和机器摆脱了被动观察，从而转向主动地去探索因果关系，以作出更好的决策；"反事实框架"则扩展了想象的空间，从而摆脱现实世界的束缚，更为有效地探求因果关系。

1.7 多模态认知智能

随着大数据红利的消失殆尽，以深度学习为代表的感知智能水平日益接近其"天花板"，实现机器的认知能力是人工智能发展进程中的重大事件。知识图谱作为实现认知智能的关键技术，也是实现机器认知智能的重要器物。知识图谱的主要技术是获取知识，更新和增长知识并进行知识的推理等，可广泛用于不同任务，从海量数据中进行知识学习和挖掘，具有可理解、可解释特性，与人类的思考方式相似。

今天，知识图谱技术发展迅速，已经成为人工智能领域的热门问题之一，吸引了来自学术界和工业界的广泛关注，在一系列实际应用中取得了较好的落地效果，产生了巨大的社会与经济效益。近年，我国学科目录做了调整，首次出现了知识图谱的学科方向，教育部对于知识图谱这一学科的定位是"大规模知识工程"。在知识图谱技术中，知识表示是首先要讨论的技术，国外主要针对网络知识组织系统进行相关的研发工作；知识自动获取是知识图谱知识丰富和提高获取效率的重要技术，而关系抽取是其核心，目前有面向开放域的信息抽取框架以及基于马尔可夫逻辑网以及基于本体推理的深层隐含关系抽取方法等。

机器认知智能的发展过程本质上是人类脑力不断解放的过程，其应用方面广泛多样，体现在精准分析、智慧搜索、智能推荐、智能解释、更自然的人机交互和深层关系推理等各个方面。未来，知识图谱关键技术及应用仍需针对以下几个方面展开深入研究：高质量知识的获取、知识的融合、民族文化知识图谱构建及应用等。

1.8 人工智能伦理

人工智能的迅猛发展为经济发展和社会进步提供了强劲动力，但也带来诸多新问题与挑战，AI 技术在不断塑造人类社会生产生活方式的同时也引发了大众对其力量与边界的反思。突破技术瓶颈固然重要，但在技术进步的同时，如何处理好人工智能与人类和谐共存似乎更为关键。人工智能伦理讨论主要关注两个问题：一是人工智能技术如何实现服务于人类利益的最终目的；二是基于人工智能的高度自主性，人类社会未来将如何应对技术带来的潜在风险与挑战。

随着在多领域、多场景下的应用普及，AI 技术的伦理性问题逐渐开始显现，并集中表现在三大方面：

一是人工智能大大模糊了人类与机器的边界，挑战了现有的法律规范与社会秩序。以最被大众熟知的 AI 应用场景自动驾驶为例，自动驾驶技术如何与现行的交通法规共存、在紧急情况下如何做到以人权或生命权优先、在事故发生后如何界定 AI 责任等都是目前亟待解决的法律问题。

二是人工智能对数据的依赖与攫取，挑战了传统社会对安全与隐私的保护。对多数互联网公司的业务来说，为达到绘制精准用户画像的目的，大数据分析与算法策略的制定输出离不开对用户信息的详尽收集和挖掘。由于数据获取对于用户来说是相对黑盒的操作，对其合法性与边界如何界定需进行更深入的探讨。

三是算法策略的误用与滥用，以技术代替人脑进行分析决策，挑战了人类多项自由与权力。在大部分电商或娱乐应用中，相较于用户自身来说，算法策略有更大的权力决定用户能看到怎样

的信息、获取怎样的价格，即俗称的"大数据杀熟"。在很多场景下，人工智能的决策权凌驾于人类的知情权与决策权之上，在治理体系建设中需要重新审视 AI 与人类的权力关系。

人工智能以技术的形式渗透到社会的各个领域，蕴含着改变人类认知、社会秩序的巨大权力。约束 AI 技术无形的权力，并加强对其伦理风险的监管治理是全世界面临的共同课题。目前，已有 28 个国家发布了有关人工智能的国家战略及政策。2019 年 5 月，世界经合组织（OECD）发布首套政府间人工智能政策指南。美国 2019 年修订了《国家人工智能研究与发展战略计划》，提出包括应对伦理、法律和社会影响，确保人工智能系统安全等八项战略重点。欧盟在 2019 年 4 月发布了《可信赖的 AI 伦理指南》，并在 2020 年 2 月发布《人工智能白皮书》，将伦理监管作为重要政策目标。

解决 AI 的伦理问题，除了治理原则上的制定和立法，理论和技术上的支撑也非常重要。基于现有的伦理挑战，当下较热门的几个典型理论研究热点包括：如何在 AI 应用中获取和表达人类伦理和价值；如何平衡不同利益攸关方的价值和利益冲突；如何在基于大数据和机器学习技术的智能系统中识别和明确各种事件之间的因果关系，并最终实现责任认定和原因解释。上述问题实质上探索了 AI 与人类的伦理关系，并试图进一步明确人工智能的功能，以推动伦理风险问题在现实层面的解决。人工智能技术最终服务于人类的权益，在科技发展的进程中突出人类的角色与需要，突出技术的功能与价值，能够帮助我们进一步认清 AI 与人类共存关系的本质。

1.9 "人工意识"或"类意念"问题研究

纯粹意识研究所探讨的是人类意识的系统结构与发生逻辑。尽管意识通常被视为主观体验，但它在结构与发生方面有自己的规律和逻辑。意识研究有可能为人工智能的研究提供关于人类意识的逻辑发生和本质结构的系统理解和历史梳理方面的参考。目前在该领域讨论和实施的"类脑"计划与我们思考的"类意识"（包括类思维、类情感、类意志、类人格）或"人工意识""人工心灵（人工意识＋人工无意识）"的设想有相近之处，而且看起来甚至要比"神经现象学"（neurophenomenology）等等尝试和努力更接近我们的工作。未来，是否可能使机器有意识——无论是通过"类意识计算"，还是通过"类意识模型"的建立，或是通过"类意识芯片"的制作，值得进一步探讨。

1.10 纯粹意识研究

纯粹意识研究包含对意欲（willing, volition）意识的描述和说明，需要在意欲现象学框架内讨论"意欲"的各种类型与"意念"的关系，需要处理意识哲学对"意念"概念传统思考与当下理解。这或许是意识现象学与神经科学在"神经现象学"方向上的一个交叉。当前，初步研究分析表明：三种类型的"意欲"构成意欲现象学的讨论领域。我们可以将它们分别简称作"意愿"、"意志"和"意动"。"意愿"是指向对象的意识行为，"意志"是无关对象的意识活动，"意动"则是整个意识行为的一个组成部分，即意欲意识中的动机成分，促发行动的成分。这个由三重概念构成的"意欲意识"领域与现象学中的"主动综合－被动综合"、心理学中的"conation"和"psychokinesis"以及神经科学中始终含糊不清的"意念"说法处在何种关系中，需要由现象学界与心理学界、神经学界共同讨论和合作研究。

2. 脑—意识—人工智能领域文献计量分析

聚焦"脑—意识—人工智能"领域十大交叉前沿研究方向，选取 Scopus 数据库收录的论文数据，通过相关检索获得各方向相关论文；并结合 SciVal 科研分析平台及可视化工具，对十大交叉前沿方向的研究现状及发展趋势进行文献计量学分析。（文献检索时间为 2021 年 6 月）

经检索，"脑—意识—人工智能"方向十大交叉前沿方向 2016 年至今发表的文献数量在 127 篇至 17253 篇之间，其结果如图 5.1 所示。其中，文献数量最多的是方向 3，即脑机接口技术；文献数量最少的是方向 5，即基于人机融合技术的混合—增强智能。

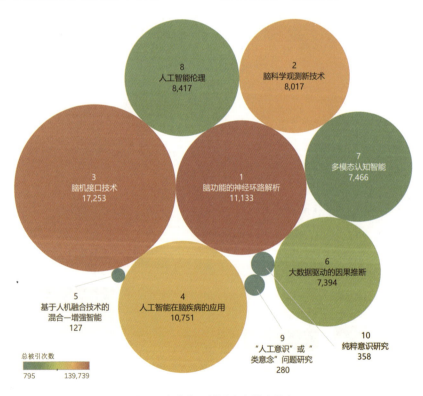

图 5.1 十大交叉前沿方向发文分布

2.1 脑功能的神经环路解析

2.1.1 总体概况

通过 Scopus 数据库检索 2016 年至今发表的"脑功能的神经环路解析"相关论文，并将其导入 SciVal 平台后，最终共有文献 11133 篇，整体情况如图 5.2 所示。

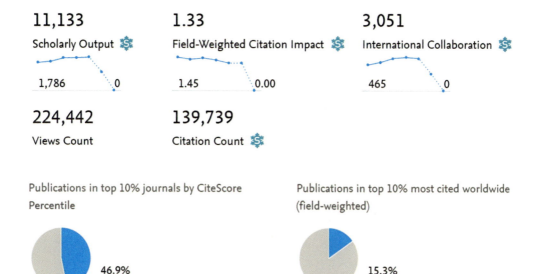

图 5.2 方向文献整体概况

2016 年至今发表的"脑功能的神经环路解析"相关文献的学科分布情况，如图 5.3 所示。在 Scopus 全学科期刊分类系统（ASJC）划分的 27 个学科中，该研究方向文献涉及的学科较为广泛、学科交叉特性较为明显。其中，较多的文献分布于 Neuroscience（神经科学）、Biochemistry, Genetics and Molecular Biology（生物化学、遗传学和分子生物学）、Medicine（医学）、Engineering（工程学）、Computer Science（计算机科学）等学科。

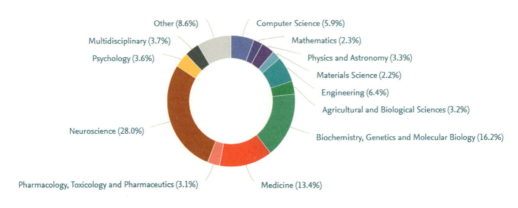

图 5.3 方向文献学科分布

2.1.2 研究热点与前沿

2.1.2.1 高频关键词

2016 年至今发表的"脑功能的神经环路解析"相关文献的前 50 个高频关键词，如图 5.4 所示。其中，Circuit（回路）、Neuron（神经元）、Optogenetic（光遗传学）、Brain（大脑）、Synapse（突触）、Amygdala（杏仁体）等是该方向出现频率最高的高频词。

图 5.4 2016 年至今方向前 50 个高频关键词词云图

从 2016 年至今发表的方向前 50 个关键词的增长率情况看（如图 5.5 所示），该方向增长较快的关键词有 Timing Circuit（时序电路）、Memristor（忆阻器）、Neural Network（神经网络）、Spiking（尖峰形成）、Slow Wave Sleep（慢波睡眠）等。

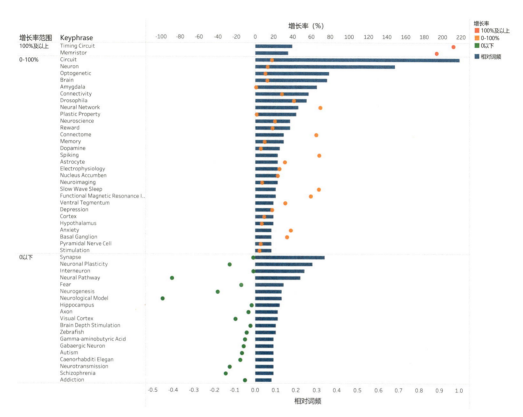

图 5.5 2016 年至今方向前 50 个关键词的增长率分布

2.1.2.2 方向相关热点主题（TOPIC）

从 2016 年至今发表的方向相关文献涉及的研究主题看（如图 5.6 所示），该方向最具关注度的主题是 T.1289，"Memristors; RRAM; Chaotic Circuit"（忆阻器；存储器；混沌电路），其文献量最大，且该主题 2016 年至今的文献增长率较高，为 47.8%；同时，该主题的显著性百分位达到 99.842，是全球具有极高关注度和发展势头良好的研究方向。相关度最高的主题是 T.8863，即"Mushroom Bodies; Drosophila; Antennal Lobe"（蘑菇体；果蝇；触角神经叶），方向文献在主题中的占比为 19.33%，显著性百分位达到 97.186，发展势头也较好。此外，方向论文数 TOP5 的其他主题也均呈现较高的显著性百分位。可以表明，该方向整体上具有较高的全球关注度和较大的研究发展潜力。

图 5.6 2016 年至今方向论文数最高的 5 个主题

2.1.3 高产国家 / 地区和机构

从 2016 年至今发表的方向相关文献主要的发文国家 / 地区看（如表 5.1 所示），该方向最主要的研究国家 / 地区有 United States（美国）、China（中国）、United Kingdom（英国）、Germany（德国）和 Japan（日本）等；从主要机构看（如图 5.7 所示），高产的机构包括：Harvard University（哈佛大学）、Howard Hughes Medical Institute（霍华德·休斯医学研究所）、Stanford University（斯坦福大学）等；2016 年至今方向高产作者见表 5.2。

表 5.1 2016 年至今方向前 10 个高产国家 / 地区

排名	国家 / 地区	发文量	点击量	FWCI	被引次数
1	United States	5470	119023	1.65	90863
2	China	1509	27801	1.35	14551
3	United Kingdom	916	23868	1.94	18373
4	Germany	911	22122	1.67	14859
5	Japan	816	14060	1.06	8312
6	Canada	601	13492	1.65	8950
7	Italy	473	13814	1.28	5364
8	France	470	10634	1.54	6870
9	Switzerland	359	9190	2.07	7098
10	Australia	354	8748	1.41	4283

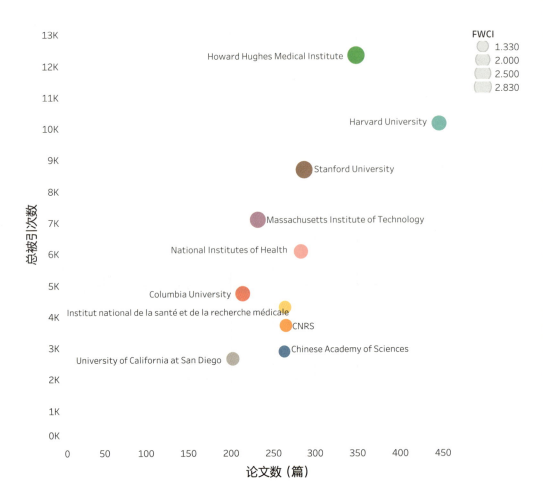

图 5.7 2016 年至今方向前 10 个高产机构

表 5.2 2016 年至今方向高产作者

排名	作者	机构	发文量	点击量	FWCI	被引次数
1	Deisseroth, Karl	Stanford University	31	1490	4.69	1712
2	Xu, Fuqiang	Peking University	29	589	1.65	355
3	Indiveri, Giacomo	Swiss Federal Institute of Technology Zurich	22	421	2.79	314
4	Kano, Masanobu	The University of Tokyo	19	602	2.44	706
4	Luo, Liqun	Howard Hughes Medical Institute	19	711	3.27	572
4	Ma, Jun	Chongqing University of Posts and Telecommunications	19	331	5.58	513
4	Park, Byung Gook	Seoul National University	19	277	0.94	156
8	Ikegaya, Yuji	Japan National Institute of Information and Communications Technology	18	245	0.87	109
9	Holmes, Andrew J.	National Institutes of Health	17	462	2.7	477
10	Yuste, Rafaël M.	Columbia University	16	403	2.56	536

2.2 脑科学观测新技术

2.2.1 总体概况

通过 Scopus 数据库检索 2016 年至今发表的"脑科学观测新技术"相关论文,并将其导入 SciVal 平台后,最终共有文献 8017 篇,整体情况如图 5.8 所示。

图 5.8 方向文献整体概况

2016 年至今发表的"脑科学观测新技术"相关文献的学科分布情况,如图 5.9 所示。在 Scopus 全学科期刊分类系统(ASJC)划分的 27 个学科中,该研究方向文献涉及的学科较为广泛、学科交叉特性较为明显。其中,较多的文献分布于 Neuroscience(神经科学)、Biochemistry, Genetics and Molecular Biology(生物化学、遗传学和分子生物学)、Medicine(医学)、Engineering(工程学)、Physics and Astronomy(物理学和天文学)等学科。

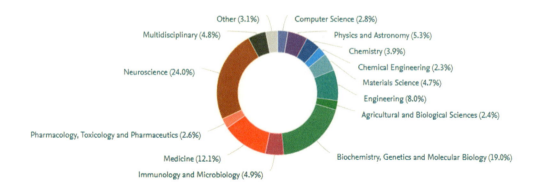

图 5.9 方向文献学科分布

2.2.2 研究热点与前沿

2.2.2.1 高频关键词

2016 年至今发表的"脑科学观测新技术"相关文献的前 50 个高频关键词，如图 5.10 所示。其中，Optogenetic（光遗传学）、Neuron（神经元）、Interneuron（中间神经元）、Microelectrode（微电极）、Channelrhodopsin（光敏感通道蛋白）等是该方向出现频率最高的高频词。

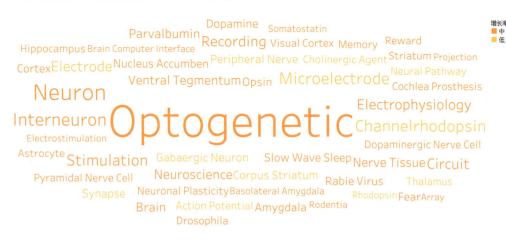

图 5.10 2016 年至今方向前 50 个高频关键词词云图

从 2016 年至今方向前 50 个关键词的增长率情况看（如图 5.11 所示），该方向增长较快的关键词有 Parvalbumin（小清蛋白）、Pyramidal Nerve Cell（锥体神经细胞）、

Basolateral Amygdala（杏仁基底外侧核）、Reward（奖赏）、Opsin（视蛋白）、Fear（恐惧）、Projection（投射）等。

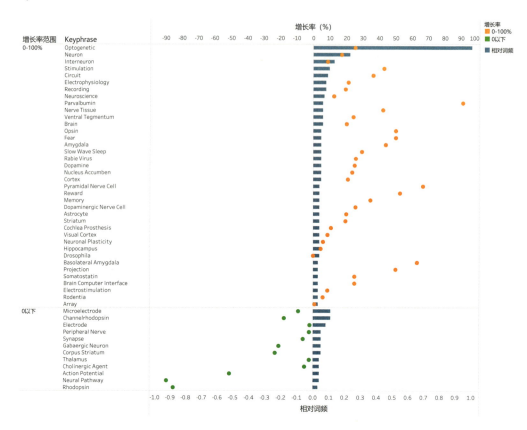

图 5.11 2016 年至今方向前 50 个关键词的增长率分布

2.2.2.2 方向相关热点主题（TOPIC）

从 2016 年至今发表的方向相关文献涉及的研究主题看（如图 5.12 所示），该方向最关注的主题是 T.8142，"Channelrhodopsins; Optogenetics; Designer Drugs"（视紫红质通道；光遗传学；药物设计），其文献量最大，相关度也最高（方向文献在主题中的占比达到

58.36%），显著性百分位达到了 99.4079，是全球具有很高关注度和发展势头的研究方向。此外，方向论文数 TOP5 的其他几个主题的显著性百分位都在 90 以上，都具有较高的全球关注度和研究发展潜力。

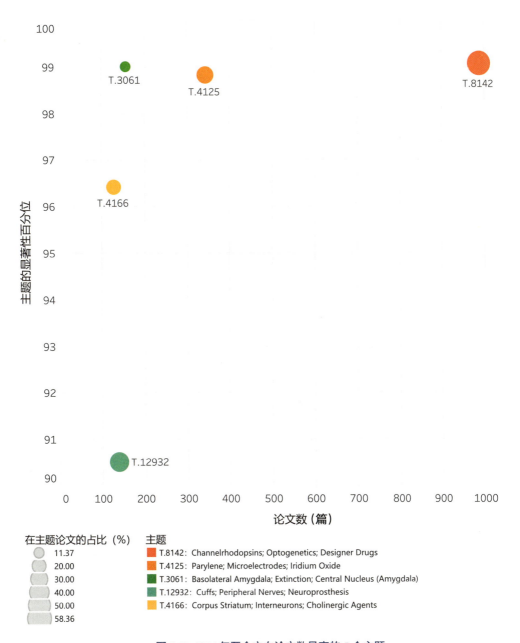

在主题论文的占比（%）

11.37	
20.00	
30.00	
40.00	
50.00	
58.36	

主题

■ T.8142：Channelrhodopsins; Optogenetics; Designer Drugs
■ T.4125：Parylene; Microelectrodes; Iridium Oxide
■ T.3061：Basolateral Amygdala; Extinction; Central Nucleus (Amygdala)
■ T.12932：Cuffs; Peripheral Nerves; Neuroprosthesis
■ T.4166：Corpus Striatum; Interneurons; Cholinergic Agents

图 5.12　2016 年至今方向论文数最高的 5 个主题

2.2.3 高产国家 / 地区和机构

从 2016 年至今发表的方向相关文献主要的发文国家 / 地区看（如表 5.3 所示），该方向最主要的研究国家 / 地区有 United States（美国）、China（中国）、Germany（德国）、United Kingdom（英国）和 Japan（日本）等；从主要机构看（如图 5.13 所示），高产的机构包括：Harvard University（哈佛大学）、Howard Hughes Medical Institute（霍华德·休斯医学研究所）、Chinese Academy of Sciences（中国科学院），等；2016 年至今方向高产作者见表 5.4。

表 5.3 2016 年至今方向前 10 个高产国家 / 地区

排名	国家 / 地区	发文量	点击量	FWCI	被引次数
1	United States	4055	89471	1.85	73256
2	China	990	21660	1.47	11581
3	Germany	794	17323	1.64	11527
4	United Kingdom	574	14073	1.77	10632
5	Japan	568	11742	1.4	7623
6	Canada	399	7899	1.65	5468
7	France	363	8514	1.57	5357
8	Republic of Korea	289	7387	1.33	3826
9	Switzerland	279	7700	2.03	6030
10	Italy	264	8272	1.67	4239

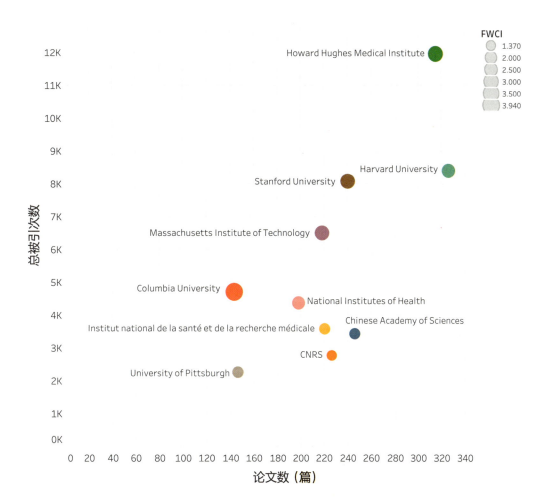

图 5.13 2016 年至今方向前 10 个高产机构

表 5.4 2016 年至今方向高产作者

排名	作者	机构	发文量	点击量	FWCI	被引次数
1	Deisseroth, Karl	Stanford University	71	3061	3.79	3858
2	Xu, Fuqiang	Peking University	38	787	1.34	479
3	Boyden, Edward S.	Howard Hughes Medical Institute	35	1281	3.64	1704
4	Ramakrishnan, Charu	Stanford University	29	1320	4.95	1869
4	Yamanaka, Akihiro	Nagoya University	29	524	1.69	337
6	Stieglitz, Thomas	University of Freiburg	26	757	1.49	338
7	Degenaar, P. A.	Newcastle University	24	319	0.87	123
8	Bruchas, Michael R.	University of Washington	23	973	2.86	898
9	Adamantidis, Antoine R.	University of Bern	21	671	1.92	633
9	Buzsáki, György	New York University	21	693	3.51	800
9	Tanaka, Kenji F.	Keio University	21	496	2.62	627
9	Yawo, Hiromu	The University of Tokyo	21	315	0.71	168

2.3 脑机接口技术

2.3.1 总体概况

通过 Scopus 数据库检索 2016 年至今发表的"脑机接口技术"相关论文，并将其导入 SciVal 平台后，最终共有文献 17253 篇，整体情况如图 5.14 所示。

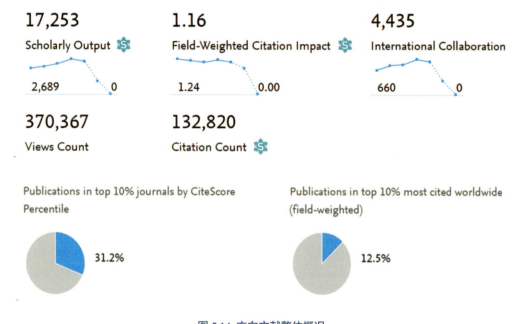

图 5.14 方向文献整体概况

2016 年至今发表的"脑机接口技术"相关文献的学科分布情况，如图 5.15 所示。在 Scopus 全学科期刊分类系统（ASJC）划分的 27 个学科中，该研究方向文献涉及的学科较为广泛、学科交叉特性较为明显。其中，较多的文献分布于 Computer Science（计算机科学）、Engineering（工程学）、Neuroscience（神经科学）、Medicine（医学）、Mathematics（数学）等学科。

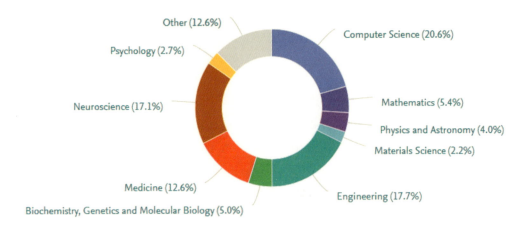

图 5.15 方向文献学科分布

2.3.2 研究热点与前沿

2.3.2.1 高频关键词

2016 年至今发表的"脑机接口技术"相关文献的前 50 个高频关键词，如图 5.16 所示。其中，Brain Computer Interface（脑机接口）、Electroencephalography（脑电图学）、Motor Imagery（运动表象）、Brain（脑）、Visual Evoked Potential（视觉诱发电位）、Computer Interface（计算机接口）等是该方向出现频率最高的高频词。

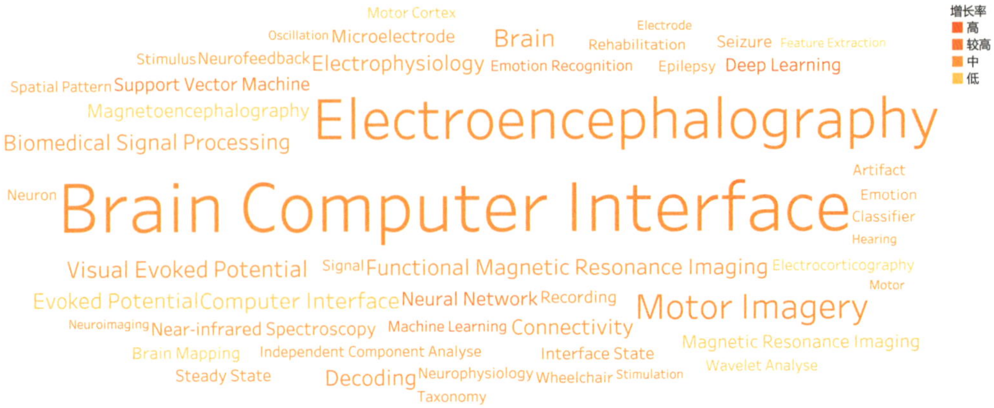

图 5.16 2016 年至今方向前 50 个高频关键词词云图

从 2016 年至今方向前 50 个关键词的增长率情况看（如图 5.17所示），该方向增长较快的关键词有 Deep Learning（深度学习）、Machine Learning（机器学习）、Emotion Recognition（情感识别）、Neural Network（神经网络）、Support Vector Machine（支持向量机）等。

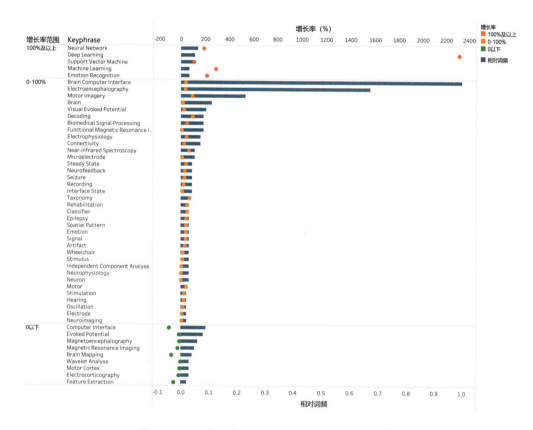

图 5.17　2016 年至今方向前 50 个关键词的增长率分布

2.3.2.2 方向相关热点主题（TOPIC）

从 2016 年至今发表的方向相关文献涉及的研究主题看（如图 5.18 所示），该方向最关注的主题是 T.23，"Motor Imagery; Brain Computer Interface; Visual Evoked Potentials"（运动表象；脑机接口；视觉诱发电位），其文献量最大、相关度也最高（方向文献在主题中的占比达到 84.18%）；同时，该主题的显著性百分位达到 99.78，是全球具有较高关注度和较快发展势头的研究方向。此外，方向论文数 TOP5 的其他主题也均呈现较高的显著性百分位，均在 97% 以上。可以表明，该方向整体上具有较高的全球关注度和较大的研究发展潜力。

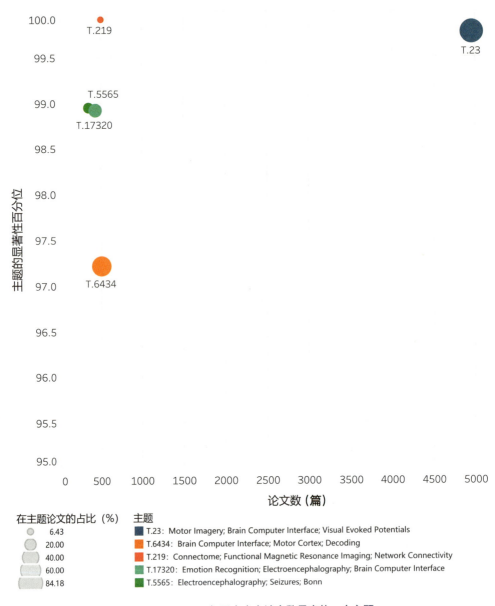

图 5.18 2016 年至今方向论文数最高的 5 个主题

2.3.3 高产国家 / 地区和机构

从 2016 年至今发表的方向相关文献主要的发文国家 / 地区看（如表 5.5 所示），该方向最主要的研究国家 / 地区有 United States（美国）、China（中国）、Germany（德国）、United Kingdom（英国）和 India（印度）等；从主要机构看（如图 5.19 所示），高产的机构包括：Harvard University（哈佛大学）、Chinese Academy of Sciences（中国科学院）、University of California at San Diego（加州大学圣迭戈分校）等；2016 年至今方向高产作者见表 5.6。

表 5.5 2016 年至今方向前 10 个高产国家 / 地区

排名	国家 / 地区	发文量	点击量	FWCI	被引次数
1	United States	4385	102910	1.44	52372
2	China	3033	59619	1.06	19931
3	Germany	1404	35624	1.47	17524
4	United Kingdom	1315	35280	1.65	15098
5	India	1285	21364	1.03	5205
6	Japan	943	19415	0.93	6621
7	Canada	804	18748	1.23	6988
8	Republic of Korea	790	16460	1.31	6887
9	Italy	697	22046	1.51	7715
10	France	552	13748	1.49	6934

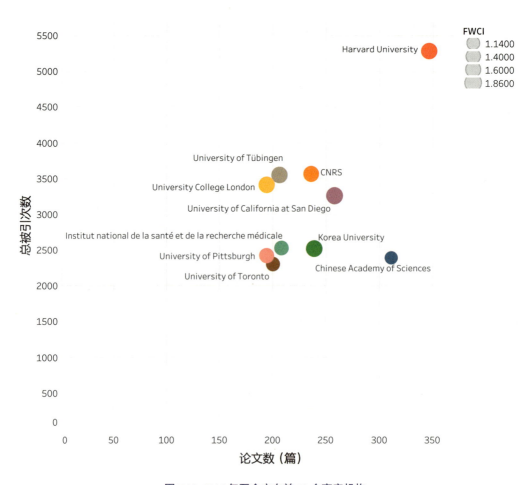

图 5.19 2016 年至今方向前 10 个高产机构

表 5.6 2016 年至今方向高产作者

排名	作者	机构	发文量	点击量	FWCI	被引次数
1	Lee, Seongwhan	Korea University	86	1606	2.39	889
1	Ming, Dong	Tianjin University	86	1791	1.35	412
3	Wang, Yijun	University of Chinese Academy of Sciences	69	1554	2.2	857
4	Jin, Jing	East China University of Science and Technology	68	1935	2.83	1346
5	Guan, Cuntai	Nanyang Technological University	65	1709	2.17	667
6	Jung, Tzyyping	University of California at San Diego	58	1199	2.6	825
7	Lin, Chin Teng	University of Technology Sydney	57	1349	1.77	601
8	Wang, Xingyu	East China University of Science and Technology	56	1728	2.96	1227
9	Hramov, Alexander E.	Innopolis University	54	1223	2.49	686
10	Guger, Christoph	g.tec medical engineering GmbH	51	1129	0.84	311

2.4 人工智能在脑疾病诊疗中的应用

2.4.1 总体概况

通过 Scopus 数据库检索 2016 年至今发表的"人工智能在脑疾病诊疗中的应用"相关论文，并将其导入 SciVal 平台后，最终共有文献 10751 篇，整体情况如图 5.20 所示。

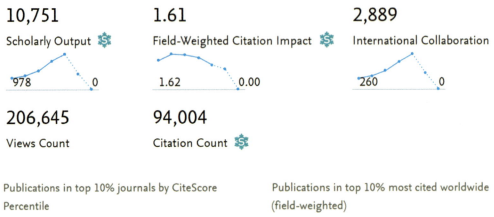

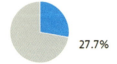
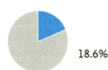

图 5.20 方向文献整体概况

2016 年至今发表的"人工智能在脑疾病诊疗中的应用"相关文献的学科分布情况，如图 5.21 所示。在 Scopus 全学科期刊分类系统（ASJC）划分的 27 个学科中，该研究方向文献涉及的学科较为广泛、学科交叉特性较为明显。其中，较多的文献分布于 Computer Science（计算机科学）、Medicine（医学）、Engineering（工程学）、Neuroscience（神经科学）、Biochemistry, Genetics and Molecular Biology（生物化学、遗传学和分子生物学）等学科。

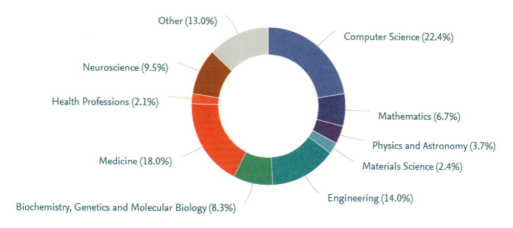

图 5.21 方向文献学科分布

2.4.2 研究热点与前沿

2.4.2.1 高频关键词

2016 年至今发表的"人工智能在脑疾病诊疗中的应用"相关文献的前 50 个高频关键词，如图 5.22 所示。其中，Brain Neoplasm（脑肿瘤）、Alzheimer Disease（阿尔茨海默病）、Electroencephalography（脑电图学）、Deep Learning（深度学习）、Seizure（癫痫）等是该方向出现频率最高的高频词。

图 5.22 2016 年至今方向前 50 个高频关键词词云图

从 2016 年至今方向前 50 个关键词的增长率情况看（如图 5.23 所示），该方向增长较快的关键词有 Deep Learning（深度学习）、CNN（卷积神经网络）、Deep Neural Network（深度神经网络）、Convolution（卷积）、Transfer of Learning（学习迁移）等。

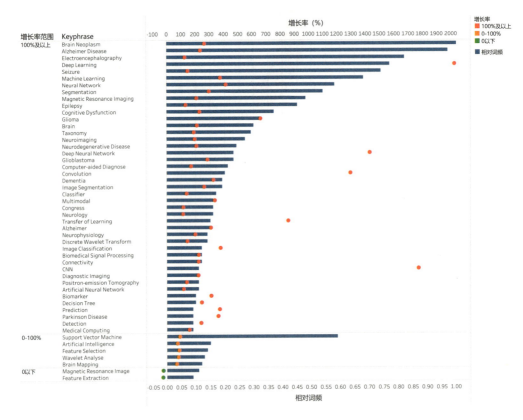

图 5.23 2016 年至今方向前 50 个关键词的增长率分布

2.4.2.2 方向相关热点主题（TOPIC）

从 2016 年至今发表的方向相关文献涉及的研究主题看（如图 5.24 所示），该方向最关注的主题是 T.5565，"Electroencephalography; Seizures; Bonn"（脑电图学；癫痫；波恩），其文献量最大；该主题的显著性百分位达到 98.955，是全球具有较高关注度和较快发展势头的研究方向。另外，相关度最高的是 T.12907，Alzheimer's Disease（阿尔茨海默病）；Computer-aided Diagnosis（计算机辅助诊断），该方向文献在主题中的占比达到 25.77%。此外，其他与方向具有相关性的主题方向也均呈现较高的显著性百分位（99 以上）。可以表明，该方向整体上具有较高的全球关注度和较大的研究发展潜力。

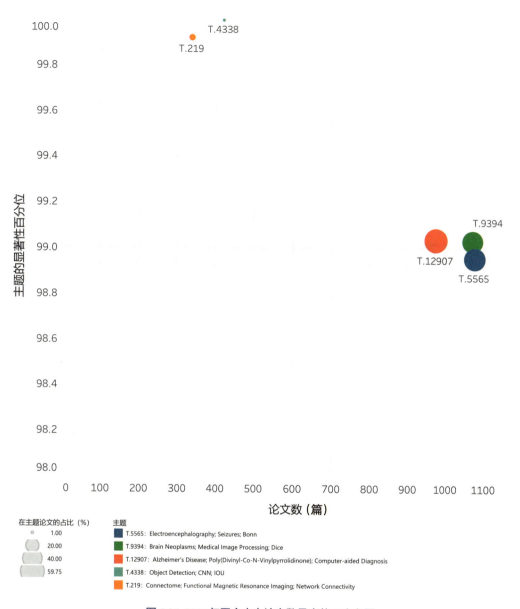

在主题论文的占比（%）　主题

● 1.00
● 20.00
● 40.00
● 59.75

■ T.5565: Electroencephalography; Seizures; Bonn
■ T.9394: Brain Neoplasms; Medical Image Processing; Dice
■ T.12907: Alzheimer's Disease; Poly(Divinyl-Co-N-Vinylpyrrolidinone); Computer-aided Diagnosis
■ T.4338: Object Detection; CNN; IOU
■ T.219: Connectome; Functional Magnetic Resonance Imaging; Network Connectivity

图 5.24　2016 年至今方向论文数最高的 5 个主题

2.4.3 高产国家 / 地区和机构

从 2016 年至今发表的方向相关文献主要的发文国家 / 地区看（如表 5.7 所示），该方向最主要的研究国家 / 地区有 United States（美国）、China（中国）、India（印度）、United Kingdom（英国）和 Germany（德国）等；从主要机构看（如图 5.25 所示），高产的机构包括：Harvard University（哈佛大学）、Anna University（安那大学）、University of Pennsylvania（宾夕法尼亚大学）等；2016 年至今方向高产作者见表 5.8。

表 5.7 2016 年至今方向前 10 个高产国家 / 地区

排名	国家 / 地区	发文量	点击量	FWCI	被引次数
1	United States	2757	60166	2.07	35543
2	China	2206	38982	1.54	19107
3	India	1757	26646	1.36	10069
4	United Kingdom	794	21904	2.84	13566
5	Germany	492	11526	2.14	5705
6	Canada	457	12528	2.15	6886
7	Republic of Korea	426	9461	2.02	5292
8	Italy	388	12664	2.29	4785
9	Australia	366	8732	2.33	3881
10	France	339	8629	2.14	5232

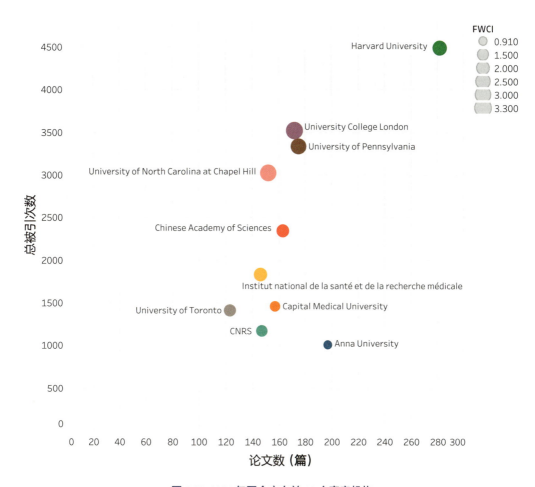

图 5.25 2016 年至今方向前 10 个高产机构

表 5.8 2016 年至今方向高产作者

排名	作者	机构	发文量	点击量	FWCI	被引次数
1	Shen, Dinggang	University of North Carolina at Chapel Hill	113	3795	3.55	2771
2	Liu, Mingxia	University of North Carolina at Chapel Hill	43	1203	3.28	850
3	Górriz, J. M.	University of Granada	39	1331	2.29	497
4	Ramírez, Javier	University of Córdoba	36	1230	2.24	426
5	Wang, Shuihua	Loughborough University	32	874	5.58	905
6	Zhang, Daoqiang	Nanjing University of Aeronautics and Astronautics	31	751	1.89	444
6	Zhang, Yudong	University of Leicester	29	977	4.75	897
6	Rajaguru, Harikumar	Bannari Amman Institute of Technology	28	489	0.88	74
9	Pachori, Ram Bilas	Indian Institute of Technology Indore	27	507	6.82	1089
9	Prabhakar, Sunil Kumar	Korea University	27	474	0.8	72

2.5 基于人机融合技术的混合—增强智能

2.5.1 总体概况

通过 Scopus 数据库检索 2016 年至今发表的"基于人机融合技术的混合—增强智能"相关论文，并将其导入 SciVal 平台后，最终共有文献 127 篇，整体情况如图 5.26 所示。

图 5.26 方向文献整体概况

2016 年至今发表的"基于人机融合技术的混合—增强智能"相关文献的学科分布情况，如图 5.27 所示。在 Scopus 全学科期刊分类系统（ASJC）划分的 27 个学科中，该研究方向文献涉及的学科较为广泛、学科交叉特性较为明显。其中，较多的文献分布于 Computer Science（计算机科学）、Engineering（工程学）、Mathematics（数学）、Physics and Astronomy（物理学与天文学）、Decision Sciences（决策科学）学科。

Other (10.6%)
Decision Sciences (4.2%)
Social Sciences (2.5%)
Medicine (2.1%)
Energy (2.8%)
Computer Science (32.7%)
Engineering (25.4%)
Mathematics (11.3%)
Physics and Astronomy (4.6%)
Materials Science (3.9%)

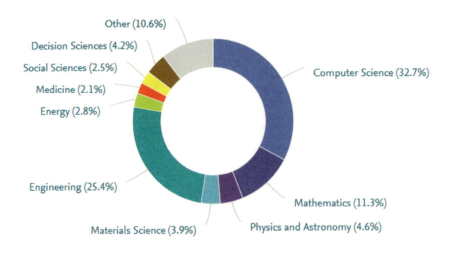

图 5.27 方向文献学科分布

2.5.2 研究热点与前沿

2.5.2.1 高频关键词

2016 年至今发表的“基于人机融合技术的混合—增强智能”相关文献的前 50 个高频关键词，如图 5.28 所示。其中，Intelligence（智能）、Artificial Intelligence（人工智能）、Chimera（嵌合体）、Man-machine System（人机系统）、Machine Learning（机器学习）、Virtual Reality（虚拟现实）、Crowdsourcing（众包）、Intelligent（智能的）、Hybrid Intelligent System（混合智能系统）等是该方向出现频率最高的高频词。

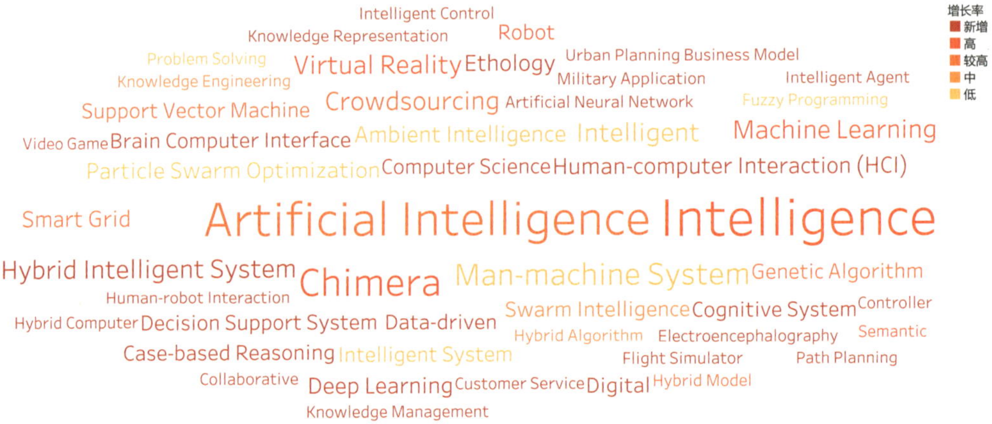

增长率
新增
高
较高
中
低
Intelligent Control
Knowledge Representation
Robot
Problem Solving
Virtual Reality
Ethology
Urban Planning
Business Model
Knowledge Engineering
Military Application
Intelligent Agent
Support Vector Machine
Crowdsourcing
Artificial Neural Network
Fuzzy Programming
Video Game
Brain Computer Interface
Ambient Intelligence
Intelligent
Machine Learning
Particle Swarm Optimization
Computer Science
Human-computer Interaction (HCI)
Smart Grid
Artificial Intelligence
Intelligence
Hybrid Intelligent System
Chimera
Man-machine System
Genetic Algorithm
Human-robot Interaction
Hybrid Computer
Decision Support System
Data-driven
Swarm Intelligence
Cognitive System
Controller
Hybrid Algorithm
Electroencephalography
Semantic
Case-based Reasoning
Intelligent System
Flight Simulator
Path Planning
Collaborative
Deep Learning
Customer Service
Digital
Hybrid Model
Knowledge Management

图 5.28 2016 年至今方向前 50 个高频关键词词云图

从2016年至今方向前50个关键词的增长率情况看（如图5.29所示），该方向增长较快的关键词有Machine Learning（机器学习）、Intelligence（智能）、Chimera（嵌合体）、Virtual Reality（虚拟现实）、Robot（机器人）等。此外，2016年以来该方向新兴的高频关键词有Hybrid Intelligent System（混合智能系统）、Human-computer Interaction (HCI)（人机交互）、Ethology（行为学）、Deep Learning（深度学习）、Digital（数字的）、Decision Support System（决策支持系统）、Data-driven（数据驱动）、Computer Science（计算机科学）、Cognitive System（认知系统）、Case-based Reasoning（案例推理）、Brain Computer Interface（脑机接口）、Video Game（视频游戏）、Urban Planning（城市规划）、Path Planning（路径规划）、Military Application（军事应用）、Knowledge Representation（知识表达）、Knowledge Management（知识管理）、Intelligent Control（智能控制）、Intelligent Agent（智能代理）、Hybrid Computer（混合型计算机）、Human-robot Interaction（人机交互）、Flight Simulator（飞行模拟器）、Electroencephalography（脑电图）、Customer Service（客户服务）、Controller（控制器）、Collaborative（合作）、Business Model（商业模式）和Artificial Neural Network（人工神经网络）。

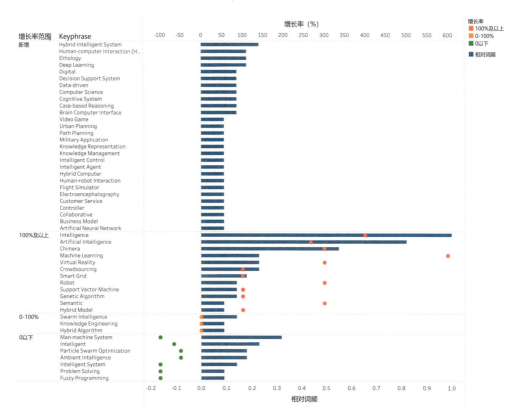

图 5.29　2016 年至今方向前 50 个关键词的增长率分布

2.5.2.2 方向相关热点主题（TOPIC）

从 2016 年至今发表的方向相关文献涉及的研究主题看（如图 5.30 所示），该方向文献量差别不大，文献量最大的是 T.23，"Motor Imagery; Brain Computer Interface; Visual Evoked Potentials"（运动想象；脑机接口；视觉诱发电位）和 T2323，"Crowdsourcing; Turks; Task Assignment"（众包；年轻人；任务分配），均为 6 篇。此外，与方向具有相关性的主题方向均呈现较高的显著性百分位，都在 99 以上。可以表明，该方向整体上具有较高的全球关注度和较大的研究发展潜力。

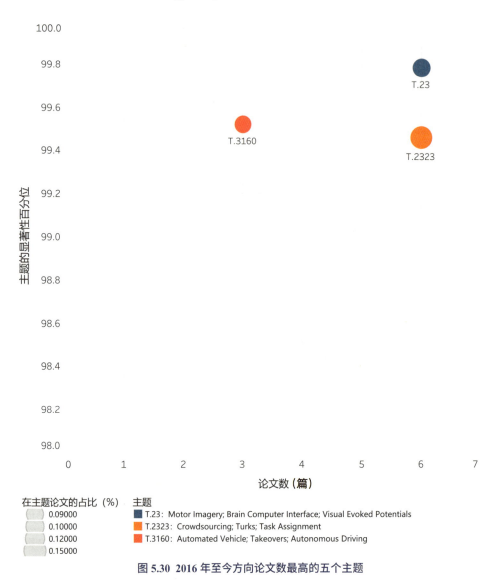

图 5.30 2016 年至今方向论文数最高的五个主题

2.5.3 高产国家 / 地区和机构

从 2016 年至今发表的方向相关文献主要的发文国家 / 地区看（如表 5.9 所示），该方向最主要的研究国家 / 地区有 China（中国）、United States（美国）、Russian Federation（俄罗斯）、United Kingdom（英国）和 Germany（德国）等；从主要机构看（如图 5.31 所示），高产的机构包括：Chinese Academy of Sciences（中国科学院）、Beijing University of Posts and Telecommunications（北京邮电大学）、CAS-Institute of Automation（中国科学院自动化研究所）、Delft University of Technology（代尔夫特理工大学）、Microsoft USA（微软美国）、Nanjing University of Aeronautics and Astronautics（南京航空航天大学）、Netherlands Organisation for Applied Scientific Research（荷兰应用科学研究组织）、Russian Academy of Sciences（俄罗斯科学院）、Tsinghua University（清华大学）、University of Michigan, Ann Arbor（密歇根大学安娜堡分校）、University of Science and Technology Beijing（北京科技大学）、Wuhan University（武汉大学）等；2016 年至今方向高产作者见表 5.10。

表 5.9 2016 年至今方向前 10 个高产国家 / 地区

排名	国家 / 地区	发文量	点击量	FWCI	被引次数
1	China	53	1205	1.13	481
2	United States	17	379	2.17	249
3	Russian Federation	8	222	0.5	10
3	United Kingdom	8	273	1.49	45
5	Germany	7	244	1.96	59
5	Switzerland	7	225	2.04	51
7	Canada	4	72	1.16	10
7	Italy	4	117	2.5	15
7	Netherlands	4	64	1.32	8
10	Egypt	3	23	0.37	5
10	France	3	87	0.09	2
10	Poland	3	102	0.68	5
10	Spain	3	29	0	0

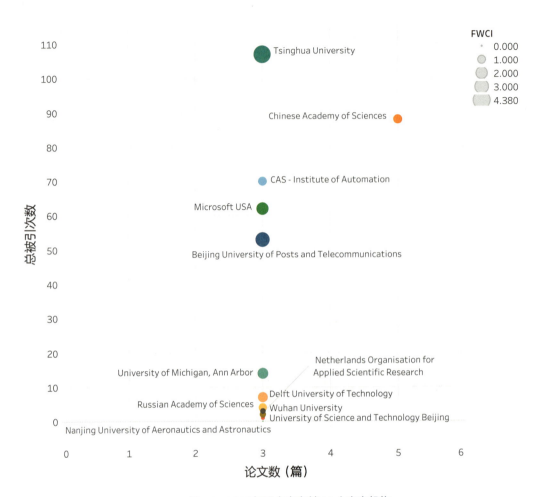

图 5.31 2016 年至今方向前 10 个高产机构

表 5.10 2016 年至今方向高产作者

排名	作者	机构	发文量	点击量	FWCI	被引次数
1	Lasecki, Walter S.	University of Michigan, Ann Arbor	3	59	1.68	14
1	Neerincx, Mark A.	Delft University of Technology	3	62	1.42	7
3	Al Mashhadany, Yousif I.	University Of Anbar	2	27	0	0
3	Dellermann, Dominik	University of Kassel	2	139	4.22	44
3	Ebel, Philipp Alexander	University of St. Gallen	2	139	4.22	44
3	Hu, Wen	Nanjing University of Aeronautics and Astronautics	2	30	0	0
3	Leimeister, Jan Marco	University of Zurich	2	139	4.22	44
3	Listopad, Sergey V.	Russian Academy of Sciences	2	35	1.17	3
3	Liu, Xiaojing	Nanjing University of Aeronautics and Astronautics	2	30	0	0
3	Ning, Huansheng	University of Science and Technology Beijing	2	45	0.33	1
3	Shang, Yuwei	China Electric Power Research Institute	2	26	1.11	23
3	Shi, Feifei	University of Science and Technology Beijing	2	36	0.33	1
3	Wang, Shangguang	Beijing University of Posts and Telecommunications	2	72	4.3	52
3	Yang, Yiwei	University of Michigan, Ann Arbor	2	40	2.53	14
3	Zheng, Haiyang	Nanjing University of Aeronautics and Astronautics	2	30	0	0

大数据驱动的因果推断

2.6.1 总体概况

通过 Scopus 数据库检索 2016 年至今发表的 "大数据驱动的因果推断" 相关论文,并将

其导入 SciVal 平台后,最终共有文献 7394 篇,整体情况如图 5.32 所示。

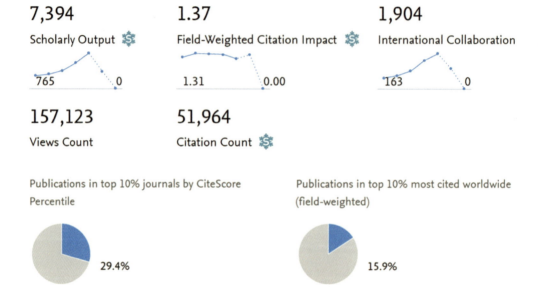

图 5.32 方向文献整体概况

2016 年至今发表的 "大数据驱动的因果推断" 相关文献的学科分布情况,如图 5.33 所示。在 Scopus 全学科期刊分类系统(ASJC)划分的 27 个学科中,该研究方向文献涉及的学科较为广泛、学科交叉特性较为明显。其

中,较多的文献分布于 Computer Science(计算机科学)、Engineering(工程学)、Medicine(医学)、Environmental Science(环境科学)、Mathematics(数学)等学科。

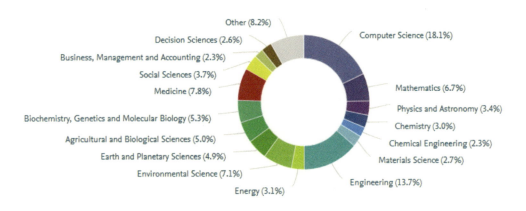

图 5.33 方向文献学科分布

2.6.2 研究热点与前沿

2.6.2.1 高频关键词

2016 年至今发表的"大数据驱动的因果推断"相关文献的前 50 个高频关键词，如图 5.34 所示。其中，Machine Learning（机器学习）、Artificial Neural Network（人工神经网络）、Support Vector Machine（支持向量机）、Multiple Linear Regression（多元线性回归）、Causal Inference（因果推理）等是该方向出现频率最高的高频词。

图 5.34 2016 年至今方向前 50 个高频关键词词云图

从 2016 年至今方向前 50 个关键词的增长率情况看（如图 5.35 所示），该方向增长较快的关键词有 Deep Learning（深度学习）、Spline Regression（样条回归）、Signature（特征码）、Predictive Analytic（预测分析）、Long Noncoding RNA（长非编码 RNA）等。

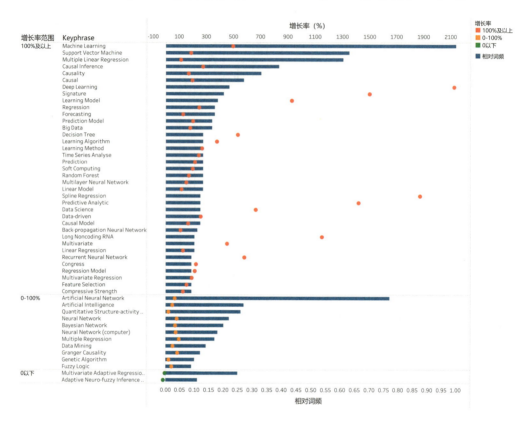

图 5.35 2016 年至今方向前 50 个关键词的增长率分布

2.6.2.2 方向相关热点主题（TOPIC）

从 2016 年至今发表的方向相关文献涉及的研究主题看（如图 5.36 所示），该方向最关注的主题是 T.1472，"Stream Flow; Flood Forecasting; Water Tables"（流量；洪水预测；地下水位），其文献量最大且具有一定相关度（方向文献在主题中的占比达到 6.13%）；同时，该主题的显著性百分位达到了 99.658，是全球具有较高关注度和较快发展势头的研究方向。此外，方向论文数前 5 的其他几个主题也均呈现较高的显著性百分位（均在 91 以上）。可以表明，该方向整体上具有较高的全球关注度和较大的研究发展潜力。

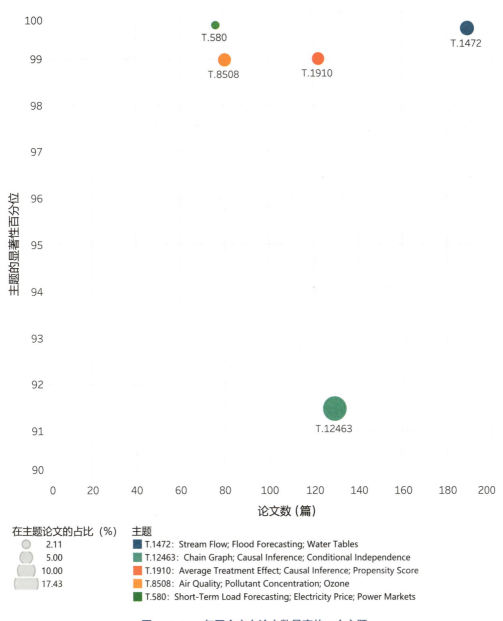

在主题论文的占比（%）
- 2.11
- 5.00
- 10.00
- 17.43

主题
- T.1472：Stream Flow; Flood Forecasting; Water Tables
- T.12463：Chain Graph; Causal Inference; Conditional Independence
- T.1910：Average Treatment Effect; Causal Inference; Propensity Score
- T.8508：Air Quality; Pollutant Concentration; Ozone
- T.580：Short-Term Load Forecasting; Electricity Price; Power Markets

图 5.36 2016 年至今方向论文数最高的 5 个主题

2.6.3 高产国家 / 地区和机构

从 2016 年至今发表的方向相关文献主要的发文国家 / 地区看（如表 5.11 所示），该方向最主要的研究国家 / 地区有 China（中国）、United States（美国）、India（印度）、Iran（伊朗）和 United Kingdom（英国）等；从主要机构看（如图 5.37 所示），高产的机构包括：Chinese Academy of Sciences（中国科学院）、Islamic Azad University（伊斯兰阿扎德大学）、Harvard University（哈佛大学）等；2016 年至今方向高产作者见表 5.12。

表 5.11 2016 年至今方向前 10 个高产国家 / 地区

排名	国家 / 地区	发文量	点击量	FWCI	被引次数
1	China	1946	33665	1.2	12054
2	United States	1577	32603	1.76	14687
3	India	671	13493	1.3	3813
4	Iran	545	15186	2.2	6753
5	United Kingdom	397	11481	2.18	5663
6	Germany	294	5903	2.02	2628
7	Canada	268	7107	1.99	3214
8	Turkey	247	5856	1.26	2002
9	Australia	221	7975	2.35	3220
10	Republic of Korea	219	4541	1.28	1338

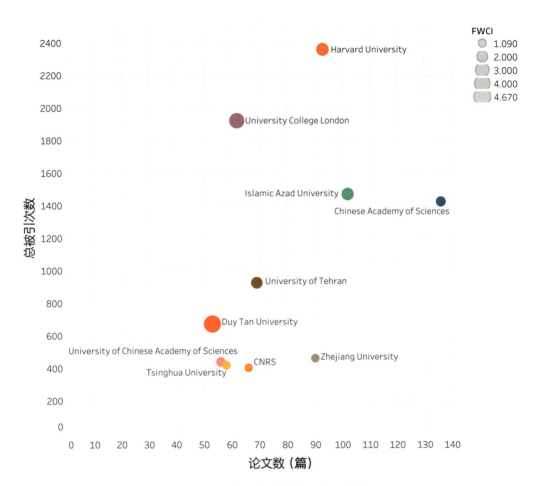

图 5.37 2016 年至今方向前 10 个高产机构

表 5.12 2016 年至今方向高产作者

排名	作者	机构	发文量	点击量	FWCI	被引次数
1	Kisi, Ozgur	Duy Tan University	49	1499	3.87	1329
2	Deo, Ravinesh C.	University of Southern Queensland	29	1778	4.11	1028
3	Heddam, Salim	Skikda University	22	430	3.73	367
4	Yaseen, Zaher Mundher	Duy Tan University	20	694	5.78	503
5	Adamowski, Jan	McGill University	19	979	3.07	506
5	Samui, P.	National Institute of Technology Patna	19	606	3.38	185
7	Kermani, Mohammad Zounemat	Shahid Bahonar University of Kerman	17	427	4.57	293
8	Schölkopf, Bernhard	Max Planck Institute for Intelligent Systems	16	167	2.39	231
9	Bareinboim, Elias	Columbia University	15	87	1.93	88
9	Zhang, Kun	Carnegie Mellon University	15	184	1.35	86

2.7 多模态认知智能

2.7.1 总体概况

通过 Scopus 数据库检索 2016 年至今发表的"多模态认知智能"相关论文，并将其导入 SciVal 平台后，最终共有文献 7466 篇，整体情况如图 5.38 所示。

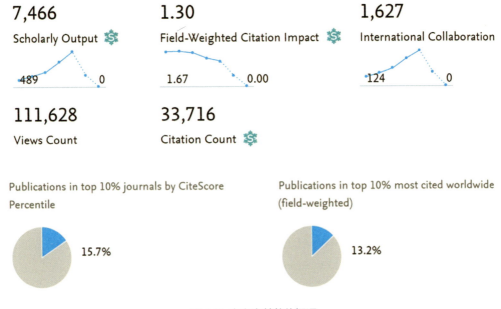

图 5.38 方向文献整体概况

2016 年至今发表的"多模态认知智能"相关文献的学科分布情况，如图 5.39 所示。在 Scopus 全学科期刊分类系统（ASJC）划分的 27 个学科中，该研究方向文献涉及的学科较为广泛、学科交叉特性较为明显。其中，较多的文献分布于 Computer Science（计算机科学）、Mathematics（数学）、Engineering（工程学）、Decision Sciences（决策科学）、Social Sciences（社会科学）等学科。

Other (11.1%)
Decision Sciences (6.1%)
Business, Management and Accounting (2.7%)
Social Sciences (5.2%)
Medicine (2.5%)
Engineering (11.8%)
Materials Science (2.1%)
Physics and Astronomy (2.2%)
Mathematics (13.3%)
Computer Science (43.1%)

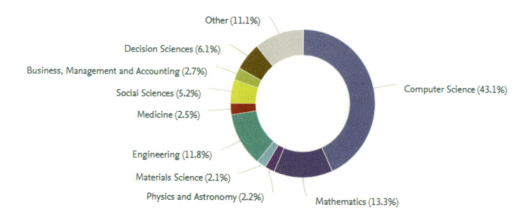

图 5.39 方向文献学科分布

2.7.2 研究热点与前沿

2.7.2.1 高频关键词

2016 年至今发表的“多模态认知智能”相关文献的前 50 个高频关键词，如图 5.40 所示。其中，Graph（图）、Knowledge Representation（知识表达）、Embedding（嵌入）、Semantic（语义）、Semantic Web（语义网）等是该方向出现频率最高的高频词。

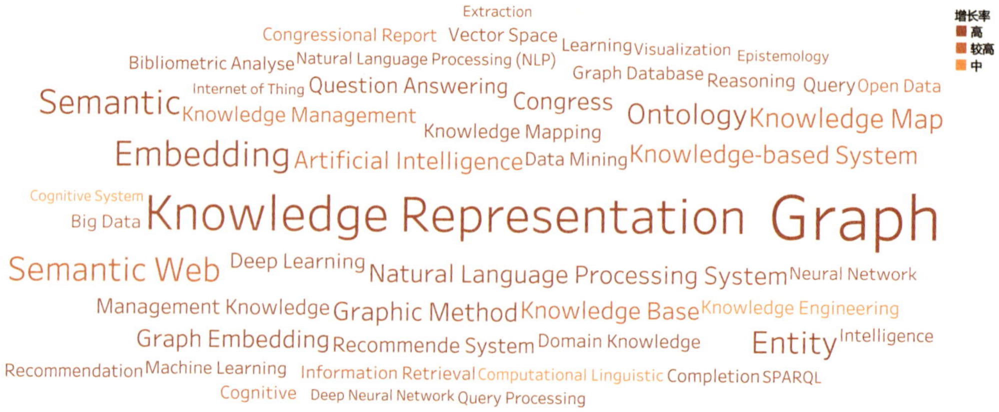

Extraction
Congressional Report
Vector Space
Learning
Visualization
Epistemology
Bibliometric Analyse
Natural Language Processing (NLP)
Graph Database
Internet of Thing
Question Answering
Reasoning
Query
Open Data
Semantic
Knowledge Management
Congress
Ontology
Knowledge Map
Knowledge Mapping
Embedding
Artificial Intelligence
Data Mining
Knowledge-based System
Cognitive System
Big Data
Knowledge Representation
Graph
Semantic Web
Deep Learning
Natural Language Processing
System
Neural Network
Management Knowledge
Graphic Method
Knowledge Base
Knowledge Engineering
Graph Embedding
Recommende System
Domain Knowledge
Entity
Intelligence
Recommendation
Machine Learning
Information Retrieval
Computational Linguistic
Completion
SPARQL
Cognitive
Deep Neural Network
Query Processing
增长率
高
较高
中

图 5.40 2016 年至今方向前 50 个高频关键词词云图

从 2016 年至今方向前 50 个关键词的增长率情况看（如图 5.41 所示），该方向增长较快的关键词有 Knowledge Representation(知识表达)、Neural Network（神经网络）、Deep Learning（深度学习）、Bibliometric Analyse（文献计量分析）、Question Answering（问答系统）等。

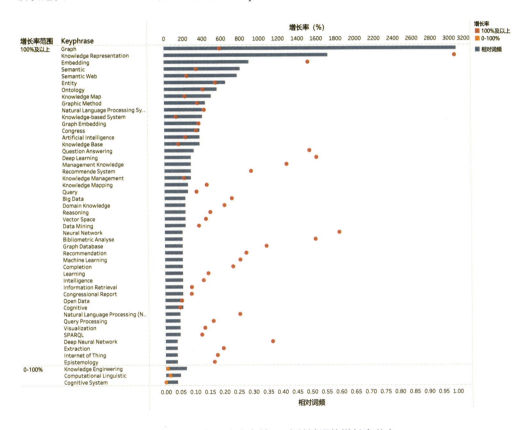

图 5.41 2016 年至今方向前 50 个关键词的增长率分布

2.7.2.2 方向相关热点主题（TOPIC）

从 2016 年至今发表的方向相关文献涉及的研究主题看（如图 5.42 所示），该方向最关注的主题是 T.1614，"Sentiment Classification; Named Entity Recognition; Entailment"（情感分类；命名实体识别；蕴涵），其文献量最大、相关度也最高（方向文献在主题中的占比达到 16.22%）；同时，该主题的显著性百分位达到 99.916，是全球具有较高关注度和较快发展势头的研究方向。此外，方向论文数 TOP5 的其他几个主题也均呈现很高的显著性百分位（均在 93 以上）。可以表明，该方向整体上具有较高的全球关注度和较大的研究发展潜力。

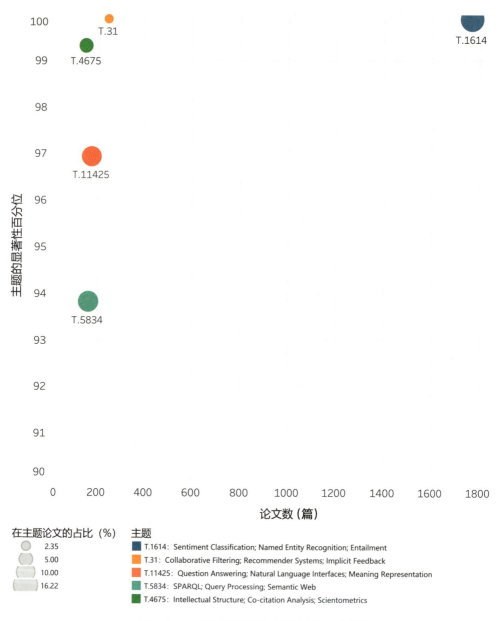

图 5.42　2016 年至今方向论文数最高的 5 个主题

2.7.3 高产国家 / 地区、机构

从 2016 年至今发表的方向相关文献主要的发文国家 / 地区看（如表 5.13 所示），该方向最主要的研究国家 / 地区有 China（中国）、United States（美国）、Germany（德国）、United Kingdom（英国）和 Italy（意大利）等；从主要机构看（如图 5.43 所示），高产的机构包括：Chinese Academy of Sciences（中国科学院）、University of Chinese Academy of Sciences（中国科学院大学）和 Tsinghua University（清华大学）等；2016 年至今方向高产作者见表 5.14。

表 5.13 2016 年至今方向前 10 个高产国家 / 地区

排名	国家 / 地区	发文量	点击量	FWCI	被引次数
1	China	3037	38300	1.21	12116
2	United States	1215	19214	2.14	9385
3	Germany	711	9330	1.59	4487
4	United Kingdom	425	8571	2.23	2918
5	Italy	332	7774	1.98	2878
6	India	315	5046	1.2	938
7	France	238	3481	1.13	803
8	Australia	226	4594	1.97	1460
9	Spain	179	5043	1.32	1099
10	Canada	175	2909	3.97	3150

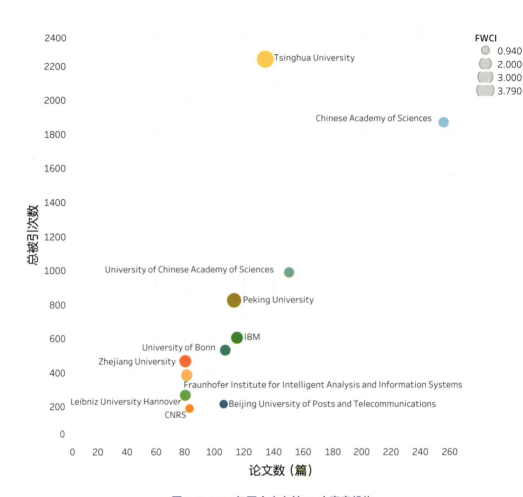

图 5.43 2016 年至今方向前 10 个高产机构

表 5.14 2016 年至今方向高产作者

排名	作者	机构	发文量	点击量	FWCI	被引次数
1	Lehmann, Jens	University of Bonn	50	423	2.21	348
2	Auer, Sören	German National Library of Science and Technology - Leibniz Information Centre for Science and Technology	48	628	2.48	346
3	Vidal, María Esther	Leibniz University Hannover	43	541	1.08	147
4	Paulheim, Heiko	University of Mannheim	38	505	3.39	727
5	Wang, Xin	Tianjin University	27	334	0.47	41
6	Duan, Yucong	Hainan University	25	428	1.81	214
6	Pan, Jeff Z.	University of Aberdeen	25	339	1.46	90
6	Wang, Meng	Southeast University	25	283	1.07	57
9	Corcho, Óscar	Technical University of Madrid	22	196	0.72	27
9	Ngomo, Axel Cyrille Ngonga	Paderborn University	22	150	0.47	55
9	Qi, Guilin	Southeast University	22	232	0.7	48
9	Zou, Lei	Peking University	22	427	3.25	272

2.8 人工智能伦理

2.8.1 总体概况

通过 Scopus 数据库检索 2016 年至今发表的"人工智能伦理治理"相关论文，并将其导入 SciVal 平台后，最终共有文献 8417 篇，整体情况如图 5.44 所示。

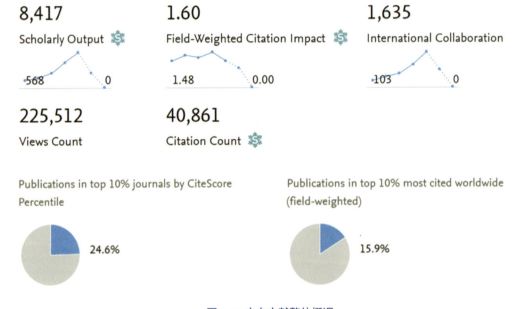

图 5.44 方向文献整体概况

2016 年至今发表的"人工智能伦理治理"相关文献的学科分布情况，如图 5.45 所示。在 Scopus 全学科期刊分类系统（ASJC）划分的 27 个学科中，该研究方向文献涉及的学科较为广泛、学科交叉特性较为明显。其中，较多的文献分布于 Computer Science（计算机科学）、Social Sciences（社会科学）、Engineering（工程学）、Medicine（医学）、Mathematics（数学）等学科。

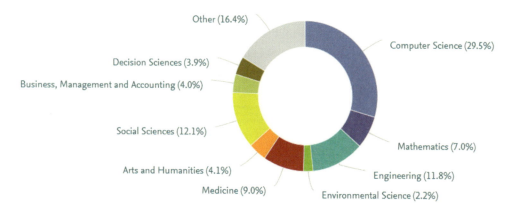

图 5.45 方向文献学科分布

2.8.2 研究热点与前沿

2.8.2.1 高频关键词

2016 年至今发表的"人工智能伦理治理"相关文献的前 50 个高频关键词，如图 5.46 所示。其中，Artificial Intelligence（人工智能）、Ethic（伦理）、Machine Learning（机器学习）、Philosophical Aspect（哲学角度）、Deep Learning（深度学习）等是该方向出现频率最高的高频词。

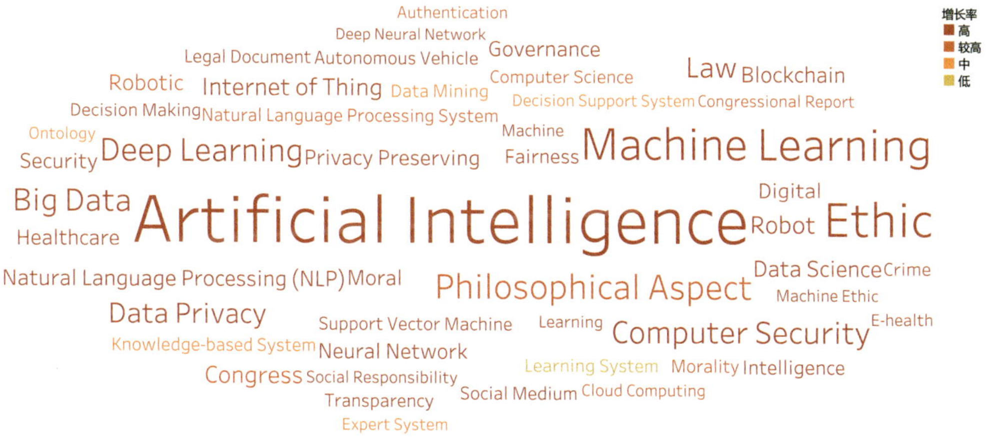

图 5.46 2016 年至今方向前 50 个高频关键词词云图

从 2016 年至今方向前 50 个关键词的增长率情况看（如图 5.47 所示），该方向增长较快的关键词有 Blockchain（区块链）、Deep Neural Network（深度神经网络）、Fairness（公平）、Transparency（透明）、Deep Learning 等。

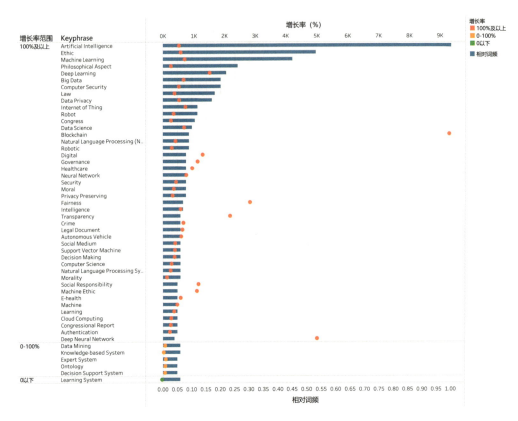

图 5.47 2016 年至今方向前 50 个关键词的增长率分布

2.8.2.2 方向相关热点主题（TOPIC）

从 2016 年至今发表的方向相关文献涉及的研究主题看（如图 5.48 所示），该方向最关注的主题是 T.20172，"Machine Ethics; Weapon Systems; Roboethics"（机器伦理学；武器系统；机械伦理学），其文献量最大，文献占比率也最高；同时，该主题的显著性百分位达到 98.055，是全球具有较高关注度和较快发展势头的研究方向。此外，方向论文数前 5 的其他几个主题也均呈现较高的显著性百分位（均在 85 以上）。可以表明，该方向整体上具有较高的全球关注度和较大的研究发展潜力。

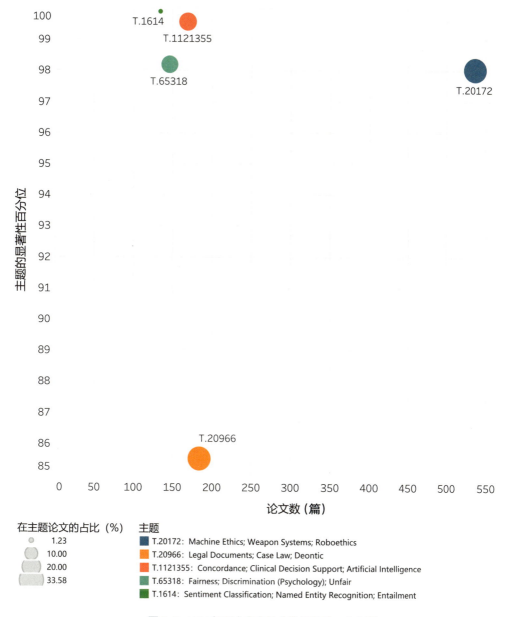

2.8.3 高产国家／地区、机构

从 2016 年至今发表的方向相关文献主要的发文国家／地区看（如表 5.15 所示），该方向最主要的研究国家／地区有 United States（美国）、China（中国）、United Kingdom（英国）、India（印度）和 Germany（德国）等；从主要机构看（如图 5.49 所示），高产的机构包括：University of Oxford（牛津大学）、Harvard University（哈佛大学）、University College London（伦敦大学学院）等；2016 年至今方向高产作者见表 5.16。

表 5.15 2016 年至今方向前 10 个高产国家／地区

排名	国家／地区	发文量	点击量	FWCI	被引次数
1	United States	1905	57790	2.26	16321
2	China	905	17746	1.48	4863
3	United Kingdom	887	33147	2.68	8494
4	India	584	13775	1.22	1735
5	Germany	517	16301	2.2	4041
6	Italy	425	13906	2.15	3233
7	Canada	394	13761	2.45	4258
8	Australia	373	14036	1.87	2343
9	France	322	10384	1.58	2376
10	Netherlands	276	9778	2.93	2326

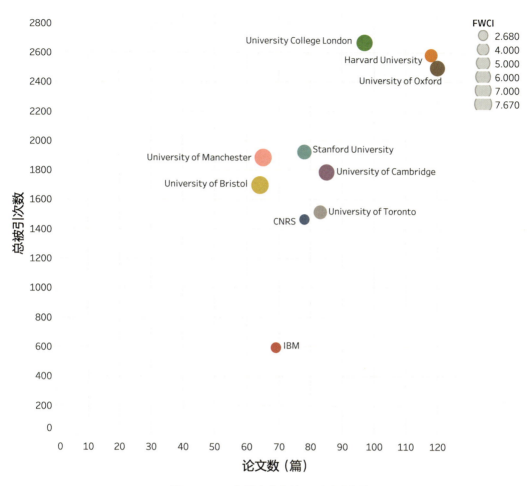

图 5.49 2016 年至今方向前 10 个高产机构

表 5.16 2016 年至今方向高产作者

排名	作者	机构	发文量	点击量	FWCI	被引次数
1	Floridi, Luciano	Queen Mary University of London	24	2123	10.84	1072
2	Sartor, Giovanni	University of Bologna	18	467	1.32	87
3	Pagallo, Ugo	University of Turin	15	1176	6.32	294
4	Taddeo, Mariarosaria	Queen Mary University of London	14	1586	10.07	770
5	Matthes, Florian	Technical University of Munich	13	181	0.82	44
6	Rossi, Francesca	IBM	12	458	7.71	274
7	Caro, Luigi Di	University of Turin	11	389	1.88	99
7	Robaldo, Livio	University of Luxembourg	11	407	3.08	108
7	Satoh, Ken	Research Organization of Information and Systems National Institute of Informatics	11	110	1.47	25
7	Zhao, Haozhen	Ankura Consulting Group, LLC	11	121	2.06	50

2.9 "人工意识"或"类意念"问题研究

2.9.1 总体概况

通过 Scopus 数据库检索 2016 年至今发表的"'人工意识'或'类意念'问题研究"相关论文，并将其导入 SciVal 平台后，最终共有文献 280 篇，整体情况如图 5.50 所示。

图 5.50 方向文献整体概况

2016 年至今发表的"'人工意识'或'类意念'问题研究"相关文献的学科分布情况，如图 5.51 所示。在 Scopus 全学科期刊分类系统（ASJC）划分的 27 个学科中，该研究方向文献涉及的学科较为广泛、学科交叉特性较为明显。其中，较多的文献分布于 Computer Science（计算机科学）、Arts and Humanities（艺术与人文）、Engineering（工程学）、Mathematics（数学）、Neuroscience（神经科学）和 Psychology（心理学）等学科。

Other (11.8%)
Decision Sciences (2.6%)
Social Sciences (4.2%)
Psychology (6.3%)
Arts and Humanities (10.7%)
Neuroscience (6.3%)
Medicine (5.0%)
Agricultural and Biological Sciences (3.5%)
Computer Science (34.1%)
Mathematics (6.3%)
Engineering (9.0%)

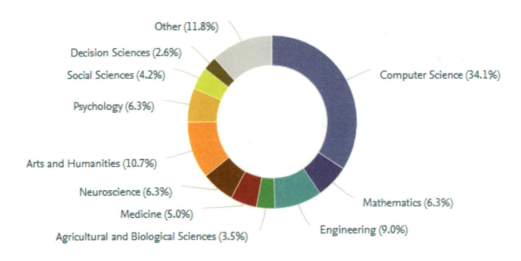

图 5.51 方向文献学科分布

2.9.2 研究热点与前沿

2.9.2.1 高频关键词

2016 年至今发表的“‘人工意识’或‘类意念’问题研究”相关文献的前 50 个高频关键词，如图 5.52 所示。其中，Conscious（意识）、Machine Consciousness（机器意识）、Artificial Intelligence（人工智能）、Artificial（人工）、Machine（机器）等是该方向出现频率最高的高频词。

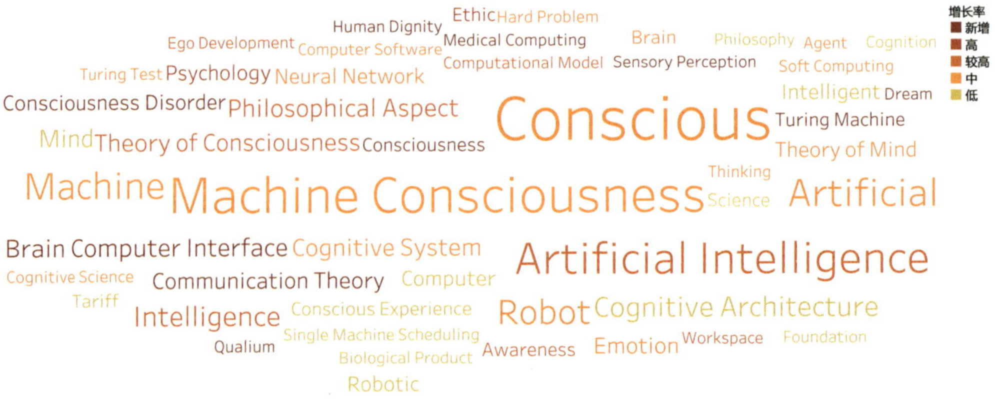

增长率
新增
高
较高
中
低
Human Dignity
Ethic
Hard Problem
Ego Development
Computer Software
Medical Computing
Brain
Philosophy
Agent
Cognition
Turing Test
Psychology
Neural Network
Computational Model
Sensory Perception
Soft Computing
Consciousness Disorder
Philosophical Aspect
Conscious
Intelligent
Dream
Mind
Theory of Consciousness
Consciousness
Turing Machine
Theory of Mind
Thinking
Machine
Machine Consciousness
Science
Artificial
Brain Computer Interface
Cognitive System
Artificial Intelligence
Cognitive Science
Communication Theory
Computer
Tariff
Intelligence
Conscious Experience
Robot
Cognitive Architecture
Qualium
Single Machine Scheduling
Awareness
Emotion
Workspace
Foundation
Biological Product
Robotic

图 5.52 2016 年至今方向前 50 个高频关键词词云图

从 2016 年至今方向前 50 个关键词的增长率情况看（如图 5.53 所示），该方向增长较快的关键词有 Ethic（伦理）、Psychology（心理学）、Intelligence（智能）、Artificial Intelligence（人工智能）、Philosophical Aspect（哲学角度）、Theory of Consciousness（意识理论）、Awareness（意识）、Computational Model（计算模型）、Ego Development（自我发展）、

Workspace（工作空间）等。此外，2016 年以来新增的高频关键词有 Brain Computer Interface（脑机接口）、Communication Theory（通信理论）、Consciousness Disorder（意识障碍）、Turing Machine（图灵机）、Consciousness（意识）、Dream（梦）、Sensory Perception（感官知觉）、Qualium（质量）、Medical Computing（医用电脑运算）、Human Dignity（人格）。

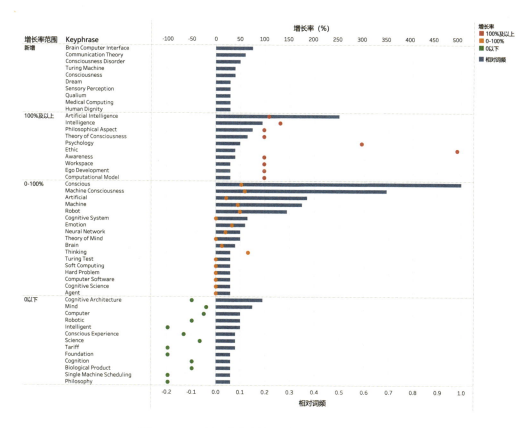

图 5.53 2016 年至今方向前 50 个关键词的增长率分布

2.9.2.2 方向相关热点主题（TOPIC）

从 2016 年至今发表的方向相关文献涉及的研究主题看（如图 5.54 所示），该方向最关

注的主题是 T.20172，"Machine Ethics; Weapon Systems; Roboethics"（机器伦理学；武器系统；

机械伦理学），其文献量最大，且该主题的显著性百分位达到 98.055，是全球具有很高关注度和较快发展势头的研究方向。此外，其他与方向具有相关性、本方向论文数较大的主题方向中还有三个主题的显著性百分位在 92 以上。可以表明，该方向整体上是具有较高的全球关注度和较大的研究发展潜力的。

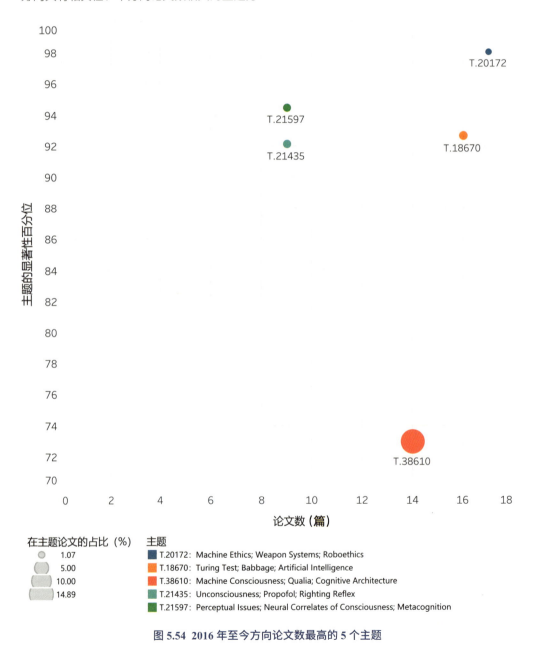

图 5.54　2016 年至今方向论文数最高的 5 个主题

2.9.3 高产国家 / 地区、机构

从 2016 年至今发表的方向相关文献主要的发文国家 / 地区看（如表 5.17 所示），该方向最主要的研究国家 / 地区有 United States（美国）、United Kingdom（英国）、China（中国）、Japan（日本）和 Italy（意大利）等；从主要机构看（如图 5.55 所示），高产的机构包括：Imperial College London（帝国理工学院）、CNRS（法国国家科学研究中心）、Guangzhou General Hospital（广东省人民医院）、Libera Università di Lingue e Comunicazione（米兰语言与传播自由大学）、Meiji University（明治大学）、Pompeu Fabra University（庞培法布拉大学）、South China University of Technology（华南理工大学）、University of Cambridge（剑桥大学）、University of Illinois at Springfield（伊利诺伊大学斯普林菲尔德分校）、University of Oxford（牛津大学）、University of Sussex（萨塞克斯大学）等；2016 年至今方向高产作者见表 5.18。

表 5.17 2016 年至今方向前 10 个高产国家 / 地区

排名	国家 / 地区	发文量	点击量	FWCI	被引次数
1	United States	74	1477	1.16	374
2	United Kingdom	36	716	0.87	147
3	China	29	530	0.8	223
4	Japan	16	253	0.19	19
5	Italy	15	261	1.14	50
6	India	14	260	0.11	5
7	Canada	12	124	0.78	24
8	Russian Federation	11	216	0.86	21
9	France	9	338	2.47	215
9	Spain	9	190	0.71	30

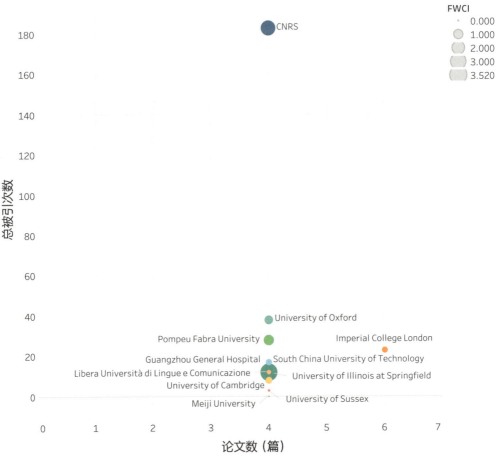

图 5.55 2016 年至今方向前 10 位高产机构

表 5.18 2016 年至今方向高产作者

排名	作者	机构	发文量	点击量	FWCI	被引次数
1	Boltuc, Peter Piotr	University of Illinois at Springfield	4	37	3.52	12
1	Li, Yuanqing	South China University of Technology	4	67	0.46	17
1	Manzotti, Riccardo	Libera Università di Lingue e Comunicazione	4	61	0.23	12
1	Takeno, Jun'Ichi	Meiji University	4	57	0	0
1	Xie, Qiuyou	Southern Medical University	4	67	0.46	17
1	Yu, Ronghao	Southern Medical University	4	67	0.46	17
7	Aleksander, Igor	Imperial College London	3	168	0.57	18
7	Che, Ada	Northwestern Polytechnical University Xian	3	160	3.48	157
7	Chella, Antonio	National Research Council of Italy	3	55	3.51	11
7	Chumkamon, Sakmongkon	Kyushu Institute of Technology	3	69	0.6	15
7	Hayashi, Eiji	Kyushu Institute of Technology	3	69	0.6	15
7	Katz, Garrett E.	Syracuse University	3	108	0.61	14
7	Koch, Christoph	Allen Institute for Brain Science	3	122	1.51	19
7	Pan, Jiahui	South China Normal University	3	53	0.62	17
7	Reggia, James A.	University of Maryland, College Park	3	108	0.61	14

2.10 纯粹意识研究

2.10.1 总体概况

通过 Scopus 数据库检索 2016 年至今发表的"纯粹意识研究"相关论文，并将其导入 SciVal 平台后，最终共有文献 358 篇，整体情况如图 5.56 所示。

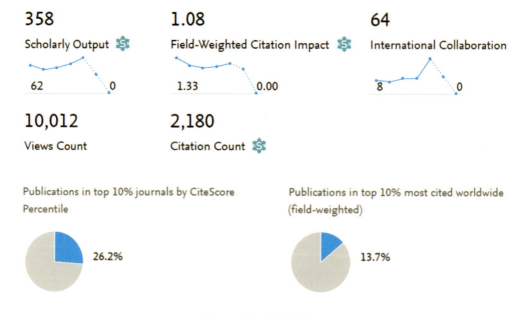

图 5.56 方向文献整体概况

2016 年至今发表的"纯粹意识研究"相关文献的学科分布情况，如图 5.57 所示。在 Scopus 全学科期刊分类系统（ASJC）划分的 27 个学科中，该研究方向文献涉及的学科较为广泛、学科交叉特性较为明显。其中，较多的文献分布于 Social Sciences（社会科学）、Arts and Humanities（艺术与人文）、Business, Management and Accounting（商业、管理与会计学）、Psychology（心理学）、Medicine（医学）等学科。

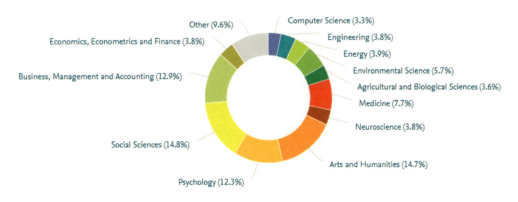

图 5.57 方向文献学科分布

2.10.2 研究热点与前沿

2.10.2.1 高频关键词

2016 年至今发表的"纯粹意识研究"相关文献的前 50 个高频关键词，如图 5.58 所示。其中，Intention（意向）、Purchase Intention（购买意向）、Environmental Consciousness（环境意识）、Conscious（意识）、Organic Food（有机食物）等是该方向出现频率最高的高频词。

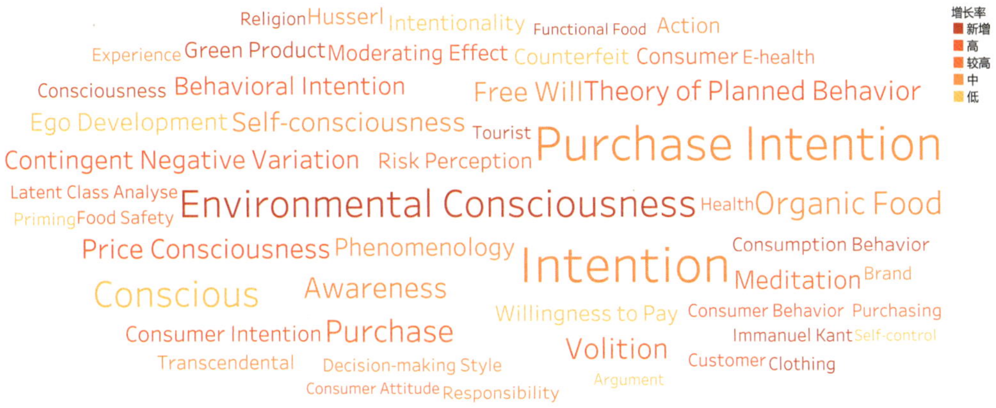

图 5.58 2016 年至今方向前 50 个高频关键词词云图

从 2016 年至今方向前 50 个关键词的增长率情况看（如图 5.59 所示），该方向增长较快的关键词有 Behavioral Intention（行为意向）、Customer（顾客）、Consumer Intention（顾客意向）、Theory of Planned Behavior（计划行为理论）、Contingent Negative Variation（随因负性变化）等。此外，2016 年以来新增的高频关键词有 Environmental Consciousness（环境意识）、Green Product（绿色产品）、Consciousness（意识）、Consumption Behavior（消费行为）、Religion（宗教）、Clothing（服装）、Immanuel Kant（伊曼努尔康德）、Tourist（旅游）、Functional Food（功能食品）。

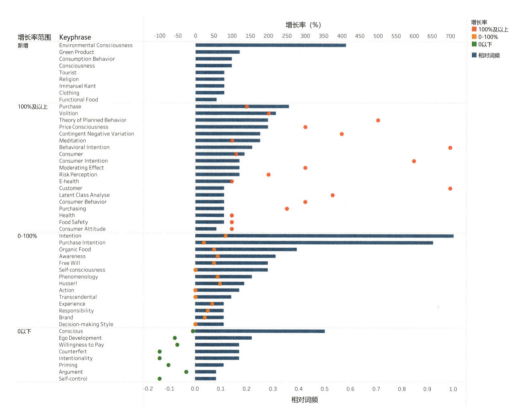

图 5.59　2016 年至今方向前 50 个关键词的增长率分布

2.10.2.2 方向相关热点主题（TOPIC）

从 2016 年至今发表的方向相关文献涉及的研究主题看（如图 5.60 所示），该方向最关注的主题是 T.10293，"Sense of Agency; Benjamin Libet; Voluntary Action"（自主性；本杰明·李贝特；自发行为），其文献量最大、相关度也最高（方向文献在主题中的占比为

3.65）；同时，该主题的显著性百分位达到 92.984，是全球具有较高关注度和较快发展势头的研究方向。此外，方向论文数前五位的其他几个主题也均呈现较高的显著性百分位（均在 98 以上）。可以表明，该方向整体上具有较高的全球关注度和较大的研究发展潜力。

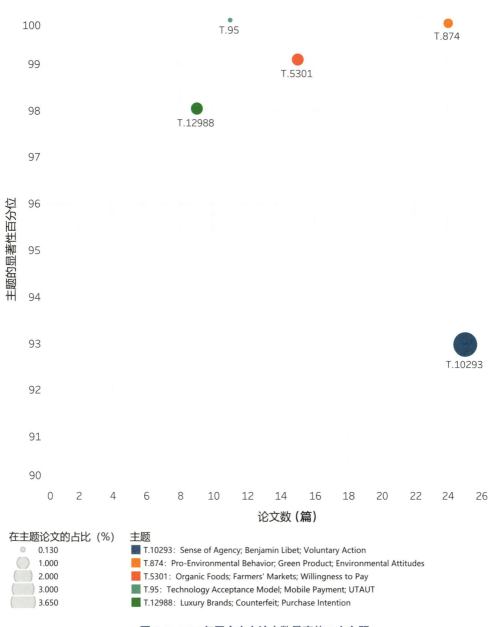

图 5.60 2016 年至今方向论文数最高的 5 个主题

2.10.3 高产国家 / 地区、机构

从 2016 年至今发表的方向相关文献主要的发文国家 / 地区看（如表 5.19 所示），该方向最主要的研究国家 / 地区有 United States（美国）、China（中国）、United Kingdom（英国）、India（印度）、Australia（澳大利亚）、Brazil（巴西）、Germany（德国）、Russian Federation（俄罗斯）和 Republic of Korea（韩国）等；从

主要机构看（如图 5.61 所示），高产的机构包括：University College London（帝国理工学院）、Université PSL（巴黎文理研究大学）和 Mody University of Science and Technology（莫迪科技大学）等；2016 年至今方向高产作者见表 5.20。

表 5.19 2016 年至今方向前 10 个高产国家 / 地区

排名	国家 / 地区	发文量	点击量	FWCI	被引次数
1	United States	79	2437	1.43	650
2	China	37	1151	1.52	211
3	United Kingdom	31	580	0.95	206
4	India	26	1312	1.61	331
5	Australia	15	481	1.44	102
5	Brazil	15	392	0.47	48
5	Germany	15	364	0.78	71
5	Russian Federation	15	352	1.19	34
5	Republic of Korea	15	665	1.24	105
10	Italy	13	218	0.86	60

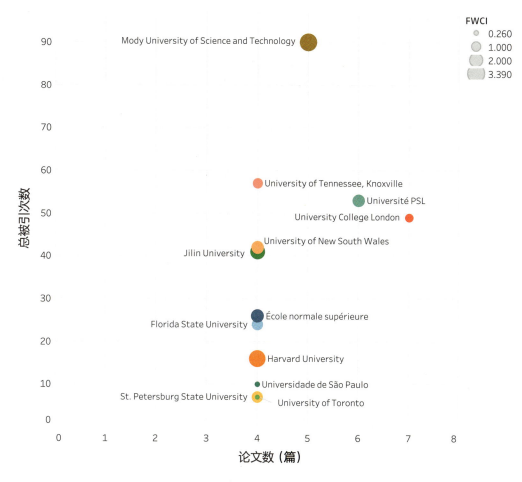

图 5.61　2016 年至今方向前 10 个高产机构

表 5.20 2016 年至今方向高产作者

排名	作者	机构	发文量	点击量	FWCI	被引次数
1	Haggard, Patrick N.	University College London	5	113	0.87	46
1	Kautish, Pradeep	Nirma University	5	373	3.39	90
1	Sharma, Rajesh	Mody University of Science and Technology	5	373	3.39	90
4	Whitney, Leanne	Pacifica Graduate Institute	4	34	0.08	3
5	Papies, Esther K.	University of Glasgow	3	151	3.38	115
5	Ramos, Renato Teodoro	University of Toronto	3	107	0.35	7
5	Takashima, Shiro	Universidade de São Paulo	3	107	0.35	7
5	Wang, Shanyong	University of Science and Technology of China	3	194	5.91	58

INSTITUTE OF CHINA'S SCIENCE
TECHNOLOGY AND EDUCATION POLICY
ZHEJIANG UNIVERSITY

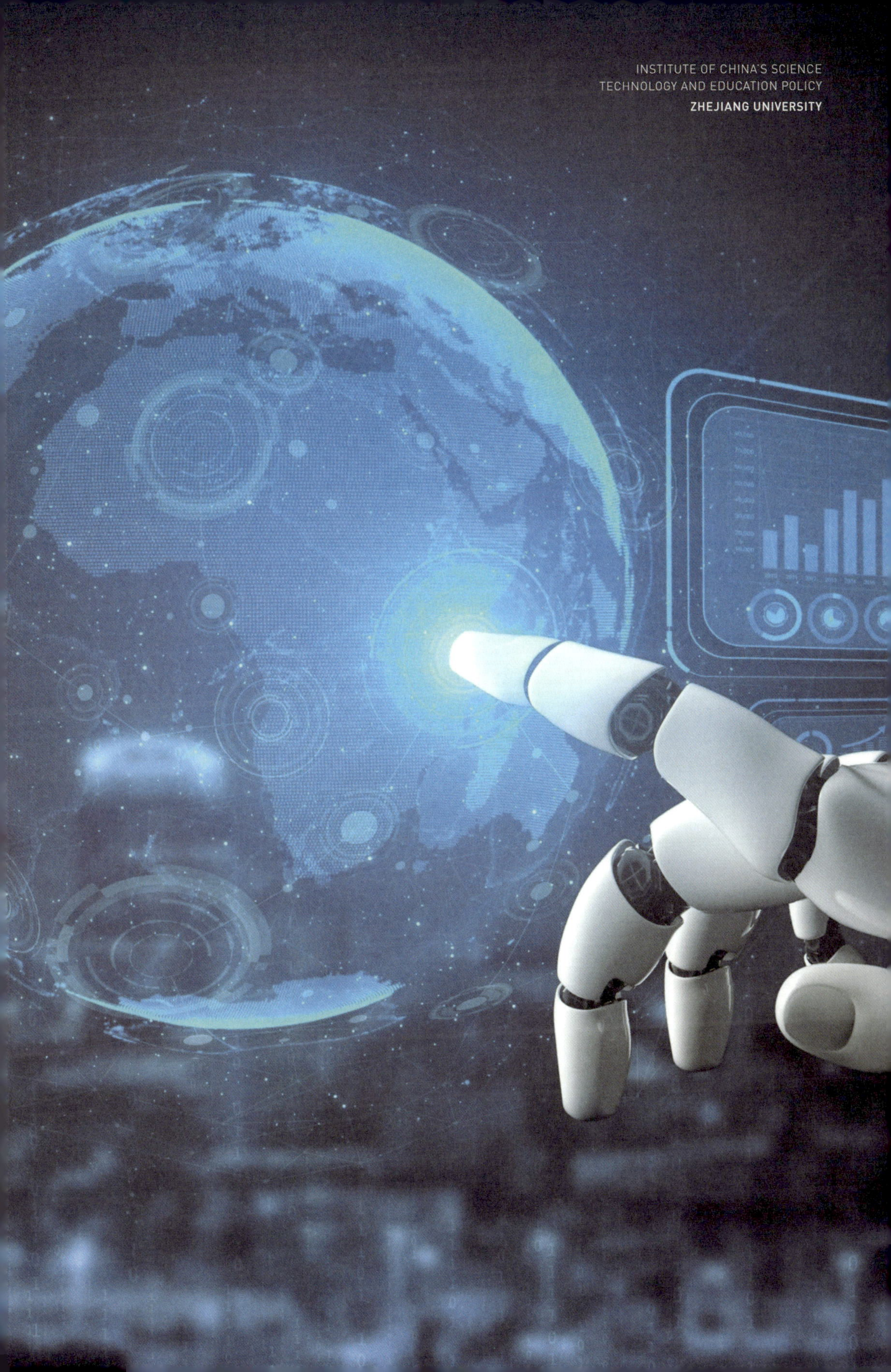

3. 脑—意识—人工智能领域发展速览

脑—意识—人工智能领域研究，主要探索脑认知、意识及智能的本质和规律，深入了解人脑运行方式，厘清意识出现机制。当前，以大数据、深度学习和算力为基础的人工智能在语音识别、人脸识别等以模式识别为特点的技术应用上已较为成熟，但对于需要专家知识、逻辑推理或领域迁移等的复杂任务，人工智能系统的能力还远远不足。与此同时，基于统计的深度学习注重关联关系，缺少因果分析，使得人工智能系统的可解释性差，处理动态性和不确定性能力弱，难以与人类自然交互，在一些敏感应用中容易带来安全和伦理风险。随着信息科学、生物学、工程学等学科的飞速发展，脑—意识—人工智能领域正处于发展和变革的前夕，其中类脑智能、认知智能、混合—增强智能成为重要发展方向。

3.1 全球脑—意识—人工智能领域发展动态

当前，脑—意识—人工智能研究领域发展日新月异，日益成为科技创新重大战略领域，而且在一定程度上决定了一个国家或地区的核心竞争力，有为人类社会带来巨大影响的潜力。

（1）类脑智能的发展

目前从人类大脑出发研究更强的机器智能乃至通用人工智能的方法有两种：一种是把现有神经科学的研究成果应用到人工智能中，如现有脉冲神经网络体系结构的技术路线；另一种是为现有人工智能中有效的算法找到脑科学的依据。尽管关于类脑智能的研究开始较早，但目前仍处于起步阶段。关于脑认知，如跨神经元群组的规范化、空间注意的使用，已经被引入神经网络，但其神经元的结构、类型、连通性等，均尚未被引入深度网络模型。与此同时，目前尚不清楚生物回路的哪些方面在计算上是必要的，且可以被用于基于网络的人工智能系统。此外，现有方法能够在多大程度上产生真实的、类人的理解，仍然尚未有定论。

（2）认知智能的发展

所谓认知智能便是让机器具有人的认知世界的能力，即理解与解释，这两者和知识图谱有着密切关系。如何以知识图谱为基础，把机器学习方法和逻辑推理方法相结合以实现认知智能，仍在探讨中；如何总结和表示这些复杂推理模式，是知识图谱的关键难题。从全球来看，知识图谱的研究学者主要分布在美国、中国、德国、法国、加拿大、英国等国家，其中，美国在知识图谱方面的研究实力居于全球领先地位。其中有名的知识图谱产品包括：美国谷歌公司开发的 Google Knowledge Graph、德国马克斯·普朗克计算机科学研究所开发的开源知识库 YAGO、美国人工智能公司 Aunken Labs 旗下的 GraphPath、德国乌尔姆大学的人工智能研究所的 derivo 语义系统、加拿大的 MAANA 公司以知识为中心专注于知识图谱服务、英国 Grakn Labs 的面向知识系统的开源分布式知识图 Grakn。

（3）混合—增强智能的发展

混合—增强智能可以看作人类智能与机器智能的有机集成，其智能增强的途径是融合人类的智能和机器的智能，将机器无法实现而人类具备的智能直接利用起来。美国斯坦福大学在 2017 年发布的 2030 年人工智能生活报告中指出，人机相互补偿和增强的智能协同系统是未来人工智能的重要发展趋势之一。实现混合—增强智能的方式有两种：人在回路的混合—增强智能与基于认知计算的混合—增强智能。

目前，混合—增强智能的实现还存在一系列挑战性问题。在脑机接口方面，目前各脑区研究大多集中在运动皮层、感觉皮层和视觉皮层，未来如何更进一步地依据大脑工作机制，构建新的大脑计算神经模型、神经编码与解码方法，亟待破解；如何把人类认知模型引入机器智能，融入人类认知、直觉和经验，提升人机系统的认知能力，同时基于人机互动的双向交互和协同决策机制，通过加入物理和认知反馈机制使其在推理、决策和记忆等方面达到人类智能水平，仍然在探讨阶段。

3.2 我国脑—意识—人工智能领域战略动向

我国脑—意识—人工智能领域已经进入快速发展阶段。2017 年 7 月，国务院发布《新一代人工智能发展规划》，把大数据驱动知识学习、跨媒体协同处理、人机协同增强智能、群体智能系统、自主智能系统作为人工智能的发展重点，在一定程度上吻合了上述全球趋势。

（1）类脑智能的发展

早在 20 世纪 90 年代后期，我国就将脑科学研究作为重点支持领域。随后，《国家中长期科学和技术发展规划纲要（2006—2020 年）》《"十三五"国家科技创新规划》《"十三五"国家信息化规划》等文件将"脑计划"作为重点方向，并通过国家自然科学基金、"973 计划"等进行了专项资助。2015 年 6 月，复旦大学成立类脑智能科学与技术研究院，面向脑与类脑科技创新重大前沿和国家重大战略需求，聚焦大脑认知机制解析、神经形态仿真、类脑智能算法、脑疾病智能诊疗、通用智能和群体智能等原创性基础研究和应用研究，致力于建设成为脑科学与类脑智能领域国际一流的前沿研究中心。2017 年 1 月，国家发改委正式批复同意由中国科学技术大学作

为承担单位，建设类脑智能技术及应用国家工程实验室。2020 年 9 月，浙江大学联合之江实验室共同研制成功我国首台基于自主知识产权类脑芯片的类脑计算机。

（2）认知智能的发展

2017 年 12 月，科技部批准依托科大讯飞建设认知智能国家重点实验室，希望在深度学习、语法和语义分析、知识图谱、常识推理等认知智能核心算法，以及在人机交互、教育、医疗、司法等领域取得突破。2017 年 9 月，之江实验室正式挂牌成立，面向大数据高效智能计算的迫切需求，打造人工智能算法与平台研究中心，布局建设知识图谱和高效能计算系统的人工智能开源开放平台。国内各顶尖高校也争相建立相关的知识图谱模型，其中包括北京大学、郑州大学与鹏城实验室联合发布中文医学知识图谱 CmeKG（Chinese Medical Knowledge Graph）；由复旦大学研发并维护的大规模通用领域结构化百科 CN-DBpedia 等等。此外，阿里巴巴联合清华大学、浙江大学、中科院自动化所、中科院软件所、苏州大学等五家机构联合发布藏经阁（知识引擎）研究计划；腾讯云发布知识图谱 TKG；百度在百度智能云上发布关于知识图谱的开放 API 等等。

（3）混合—增强智能的发展

我国"十三五"期间的脑科学规划把脑机智能列为三个核心问题，即认识脑、保护脑、模拟脑，人工智能 2.0 把人机混合增强智能作为五大核心之一，这说明混合—增强智能是极具前景的发展领域。2018 年 9 月，浙江大学发布"双脑计划"，布局脑科学与人工智能的会聚研究。2019 年 8 月，浙江大学聚焦意识与脑、意识与人工智能方面的重大问题，提出了十大具有前沿性、挑战性的科学问题，旨在引领国内外学术前沿探索，推动意识、脑与人工智能交叉领域的研究。目前，我国脑机接口研发面临几大挑战：一是安全性和有效性难以兼得；二是脑机接口的有效带宽仍是一个未知数；三是海量神经信号的处理仍是难题；四是社会普遍关注的脑机安全与伦理风险。

3.3 我国脑—意识—人工智能领域未来发展战略

（1）强化战略研究与规划布局

从科研、技术和产业等多维度顶层设计脑—意识—人工智能体系，前瞻布局未来重点发展方向。建议科技部、基金委等有关部门设立脑—意识—人工智能领域专项计划，长期稳定支持开展重大原创性研究。尤其要面向人工智能芯片、基础算法模型等关键领域和未来方向，引育国际顶级科学家、战略科技人才、青年科技人才和高水平创新团队。

（2）持续优化学科布局

结合"新工科""双一流"建设，重点推进人工智能"一流本科、一流专业、一流人才"建设，以国家战略需求为导向，以国内重点高校、科研院所为依托，按智能科学范畴加快推进人工智能一级学科"增量"建设工作；以产业转型需求为导向，鼓励"传统工科＋人工智能"的学科"存量"转型布局。同时，强化"融合""群聚"，打造人工智能学科群和专业群。探索"人工智能＋"本科双学位与辅修学位设置，形成"人工智能＋X"的学科群。

（3）高度重视布局学产之间研发转化

突出政产学研多方合作在脑—意识—人工智能领域的合力作用，构建协同创新体系。整合人工智能产业链、价值链和创新链，深化产教融合、校地合作，引导高校、科研机构积极与企业进行合作，打通高校学术研究与行业应用之间的转化壁垒；依托国家实验室体系建设，打造脑—意识—人工智能建设发展集聚区，推动相关产业转型升级。

INSTITUTE OF CHINA'S SCIENCE
TECHNOLOGY AND EDUCATION POLICY
ZHEJIANG UNIVERSITY

后 记

浙江大学科技战略研究项目，是在学校领导关心和支持下，由浙江大学中国科教战略研究院（以下简称"浙大战略院"）牵头组织实施的一项重大研究任务。这一项目的主要研究成果之一，即为每年发布的《重大领域交叉前沿方向》系列报告，本书为 2021 年版。我们编辑出版此份报告，旨在更好地传播研究成果，接受更大范围内的专家学者及社会公众的审评。

众所周知，学科交叉会聚是科技创新活动的基本趋势，也是科技创新走向"无人区"的重要动力，更是解决当前人类社会重大挑战的关键依赖。我们注意到，在科技前沿方向的分析与研判等方面，国内不少兄弟单位已有成熟经验和重要成果，但其大多以传统的学科板块为基本分析单元。与此不同，我们在学习借鉴相关成果基础上，确定以"交叉"为核心，即聚焦分析的所有领域、领域内凝练出的所有方向，都非常鲜明地体现学科交叉的特征和内涵。当然，要充分实现这个带有创新性的良好初衷，对工作组和受咨询专家而言，都面临一定挑战。这也正是我们忐忑的地方。

这是本项目研究和报告的首次发布，既得到了校内各部门的鼎力支持，也得到了校内外相关专家（专家名单参见相应章脚注）的热情参与，这是研究成果高水准的根本保障。浙大战略院与浙江大学图书馆组成了高效的工作团队，开展大量的专家访谈、文献挖掘、通信咨询、资料研究等工作，尤其是反复打磨迭代文本内容，力争在成果细节上做到最好。本书由李铭霞、田稷担任策划，各章中"十大交叉前沿方向"和"领域发展速览"部分初稿分别由何俏军、唐华锦、游建强、朱相丽、廖备水、朱嘉赞、高颖韬、徐梦玲等执笔；"文献计量分析"部分别由沈利华、何晓薇等执笔。全书由吴伟负责统稿。编辑出版过程中，朱嘉赞等做了大量的统筹协调工作，保障了出版流程的高效快速。

感谢浙大战略院相关领导对项目实施和图书出版给予的大力支持，感谢咨询委员会各位专家对项目实施和成果出炉给予的倾心指导。还要感谢浙江大学出版社的李海燕编辑，她的高效、负责任工作使得本书的出版更快、水准更高。

需要说明的是，交叉前沿领域的科技战略研究是个崭新领域，仍然需要在实施过程中不断摸索。本书内容在线发布之后，得到了政府部门、智库机构、媒体平台、专家学者的广泛关注，大家对我们优化报告内容、成果形式、工作流程等提出了很多有价值的意见和建议，我们将认真研究吸纳。同时，我们期盼相关院校机构与我们协作，不断提升工作水平和成果质量，也期待能继续得到社会各界的关注、关心和支持。

编者

2023 年 1 月